高等院校机械工程系列教材

# 机 械 优 化 设 计

## （第二版）

陈秀宁　主编

朱聘和　张为鄂　副主编

ZHEJIANG UNIVERSITY PRESS
浙江大学出版社

**图书在版编目(CIP)数据**

机械优化设计/ 陈秀宁主编. —2 版. —杭州：浙江大学出版社，
1991.9（2019.7 重印）
ISBN 978-7-308-00825-9

Ⅰ.机… Ⅱ.陈… Ⅲ.机械设计:最优设计－高等学校－
教材 Ⅳ.TH122

中国版本图书馆 CIP 数据核字（2001）第 095144 号

## 内 容 简 介

　　本书系统介绍机械优化设计的基本原理及其常用优化方法。全书共十章。第一章至第三章阐述机械优化设计的基本概念、数学模型和若干理论基础；第四章至第六章阐述单目标、连续变量常用优化设计方法的原理、迭代过程及算法框图；第七、八章分别介绍多目标函数和离散变量的优化设计方法；第九、十章进一步阐述优化设计数学模型建立及求解中的若干问题，通过实例介绍应用优化方法进行机械优化设计的过程。书末附有习题和常用的优化设计程序，供读者进行作业练习和上机实践。全书编写力求深入浅出，着眼于基本概念和实际应用。

　　本书用作高等工科院校机械类、近机类专业的教材和从事机械设计及其他工程设计的技术人员的参考书。

**机械优化设计（第二版）**

陈秀宁　主编

| | |
|---|---|
| 责任编辑 | 杜希武 |
| 封面设计 | 刘依群 |
| 出版发行 | 浙江大学出版社 |
| | （杭州市天目山路 148 号　邮政编码 310007） |
| | （网址:http://www.zjupress.com） |
| 排　　版 | 浙江时代出版服务有限公司 |
| 印　　刷 | 浙江省良渚印刷厂 |
| 开　　本 | 787mm×1092mm　1/16 |
| 印　　张 | 14.25 |
| 字　　数 | 346 千字 |
| 版 印 次 | 2010 年 3 月第 2 版　2019 年 7 月第 19 次印刷 |
| 书　　号 | ISBN 978-7-308-00825-9 |
| 定　　价 | 39.00 元 |

# 第二版前言

机械优化设计是 20 世纪 60 年代发展起来的一种新的设计方法。它应用近代数学规划论和电子计算机技术,能使一项设计在一定的技术和物质条件下寻求一个技术经济指标最佳的设计方案。它使传统的机械设计方法产生重大的变革,在促进现代机械设计理论和方法的发展、促进机械产品和系统设计创新方面获得日益显著的技术经济效益。学习和应用优化设计方法是很有意义的。

本书第一版自 1991 年出版以来,已经 15 次印刷发行,得到读者的支持和鼓励,在培养学生和帮助工程技术人员掌握及从事机械优化设计过程中取得成效。随着科学技术和教育改革的深入发展,我们根据面向 21 世纪培养创新人才的有关精神,结合教育改革实践,编写成第二版与大家见面。

本书编写的主要原则是保持第一版中业已形成的编写特色,侧重基本知识、基本理论及基本计算方法;力求深入浅出,着眼于基本概念和实际应用;适度反映机械优化设计的现代研究成果、信息以及设计创新;强化机械优化设计的应用;新增编写在 VB 中适用的优化设计参考程序和运用实践。

本书由陈秀宁编写第一、二、三、四、五、六章,朱聘和编写第七、八章和思考题与习题,张为鄂编写第九章、第十章的 §10-1、§10-2、§10-3、§10-6 和附录一、二、三,陈文华编写第十章的 §10-4、§10-5。陈秀宁任主编,朱聘和、张为鄂任副主编。全书由陈秀宁统稿。

本书承中科院首届海外评审专家、博士生导师陈延伟教授审稿,西南交通大学吴鹿鸣教授等多位同行专家提出宝贵建议,胡家珍先生为本书整理书稿并作润色,陈长辉先生为本书精心校图;编者在此一并致以衷心感谢。

限于编者水平,书中误漏和欠妥之处,殷切期望专家和读者批评指正。

编　者

2009 年 6 月于杭州

# 目 录

第一章　引论 …………………………………………………………………… (1)

第二章　机械优化设计的基本要素及数学模型 ………………………… (6)

§2-1　设计变量 ……………………………………………………………… (6)

§2-2　约束条件 ……………………………………………………………… (8)

§2-3　目标函数 ……………………………………………………………… (9)

§2-4　最优化问题的数学模型 …………………………………………… (10)

第三章　优化设计问题的若干理论基础 ………………………………… (13)

§3-1　优化设计问题的几何意义 ………………………………………… (13)

一、目标函数的等值面(线) ……………………………………………… (13)

二、约束最优解和无约束最优解 ………………………………………… (14)

三、局部最优解和全域最优解 …………………………………………… (15)

§3-2　无约束目标函数的极值点存在条件 ……………………………… (16)

一、函数的极值与极值点 ………………………………………………… (16)

二、极值点存在的条件 …………………………………………………… (17)

§3-3　函数的凸性 …………………………………………………………… (21)

一、凸集与非凸集 ………………………………………………………… (22)

二、凸函数的定义 ………………………………………………………… (23)

三、凸函数的基本性质 …………………………………………………… (23)

四、凸函数的判定 ………………………………………………………… (23)

五、函数的凸性与局部极值及全域最优值之间的关系 ……………… (24)

§3-4　约束极值点存在条件 ……………………………………………… (24)

§3-5　最优化设计的数值计算迭代方法 ………………………………… (28)

一、迭代法的基本思想及其格式 ………………………………………… (29)

二、迭代计算的终止准则 ………………………………………………… (30)

第四章　一维搜索的最优化方法 ………………………………………… (32)

§4-1　概述 …………………………………………………………………… (32)

§4-2　初始搜索区间的确定 ……………………………………………… (33)

§4-3　黄金分割法 …………………………………………………………… (37)

一、消去法的基本原理 …………………………………………………… (37)

　　二、"0.618"的由来 ……………………………………………… (38)

　　三、迭代过程及算法框图 ………………………………………… (39)

　§4-4　二次插值法 …………………………………………………… (41)

　　一、基本原理 ……………………………………………………… (41)

　　二、迭代过程及算法框图 ………………………………………… (43)

第五章　多变量无约束优化方法 ……………………………………… (47)

　§5-1　概述 …………………………………………………………… (47)

　§5-2　变量轮换法 …………………………………………………… (48)

　　一、变量轮换法的原理与计算方法 ……………………………… (48)

　　二、迭代过程及算法框图 ………………………………………… (49)

　　三、效能特点 ……………………………………………………… (50)

　§5-3　原始共轭方向法 ……………………………………………… (53)

　　一、共轭方向的基本概念 ………………………………………… (53)

　　二、共轭方向的原始构成 ………………………………………… (56)

　　三、迭代过程及算法框图 ………………………………………… (57)

　§5-4　鲍威尔法 ……………………………………………………… (62)

　　一、基本原理 ……………………………………………………… (62)

　　二、迭代过程及算法框图 ………………………………………… (63)

　§5-5　梯度法 ………………………………………………………… (68)

　　一、基本原理 ……………………………………………………… (68)

　　二、迭代过程及算法框图 ………………………………………… (68)

　　三、效能特点 ……………………………………………………… (71)

　§5-6　牛顿法 ………………………………………………………… (72)

　　一、基本原理 ……………………………………………………… (72)

　　二、迭代过程及算法框图 ………………………………………… (74)

　　三、效能特点 ……………………………………………………… (76)

　§5-7　变尺度法 ……………………………………………………… (77)

　　一、变尺度法的基本思想 ………………………………………… (77)

　　二、构造变尺度矩阵 $A^{(k)}$ 的基本要求 ……………………… (78)

　　三、DFP 法变尺度矩阵递推公式 ………………………………… (79)

　　四、DFP 法迭代过程及算法框图 ………………………………… (80)

　　五、DFP 法的效能特点 …………………………………………… (84)

　　六、BFGS 变尺度法 ……………………………………………… (85)

第六章　约束最优化方法 ……………………………………………… (86)

§6-1 概述 …………………………………………………………………… (86)

§6-2 约束随机方向搜索法 ……………………………………………… (86)

一、基本原理 …………………………………………………………… (86)

二、初始点的选择 ……………………………………………………… (88)

三、随机搜索方向的产生 ……………………………………………… (88)

四、迭代过程及算法框图 ……………………………………………… (89)

§6-3 复合形法 …………………………………………………………… (91)

一、基本原理 …………………………………………………………… (91)

二、初始复合形的产生 ………………………………………………… (93)

三、迭代过程及算法框图 ……………………………………………… (94)

§6-4 惩罚函数法 ………………………………………………………… (98)

一、基本原理 …………………………………………………………… (98)

二、外点惩罚函数法 …………………………………………………… (100)

三、内点惩罚函数法 …………………………………………………… (105)

四、混合型惩罚函数法 ………………………………………………… (112)

**第七章 多目标函数的优化设计方法** ……………………………… (115)

§7-1 概述 ………………………………………………………………… (115)

§7-2 统一目标函数法 …………………………………………………… (116)

一、线性加权组合法 …………………………………………………… (116)

二、目标规划法 ………………………………………………………… (117)

三、功效系数法 ………………………………………………………… (118)

四、乘除法 ……………………………………………………………… (119)

§7-3 主要目标法 ………………………………………………………… (119)

§7-4 协调曲线法 ………………………………………………………… (120)

**第八章 离散变量的优化设计方法** ………………………………… (122)

§8-1 离散变量优化的若干基本概念 …………………………………… (122)

一、离散设计空间和离散值域 ………………………………………… (122)

二、非均匀离散变量和连续变量的均匀离散化处理 ………………… (123)

三、离散最优解 ………………………………………………………… (125)

§8-2 凑整解法与网格法 ………………………………………………… (126)

一、凑整解法 …………………………………………………………… (126)

二、网格法 ……………………………………………………………… (126)

§8-3 离散复合形法 ……………………………………………………… (127)

一、初始离散复合形的产生 …………………………………………… (128)

3

二、约束条件的处理 …………………………………………… (128)

三、离散一维搜索 ……………………………………………… (129)

四、离散复合形算法的终止准则 …………………………… (130)

五、重构复合形 ………………………………………………… (130)

六、离散复合形法的迭代过程及算法框图 ………………… (131)

第九章　有关优化设计的数学模型及其求解中的几个问题……… (133)

§9-1　设计变量的选取 ……………………………………… (133)

§9-2　目标函数的建立 ……………………………………… (134)

§9-3　约束条件的确定 ……………………………………… (134)

§9-4　数学模型的尺度变换 ………………………………… (135)

一、设计变量的尺度变换 …………………………………… (135)

二、目标函数的尺度变换 …………………………………… (136)

三、约束条件的尺度变换 …………………………………… (136)

§9-5　数据表和线图的处理 ………………………………… (137)

§9-6　最优化方法的选择及其应用程序 …………………… (138)

§9-7　计算结果的分析与处理 ……………………………… (139)

第十章　最优化方法在机械设计中的应用……………………… (141)

§10-1　概述 …………………………………………………… (141)

§10-2　轮式车辆前轮转向梯形四杆机构的优化设计 ……… (142)

§10-3　最小体积二级圆柱齿轮减速器的优化设计 ………… (146)

§10-4　套筒滚子链传动的优化设计 ………………………… (150)

§10-5　盘式制动器的优化设计 ……………………………… (153)

§10-6　四杆机构再现预定轨迹的优化设计 ………………… (158)

思考题与习题 ………………………………………………………… (161)

附录一　常用优化方法参考程序 ………………………………… (169)

附录二　在 VB 中适用的优化设计参考程序 …………………… (196)

附录三　机构轨迹优化实例程序应用实践 ……………………… (208)

主要参考文献 ………………………………………………………… (217)

# 第一章 引 论

机械优化设计是将机械工程设计问题转化为最优化问题,然后选择适当的最优化方法,利用电子计算机从满足要求的可行设计方案中自动寻找实现预期目标的最优设计方案。这里我们将先介绍最优化问题的提出及其最基本的概念,转而进一步阐述机械优化设计的意义。

无论做任何一件工作,人们总希望在一切可能的方案中选择一个最好的方案,这就是最优化问题。它是人们在长期生产实践和理论研究中一直不断探索的一个课题。现举两个简单的最优化实例来引出和说明优化设计问题。

**引例 1-1** 如图 1-1 所示,有一块边长为 6m 的正方形铝板,四角截去相等的边长为 $x$ 的正方形并折转,造一个无盖的箱子,问如何截法($x$ 取何值)才能获得最大容积的箱子?

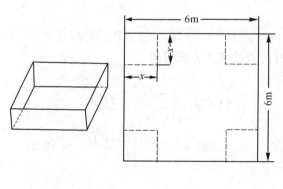

图 1-1

请注意优化设计目标:箱子容积最大。

这个简单的最优化问题可把箱子的容积 $V$ 表成变量参数 $x$ 的函数 $V = x(6-2x)^2$,令其一阶导数为零(即 $\dfrac{\mathrm{d}V}{\mathrm{d}x} = 0$),求得极大点 $x = 1$、函数极大值 $V_{\max} = 16$,从而获得四角截去边长 1m 的正方形使折转的箱子容积最大($16\mathrm{m}^3$)的最优方案。

**引例 1-2** 如图 1-2 所示,在对称人字架顶端作用一个 $P = 294300\mathrm{N}$ 的静载荷,人字架跨度 $B = 1520\mathrm{mm}$,人字架杆件为壁厚 $T = 2.5\mathrm{mm}$ 的空心圆管,材料的弹性模量 $E = 2.119 \times 10^5 \mathrm{MPa}$,许用压应力 $\sigma_y = 690\mathrm{MPa}$。设计要求满足强度条件和稳定性条件,

在 20 ～ 140mm 内确定圆管平均直径 $D$，200 ～ 1200mm 范围内确定人字架高度 $H$，使人字架用料最省。

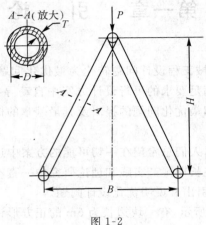

图 1-2

我们对这个最优化问题先作基本的分析。由图 1-2 和给定的参数可得人字架总体积为

$$V = 2\pi DT \sqrt{(B/2)^2 + H^2} = 15.708D \sqrt{577600 + H^2} \ (\text{mm})^3$$

由静力平衡和材料力学有关公式可得：

圆管截面上的压应力

$$\sigma = \frac{(P/2) \sqrt{(B/2)^2 + H^2}}{\pi DTH}$$

$$= 18735.68 \frac{\sqrt{577600 + H^2}}{DH} \quad (\text{MPa})$$

压杆稳定临界应力

$$\sigma_e = \frac{\pi^2 E(D^2 + T^2)}{8[(B/2)^2 + H^2]} = \frac{2.614 \times 10^5 (D^2 + 6.25)}{577600 + H^2} \quad (\text{MPa})$$

设计要求满足的强度条件、稳定性条件以及结构尺寸条件可分别具体化为：

1）圆管中压应力 $\sigma$ 不超过许用压应力 $\sigma_y$，即

$$690 - 18735.68 \frac{\sqrt{577600 + H^2}}{DH} \geqslant 0$$

2）圆管中压应力 $\sigma$ 不超过压杆稳定临界应力 $\sigma_e$，即

$$\frac{2.614 \times 10^5 (D^2 + 6.25)}{577600 + H^2} - 18735.68 \frac{\sqrt{577600 + H^2}}{DH} \geqslant 0$$

3）圆管平均直径 $D$ 和人字架高度 $H$ 不超过给定的范围，即

2

$$200\text{mm} \leqslant D \leqslant 140\text{mm}$$
$$200\text{mm} \leqslant H \leqslant 1200\text{mm}$$

请注意优化设计目标:满足上述条件下人字架用料最省(亦即体积 $V$ 最小)。

现采用如图 1-3 所示图解分析方法求解上述最优化问题。

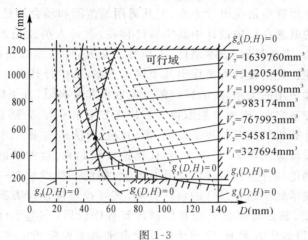

图 1-3

以变量参数 $D$ 和 $H$ 分别作为横坐标与纵坐标,图上每一个点(一组 $D$、$H$ 值)相应代表一个设计方案。按上述限制条件作出曲线 $g_1(D,H)=0$ 和 $g_2(D,H)=0$ 分别代表强度和稳定性约束曲线,$g_3(D,H)=0$ 和 $g_4(D,H)=0$ 表示变量参数 $D$ 的边界约束曲线,$g_5(D,H)=0$ 和 $g_6(D,H)=0$ 表示变量参数 $H$ 的边界约束曲线。这些约束曲线所包围的区域(在标有阴影线里侧)即为设计方案的可行域。可行域内任一点(包括全部边界上的点)均满足所有约束条件,称为可行点。任一可行点都代表满足设计要求的一个可行方案。由人字架总体积 $V$ 的计算公式表明 $V$ 为 $D$、$H$ 的函数 $V=f(D,H)$,给定一系列函数确定值 $V_1, V_2, V_3, \cdots$(图中 $V_1 = 327694\text{mm}^3$,$V_2 = 545812\text{mm}^3$,$V_3 = 767993\text{mm}^3$,$\cdots$)作出一系列相应的体积函数等值线,这一系列体积函数等值线可反映该人字架体积变化规律。优化设计的目的就是在可行域中寻找人字架用料最省(即 $V$ 最小)的一个可行设计点,现直观地由图进行分析,可知这一点为强度约束线 $g_1(D,H) = 0$ 和稳定性约束线 $g_2(D,H) = 0$ 的交点 $X^*$。图解可得 $X^*$ 点相应的 $D = 47.7\text{mm}$,$H = 513.1\text{mm}$,使人字架用料最省(体积 $V_{\min} = 694711.5\text{mm}^3$),这就是所求的最优方案。

从这两个最优化问题引例中可以得到下述概念:引例 1-1 中变量参数 $x$,引例 1-2 中变量参数 $D$、$H$ 在设计时给定不同的数值,可得不同的方案,最优化设计就是要找出某一个 $x$ 值,某一组 $D$、$H$ 值在满足一定的限制条件(即约束条件)下,分别达到所追求

3

的箱子容积最大(极大)和人字架用料最省(极小)的目标。至于引例 1-1 以数学分析为工具,采用导数求函数极值寻优只能用于变量参数很少、求极值的函数和约束条件都极其简单的情况;引例 1-2 用图解分析法寻优虽然直观、清晰,但求解过程十分繁琐,且若具有三个或三个以上的变量参数,采用图解方法就很困难或不能实现。这两种方法对上述两例虽然都能分别获得最优设计方案,但其适用的范围和场合却是极其狭窄的。

关于最优化的概念在机械设计中其实早已存在。设计人员总是力图使自己的设计能得到结构最紧凑、用料最省、成本最低、工作性能最好,即技术经济指标最佳的结果。传统的设计方法往往是由设计人员作出几个候选方案,从中择其最优者。这种传统的设计方法由于时间和费用的关系,所能提供的方案数目非常有限,真正最优的方案常不在提供的这些候选方案之中;因而要想取得一个最优方案很不容易。随着工程技术发展的迫切需要和电子计算机的出现与飞速发展,推动设计方法产生重大的变革。机械优化设计作为一种新的设计方法在 20 世纪 60 年代迅速发展起来。这种新的优化设计方法建立在近代数学规划论和计算机程序设计的基础上,能使一项设计在一定的技术和物质条件下寻求一个技术经济指标最佳的设计方案。其寻找最优设计方案的过程是在建立最优化的数学模型、确定最优化方法并编制计算程序以后,在电子计算机上自动地进行、逐步逼近而取得最优方案的。机械优化设计愈来愈多地应用于产品的设计中,如零部件的优化设计、机构的优化设计、工艺设备基本参数的优化设计、分系统的优化设计等,都已取得了较明显的技术和经济效果。许多机构进行优化设计显著改善了动力学性能、提高了运动精度;机械结构设计应用优化设计方法较传统设计方法一般可省材料 10%~50%,如我国葛洲坝二号船闸人字门启闭机经过优化设计,使驱动力矩由 400t·m 降为 232.2t·m。据有关资料介绍,美国贝尔(Bell)飞机公司采用优化设计方法解决了 450 个设计变量的大型结构优化问题,一个机翼减轻重量达 35%;又如某化工厂利用一个化工优化系统,采用计算机手段在 16 小时内进行 16000 个可行设计的选择,成功地取得最优设计方案,而在这之前求解该问题,曾用一组工程师工作一年仅作了 3 个设计方案,且其设计效率和质量却没有一个可以和上述优化方案相比。国际市场上更是不少产品依靠采用最优化设计来获取专利与竞争力。当然,优化设计和传统设计都要用到机械设计的许多基本理论、公式和数据,如果这些前提和基础变化了,"最优方案"也随之发生变化。"最优化"是在某种范围或条件下得到的,而不应将其理解为绝对的"最优",这也是必须加以明确的。

机械优化设计方法的建立和得到发展距今时间并不算长,但进展速度却相当快。它可以使许多复杂的设计问题能够取得最优方案,提高设计质量和设计效率,改进产品的效能,取得较大的经济效益,已越来越受到工程技术人员的重视。机械优化设计已成为现代机械设计理论和方法的一个十分重要的组成部分,它与计算机辅助设计结合起来,使设计过程完全自动化,已是设计方法的一个重要发展方向。更需指出,优化设计与其他现代设计方法（如有限元设计、可靠性设计、模糊设计、智能设计）相结合，不仅能取得很好的技术经济成效，而且为产品的创新设计、拓展和创新优化技术提供重要的、广阔的途径。浙江大学机械设计研究所学者们将优化技术与有限元技术相结合，对渐开线齿轮探求其最大应力为最小的齿根过渡曲线的研究受到国内外学者们的重视和关注。我国正在迈向创新型的国家，可以预期：优化设计必将会被更多的工程技术人员迅速掌握和运用，为我国机械工业的现代化，在进一步提高产品质量、降低成本、缩短生产周期和产品创新等方面产生十分积极的、深远的影响。

　　进行机械优化设计首先要把实际的机械设计问题用数学表达式加以描述，即转化成数学模型，然后根据数学模型的特性，选择某种适当的优化计算方法及其程序，通过电子计算机求得最优解。建立数学模型和掌握运用优化方法及其程序这两方面，将是本课程讲述的主要内容。由于我国微机优化方法程序库 PC-OPB 的研制成功以及美国 Math Works 公司推出了科技应用软件 MATLAB 所附带的优化工具箱（Optimization Toolbox），为工程设计人员应用优化方法解决工程设计问题提供了极大的便利，工程设计人员的主要精力可用于建立工程优化设计问题中的数学模型，以使工程设计达到更高水平。

# 第二章　机械优化设计的基本要素及数学模型

如何将实际的机械设计问题转化成数学模型，这是机械优化设计首先需要解决的关键问题。解决这个问题必须考虑：哪些为变量参数？各变量参数之间受到什么约束和限制？优化问题追求的目标是什么？这实际就是机械优化设计建立数学模型的三个基本要素 —— 设计变量、约束条件、目标函数。

## §2-1　设计变量

机械设计的一个方案，通常可以用一组参数来表示。在这些参数中，有的是根据工艺、安装和使用要求等预先确定，即在设计过程中是固定不变的量，称为设计常量（如引例 1-1 边长 6m 和引例 1-2 中跨度 $B = 1520\text{mm}$、圆管壁厚 $T = 2.5\text{mm}$）；有的则需要在设计过程中进行选择和调整，可认为是变化的量，称为设计变量。

在最优化问题中，设计变量是指那些可作变量处理的独立参数，其数目被称为该问题的维数。只含有一个设计变量的最优化问题，称为一维最优化问题，如引例 1-1 就是以截角方块边长 $x$ 作为设计变量的一维最优化问题；包含 $n$ 个设计变量的最优化问题，称为 $n$ 维最优化问题，如引例 1-2 就是以圆管平均直径 $D$ 和人字架高度 $H$ 作为两个设计变量，即 $n = 2$ 的二维最优化问题。

一组 $n$ 个设计变量 $x_1, x_2, \cdots, x_n$ 按一定次序排列构成一个数组，这个数组在最优化设计中被看成一个 $n$ 维向量 $X$ 沿 $n$ 个坐标轴的分量，把它写成矩阵形式则为：

$$X = \begin{bmatrix} x_1 \\ x_2 \\ \vdots \\ x_n \end{bmatrix} = [x_1, x_2, \cdots x_n]^{\text{T}} \qquad (2-1)$$

以 $n$ 个设计变量为坐标轴组成的实空间称为 $n$ 维设计空间。这样，具有 $n$ 个分量的一个设计向量对应着 $n$ 维设计空间的一个设计点，仍用符号 $X$ 表示，代表具有 $n$ 个设计变量的一个设计方案。当 $n = 2$ 时，如引例 1-2 所示人字架求用料最省的方案即为二维设计向量 $X = [x_1, x_2]^{\text{T}} = [D, H]^{\text{T}}$，其设计空间为平面，见图 2-1(a)。当 $n = 3$ 时，则由三个设计变量 $x_1, x_2, x_3$ 组成一个三维设计空间，如图 2-1(b) 所示，其任一设计方案记为 $X = [x_1, x_2, x_3]^{\text{T}}$。当 $n > 3$ 时，其 $n$ 个设计变量 $x_1, x_2, \cdots, x_n$ 组成的空间就难以用图形表示，一般称它为 $n$ 维超几何设计空间。

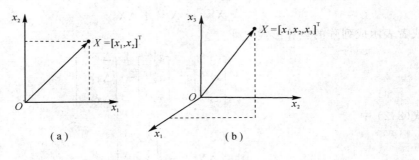

图 2-1

工程设计常常有许许多多的设计方案,设计空间是所有设计方案(即设计点、设计向量)的集合,如 $n$ 维设计空间,可用集合概念表示为 $X \in \mathbf{R}^n$。设计空间中的任一个设计方案视为从设计空间原点出发的一个设计向量 $X^{(k)}$。这样 $X^{(1)}, X^{(2)}, \cdots, X^{(k)}$ 表示有 $k$ 个不同的设计方案。如图 2-2 所示,设 $X^{(1)}$ 为第一个设计方案或原方案,经过一次设计修改 $\triangle X^{(1)}$,取得了第二个设计方案或新方案 $X^{(2)}$,按向量计算法则,有

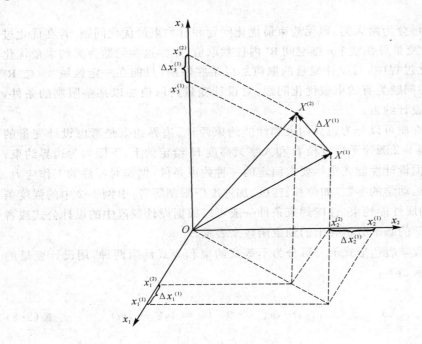

图 2-2

$$X^{(2)} = X^{(1)} + \Delta X^{(1)} \tag{2-2}$$

或者表示成列阵的运算形式

$$\begin{bmatrix} x_1^{(2)} \\ x_2^{(2)} \\ x_3^{(2)} \end{bmatrix} = \begin{bmatrix} x_1^{(1)} \\ x_2^{(1)} \\ x_3^{(1)} \end{bmatrix} + \begin{bmatrix} \Delta x_1^{(1)} \\ \Delta x_2^{(1)} \\ \Delta x_3^{(1)} \end{bmatrix} \tag{2-3}$$

式(2-2)中

$$\Delta X^{(1)} = \begin{bmatrix} \Delta x_1^{(1)} \\ \Delta x_2^{(1)} \\ \Delta x_3^{(1)} \end{bmatrix} \tag{2-4}$$

称为第一次定向修改设计量。它又可以表示为

$$\Delta X^{(1)} = \alpha S^{(1)} \tag{2-5}$$

式中,$S^{(1)}$ 为单位向量或称定向修改设计的单位方向;$\alpha$ 称为步长,是系数标量。

## §2-2　约束条件

最优化问题可分为两大类,即无约束最优化问题和有约束最优化问题。若在优化过程中,对 $n$ 个设计变量可在整个 $n$ 维空间 $\mathbf{R}^n$ 内任意取值,则称这类问题为无约束最优化问题;如果在优化过程中,对设计变量的取值加以某些限制,只能在一定区域 $\mathscr{D} \subset \mathbf{R}^n$ 内取值,则称这类问题为有约束最优化问题。对设计变量的取值加以某些限制的条件,称为约束条件或设计约束。

根据约束的性质可以分为边界约束和性能约束两种。边界约束是考虑设计变量的取值范围,如引例 1-2 圆管平均直径 $D$ 和人字架高度 $H$ 给定的上、下限均为边界约束;性能约束则是根据设计性能或指标要求而定的一种约束条件,例如对零件的工作应力、变形的限制或对运动学的参数,如位移、速度、加速度值限制等等,引例 1-2 中的强度条件、稳定性条件均属性能约束。性能约束条件一般可以根据设计规范中的设计公式或者通过物理学和力学的基本分析导出的约束函数来表示。

约束条件从数学表达形式上又可分为不等式约束和等式约束两种,用设计变量的数学函数分别表示如下:

不等式约束

$$g_u(X) = g_u(x_1, x_2, \cdots, x_n) \geqslant 0 \quad (u = 1, 2, \cdots, m) \tag{2-6}$$

等式约束

$$h_v(X) = h_v(x_1, x_2, \cdots, x_n) = 0 \quad (v = 1, 2, \cdots, p < n) \tag{2-7}$$

式中,$m$、$p$ 分别表示施加于该项设计的不等式约束条件数和等式约束条件数。

当不等式约束条件要求为 $g(X) \leqslant 0$ 时,可以用 $-g(X) \geqslant 0$ 的等价形式来代替。为

8

了算法和程序统一,本书中不等式约束条件均采用 $g_u(X) \geqslant 0$ 的形式。

设计空间理论上是所有设计点(方案)的集合,但实际的工程设计往往都是受若干个约束条件的限制,这就大大减少了可行的设计方案的数量。等式约束 $h(X) = 0$ 成为 $n$ 维设计空间中的约束曲面,要求设计点在约束面上才为可行。一个不等式约束条件 $g(X) \geqslant 0$ 在 $n$ 维设计空间内形成一个 $n$ 维约束曲面 $g(X) = 0$,这个约束曲面把设计空间分隔成两个部分:一部分是约束曲面 $g(X) = 0$ 本身及其 $g(X) > 0$ 的一侧,位于这一部分的设计点可行;另一部分则是 $g(X) < 0$ 的一侧,位于这一部分的设计点不可行。所以,约束对设计点在设计空间的活动范围有所限制。凡满足所有约束条件的设计点,它在设计空间中的可能活动范围,称作可行设计区域(可行域)。而不能满足所有约束条件的设计空间便是不可行设计区域(不可行

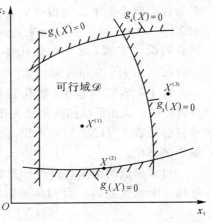

图 2-3

域)。位于这两个区域的设计点相应称为可行设计点(可行点)和不可行设计点(不可行点)。若某项设计有 $m$ 个不等式约束条件,这 $m$ 个约束曲面 $g_u(X) = 0 (u = 1, 2, \cdots, m)$ 在 $n$ 维设计空间内构成一个 $g_u(X) \geqslant 0 (u = 1, 2, \cdots, m)$ 的区域 $\mathscr{D}$,在 $\mathscr{D}$ 内任意点都满足上述不等式约束方程组的条件,$\mathscr{D}$ 为可行域。图 2-3 所示为具有四个不等式约束的二维情况,每一个不等式约束在二维设计空间里表达为一条约束直线或约束曲线,这些约束线构成可行域 $\mathscr{D}$(在标有阴影线里侧),其中一切点 $X^{(k)}$ 均满足 $g_u(X^{(k)}) \geqslant 0 (u = 1, 2, 3, 4)$ 的条件,皆为可行点或可行设计方案,记作 $X^{(k)} \in \mathscr{D}$。显然,对可行域 $\mathscr{D}$ 而言,内点 $X^{(1)}$、边界点 $X^{(2)}$ 均为可行点,外点 $X^{(3)}$ 则为不可行点。此外尚需述及在可行设计点 $X^{(k)}$ 处,如果有 $g_u(X^{(k)}) = 0$,则该约束 $g_u(X)$ 称为可行点 $X^{(k)}$ 的起作用的约束;而如果有 $g_u(X^{(k)}) > 0$,则该约束 $g_u(X)$ 称为可行点 $X^{(k)}$ 的不起作用的约束。图 2-3 中对可行点 $X^{(2)}$ 来说,$g_2(X^{(2)}) = 0$ 是起作用的约束,$g_1(X^{(2)}) > 0$、$g_3(X^{(2)}) > 0$、$g_4(X^{(4)}) > 0$ 皆为不起作用的约束。对于等式约束 $h_v(X) = 0$,则在任一可行点处的等式约束都是起作用的约束。

## §2-3  目标函数

一个工程设计问题,常有许多可行的设计方案,最优化设计的任务是要找出其中最优的一个方案。评价最优方案的标准应是在设计中能最好地反映该项设计所要追求的某些特定目标。通常,这些目标可以表示成设计变量的数学函数,我们称这种函数为目

标函数或评价函数,记作

$$f(X) = f(x_1, x_2, \cdots, x_n) \tag{2-8}$$

例如在引例 1-1 中期望得到一个容积最大的箱子的设计方案,就可以优化容积函数 $f(X) = x(6-2x)^2 \to \max$ 来达到;在引例 1-2 人字架的优化设计中期望得到一个用料最省的设计方案,就可以优化体积函数 $f(X) = f(x_1, x_2) = f(D, H) = 15.708D$ $\sqrt{577600 + H^2} \to \min$ 来达到。

在工程实际问题中,优化目标函数 $f(X)$ 有两种表达形式:目标函数的极小化 $f(X) \to \min$ 和目标函数的极大化 $f(X) \to \max$。由于目标函数 $f(X)$ 的极大化等价于求目标函数 $-f(X)$ 的极小化,为了算法和程序的统一,本书在未加说明时,最优化就是指极小化。

目标函数的值是评价设计方案优劣的标准。最优化设计就是要在可行域 $\mathscr{D}$ 集合内寻找一个最优点 $X^*$,使目标函数值为最优,如上所述,通常最优值是最小值,亦即

$$f(X^*) = \min f(X), X \in \mathscr{D} \subset \mathbf{R}^n$$

建立目标函数是整个优化设计中十分重要的问题。目标函数根据追求的目标按设计准则来建立。这种准则在机构优化设计中可用运动误差、动力特性等表示;在零部件设计中可以用重量、体积、效率、可靠性、承载能力等表示;对产品设计也可以将成本、价格、寿命等作为追求的目标。前述引例 1-1 是以追求箱子容积最大为目标,引例 1-2 是以人字架用料最省为目标,这两个优化问题都是各自具有其某一个优化目标,称为单目标优化问题。而在某些机械优化设计的问题中,可能存在两个或两个以上需要优化的目标,例如一台机器期望得到最低的造价和最少的维护费用,它们各自的目标函数分别为 $f_1(X)$ 和 $f_2(X)$,这就形成多目标函数的最优化问题。一般说来,目标函数越多,对设计的评价就越周全,但计算也越复杂。我们先集中研讨单目标最优化问题的有关理论和方法,对多目标优化问题,则将在第七章中再予阐述。

## §2-4  最优化问题的数学模型

最优化设计问题的数学模型是实际优化问题的数学抽象。

设某项设计有 $n$ 个设计变量 $X = [x_1, x_2, \cdots, x_n]^T$,在满足 $g_u(X) = g_u(x_1, x_2, \cdots, x_n) \geqslant 0 (u = 1, 2, \cdots, m)$ 和 $h_v(X) = h_v(x_1, x_2, \cdots, x_n) = 0 (v = 1, 2, \cdots, p < n)$ 约束条件下,求目标函数 $f(X) = f(x_1, x_2, \cdots, x_n)$ 最小。这样的最优化问题一般称为"数学规划问题",可抽象成数学模型,简记为

$$\begin{cases} \min_{X \in \mathbf{R}^n} f(X) \\ \text{受约束于} \quad g_u(X) \geqslant 0 \quad (u = 1, 2, \cdots, m) \\ \qquad\qquad h_v(X) = 0 \quad (v = 1, 2, \cdots, p < n) \end{cases} \tag{2-9}$$

亦可写成

$$
\begin{cases}
\min_{X \in \mathscr{D} \subset \mathbf{R}^n} f(X) \\
\mathscr{D}: g_u(X) \geqslant 0 \quad (u = 1, 2, \cdots, m) \\
\qquad h_v(X) = 0 \quad (v = 1, 2, \cdots, p < n)
\end{cases}
\tag{2-10}
$$

或

$$
\begin{cases}
\min_{X \in \mathscr{D} \subset \mathbf{R}^n} f(X) \\
\mathscr{D} = \{ X \mid_{g_u(X) \geqslant 0 (u=1,2,\cdots,m), h_v(X)=0(v=1,2,\cdots,p<n)} \}
\end{cases}
\tag{2-11}
$$

以上表述的最优化问题中,若目标函数 $f(X)$ 和约束条件 $g_u(X)$、$h_v(X)$ 都是设计变量的线性函数时,称为线性规划问题;当 $f(X)$ 和 $g_u(X)$、$h_v(X)$ 中有一个或多个是设计变量的非线性函数时,则称为非线性规划问题。当约束条件数 $m$、$p$ 不全为零时,称为约束规划问题;而当约束条件数 $m = p = 0$ 时,即约束不存在,则称为无约束规划问题,其优化设计的数学模型记为 $\min_{X \in \mathbf{R}^n} f(X)$。在机械优化设计问题中,多数是约束非线性规划问题。

设计变量和约束条件的个数可表明优化设计问题规模的大小。过去曾把设计变量和约束条件都不超过 10 个的称为小型问题;而超过 10 个而不超过 50 个的称中型问题;超过 50 个的称大型问题。但按目前电子计算机容量和运算速度,这种划分显然已经只能作为一个保守的参考数据。

下面以引例 1-2 为例,分析和建立最优化设计的数学模型。

如前所述,人字架设计方案除给定固定参数外,圆管平均直径 $D$、人字架高度 $H$ 作为设计变量。设 $x_1 = D$, $x_2 = H$,则 $X = [x_1, x_2]^T = [D, H]^T$,这是一个二维最优化问题。人字架用料多少可以用其总体积 $V = 15.708 D \sqrt{577600 + H^2} \, \text{mm}^3$ 表示,这样目标函数应为 $f(X) = 15.708 x_1 \sqrt{577600 + x_2^2}$,最优化就是目标函数 $f(X)$ 的极小化。至于变量参数 $D$、$H$ 的约束条件已全部在引例 1-2 中阐明。综合以上分析,不难按规定表示方式建立如下数学模型。

$$
\min_{X \in \mathscr{D} \subset \mathbf{R}^n} f(X)
$$

$$
\mathscr{D}: g_1(X) = 690 - 18735.68 \frac{\sqrt{577600 + x_2^2}}{x_1 x_2} \geqslant 0
$$

$$
g_2(X) = \frac{2.614 \times 10^5 (x_1^2 + 6.25)}{577600 + x_2^2} - 18735.68 \frac{\sqrt{577600 + x_2^2}}{x_1 x_2} \geqslant 0
$$

$$
g_3(X) = x_1 - 20 \geqslant 0
$$

$$
g_4(X) = 140 - x_1 \geqslant 0
$$

$$
g_5(X) = x_2 - 200 \geqslant 0
$$

11

$$g_6(X) = 1200 - x_2 \geqslant 0$$

对该二维非线性最优化问题的数学模型，我们采用内点惩罚函数法、鲍威尔法、二次插值法、进退法等优化方法（这些方法都将在后面章节中讲述）在电子计算机上能迅速取得最优解：

$$X^* = [x_1^*, x_2^*]^T = [47.7, 513.1]^T, f(X^*) = 694711.5$$

亦即最优方案：圆管平均直径 $D^* = 47.7$mm，人字架高度 $H^* = 513.1$mm，相应人字架最小体积 $V_{min} = 694711.5$mm$^3$。

# 第三章 优化设计问题的若干理论基础

## §3-1 优化设计问题的几何意义

### 一、目标函数的等值面(线)

目标函数的值是评价设计方案优劣的指标。$n$ 维变量的目标函数,其函数图像只能在 $n+1$ 维空间中描述出来。当给定一个设计方案,即给定一组 $x_1,x_2,\cdots,x_n$ 的值时,目标函数 $f(X)=f(x_1,x_2,\cdots,x_n)$ 必相应有一确定的函数值;但若给定一个 $f(X)$ 值,却有无限多组 $x_1,x_2,\cdots,x_n$ 值与之对应;也就是当 $f(X)=a$ 时,$X=[x_1,x_2,\cdots x_n]^T$ 在设计空间中对应有一个点集。通常这个点集是一个曲面(二维是曲线,大于三维称超曲面),称之为目标函数的等值面。当给定一系列的 $a$ 值,即 $a=a_1,a_2,\cdots$ 时,相应有 $f(X)=a_1,a_2,\cdots$,这样可以得到一组超曲面族 —— 等值面族。显然,等值面具有下述特性,即在一个特定的等值面上,尽管设计方案很多,但每一个设计方案的目标函数值都是相等的。

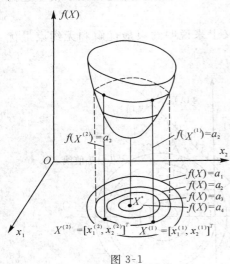

图 3-1

现以二维无约束最优化设计问题为例阐明其几何意义。如图 3-1 所示,二维目标函数 $f(X)=f(x_1,x_2)$ 在以 $x_1,x_2$ 和 $f(X)$ 为坐标的三维坐标系空间内是一个曲面。在二维设计平面 $x_1 o x_2$ 中,每一个点 $X=[x_1,x_2]^T$ 都有一个相应的目标函数值 $f(X)=f(x_1,x_2)$,它在图中反映为沿 $f(X)$ 轴方向的高度。若将 $f(X)=f(x_1,x_2)$ 曲面上具有相同高度的点投影到设计平面 $x_1Ox_2$ 上,则得 $f(x)=f(x_1,x_2)=a$ 的平面曲线,这个曲线就是符合 $f(X)=f(x_1,x_2)=a$ 的点集,称为目标函数的等值线(等值线是等值面在二维设计空间中的特定形态)。当给定一系列不同的 $a$ 值时,可以得到一组平面曲线:$f(X)=f(x_1,x_2)=a_1,f(X)=f(x_1,x_2)=a_2,\cdots$,这组曲线构成目标函数的等值线族。由图可以清楚地看到,等值线的分布情况反映了目标函数值的变化情况,等值线越

13

向里面,目标函数值越小;对于一个有中心的曲线族来说,目标函数的无约束极小点就是等值线族的一个共同中心 $X^*$。故从几何意义上来说,求目标函数无约束极小点也就是求其等值线族的共同中心。

以上二维设计空间等值线的讨论,可推广到分析多维问题。但需注意,对于三维问题在设计空间中是等值面,高于三维的问题在设计空间中则是等值超曲面。

### 二、约束最优解和无约束最优解

$n$ 维目标函数 $f(X) = f(x_1, x_2, \cdots, x_n)$ 若在无约束条件下极小化,即在整个 $n$ 维设计空间寻找 $X^* = [x_1^*, x_2^*, \cdots, x_n^*]^{\mathrm{T}}$ 使满足 $\min f(X) = f(X^*)$,$X \in \mathbf{R}^n$,其最优点 $X^*$、最优值 $f(X^*)$ 构成无约束最优解;若在约束条件限制下极小化,即在可行域 $\mathscr{D}$ 中寻找 $X^* = [x_1^*, x_2^*, \cdots x_n^*]^{\mathrm{T}}$ 使满足 $\min f(X) = f(X^*)$,$X \in \mathscr{D} \subset \mathbf{R}^n$,其最优点 $X^*$、最优值 $f(X^*)$ 则构成约束最优解。约束最优解和无约束最优解,无论在数学模型还是几何意义上,两者均是不同的概念。

现用一个二维非线性最优化问题,从几何意义上来说明约束最优解和无约束最优解。

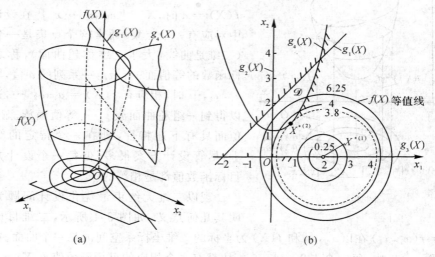

图 3-2

设已知目标函数 $f(X) = x_1^2 + x_2^2 - 4x_1 + 4$,受约束于 $g_1(X) = x_1 - x_2 + 2 \geqslant 0$,$g_2(X) = x_1 \geqslant 0$,$g_3(X) = x_2 \geqslant 0$,$g_4(X) = -x_1^2 + x_2 - 1 \geqslant 0$,求其最优解 $X^*$ 和 $f(X^*)$。图 3-2(a) 表示其目标函数和约束函数的立体图,图3-2(b) 表示其平面图。当目标函数 $f(X) = 0.25, 1, 4, 6.25$ 时,相应在 $x_1Ox_2$ 设计平面内得一系列平面曲线(同心圆)—— 等值线,它表示了目标函数值的变化情况,越向里面的代表目标函数值越

14

小。显然,其无约束最优解为目标函数等值线同心圆中心 $X^{*(1)} = [x_1^{*(1)}, x_2^{*(1)}]^T = [2, 0]^T, f(x^{*(1)}) = 0$。而其约束最优解则需在由约束线 $g_1(X) = 0, g_2(X) = 0, g_3(X) = 0, g_4(X) = 0$ 组成的可行域 $\mathscr{D}$(阴影线里侧)内寻找使目标函数值为最小的点,由图可见约束曲线 $g_4(X) = 0$ 与某等值线的一个切点 $X^{*(2)}$ 即为所求,$X^{*(2)} = [x_1^{*(2)}, x_2^{*(2)}]^T = [0.58, 1.34]^T, f(X^{*(2)}) = 3.80$ 为其约束最优解。

以上二维问题关于约束最优解和无约束最优解几何意义的讨论,同样可推广到高维问题。$n$ 个设计变量 $x_1, x_2, \cdots, x_n$ 组成设计空间,在这个空间中的每一个点代表一个设计方案,此时 $n$ 个变量具有确定的值。当给定目标函数某一定值时,就在 $n$ 维设计空间内构成一个目标函数的等值超曲面;给定目标函数一系列数值时就获得一系列目标函数的等值超曲面。这些等值超曲面反映了目标函数的变化情况。无约束最优点为这些等值超曲面的共同中心。对于约

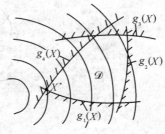

图 3-3

束最优化问题,每一个约束条件在 $n$ 维设计空间是一个约束超曲面,全部约束超曲面在设计空间中构成可行域 $\mathscr{D}$,在其上寻找目标函数值最小的点即为约束最优点,这一点可以是目标函数等值超曲面与某个约束超曲面的一个切点,也可以是目标函数值较小的某些约束超曲面的交点(如图 3-3 所示的 $X^*$ 点)。

### 三、局部最优解和全域最优解

对无约束最优化问题,当目标函数不是单峰函数时,有多个极值点 $X^{*(1)}, X^{*(2)}, \cdots$,如图 3-4 所示。此时 $X^{*(1)}$ 和 $f(X^{*(1)})$,$X^{*(2)}$ 和 $f(X^{*(2)})$ 均称为局部最优解。如其中 $X^{*(1)}$ 的目标函数值 $f(X^{*(1)})$ 是全区域中所有局部最优解中的最小者,则称 $X^{*(1)}$ 和 $f(X^{*(1)})$ 为全域最优解。

对于约束最优化问题,情况更为复杂,它不仅与目标函数的性质有关,而且还与约束条件及其函数(约束函数)性质有关。如图 3-5 所示,目标函数 $f(X)$ 的等值线绘于图上,有两个不等式约束

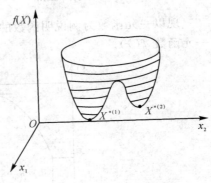

图 3-4

$g_1(X) \geqslant 0$、$g_2(X) \geqslant 0$ 构成两个可行域 $\mathscr{D}_1$ 和 $\mathscr{D}_2$。$X^{*(1)}$、$X^{*(2)}$、$X^{*(3)}$ 分别是可行域内在某一邻域目标函数值最小的点,都是局部极小点,亦即 $X^{*(1)}$、$f(X^{*(1)})$,$X^{*(2)}$、$f(X^{*(2)})$,$X^{*(3)}$、$f(X^{*(3)})$ 均称局部最优解。由于

$$f(X^{*(3)}) < f(X^{*(2)}) < f(X^{*(1)})$$

可知 $X^{*(3)}$ 为全域极小点,亦即 $X^{*(3)}$ 和 $f(X^{*(3)})$ 为全域最优解。

15

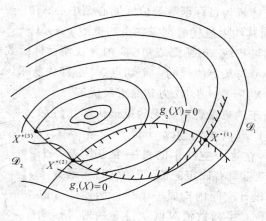

图 3-5

优化设计总是期望得到全域最优解，但目前的优化方法只能求出各个局部最优解，而后采取对各局部最优解的函数值加以比较，取其中最小的一个作为全域最优解。

# §3-2　无约束目标函数的极值点存在条件

### 一、函数的极值与极值点

现以一元函数为例说明函数的极值与极值点。图 3-6 所示为定义在区间 $[a,b]$ 上的一元函数 $f(x)$。

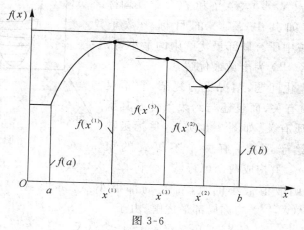

图 3-6

图上有两个特殊点 $x^{(1)}$ 与 $x^{(2)}$。在 $x^{(1)}$ 附近，函数 $f(x)$ 的值以 $f(x^{(1)})$ 为最大；在 $x^{(2)}$ 附近，函数值以 $f(x^{(2)})$ 为最小。因此 $x^{(1)}$ 与 $x^{(2)}$ 即为函数的极大点与极小点，统称为函数 $f(x)$ 的极值点。$f(x^{(1)})$ 与 $f(x^{(2)})$ 相应地为函数的极大值与极小值，统称为函数 $f(x)$ 的极值。需要注意，这里所谓极值是相对于一点的附近邻域各点而言的，仅具有局部的性质，所以这种极值又称为局部极值。而函数的最大值与最小值是指整个区间而言的。如图 3-6 中函数的最大值为 $f(b)$，函数的最小值为 $f(a)$。函数的极值并不一定是函数的最大值或最小值。

**二、极值点存在的条件**

（一）一元函数（即单变量函数）的情况

（1）极值点存在的必要条件

我们在高等数学中已经学过：如果函数 $f(x)$ 的一阶导数 $f'(x)$ 存在的话，则欲使 $x^*$ 为极值点的必要条件为：

$$f'(x^*) = 0 \tag{3-1}$$

仍以图 3-6 中所示一元函数为例，由图可见，在 $x^{(1)}$ 与 $x^{(2)}$ 处的 $f'(x^{(1)})$ 与 $f'(x^{(2)})$ 均等于零，即函数在该两点处的切线与 $x$ 轴平行。但使 $f'(x) = 0$ 的点并不一定都是极值点。例如图中的 $x^{(3)}$ 点，虽然 $f'(x^{(3)}) = 0$，但并非极值点，而为一驻点。使函数 $f(x)$ 的一阶导数 $f'(x) = 0$ 的点称为函数 $f(x)$ 的驻点。极值点（对存在导数的函数）必为驻点，但驻点不一定是极值点。至于驻点是否为极值点可以通过二阶导数 $f''(x)$ 来判断。

（2）极值点存在的充分条件

若在驻点附近

$$f''(x) < 0 \tag{3-2}$$

则该点为极大点；

若在驻点附近

$$f''(x) > 0 \tag{3-3}$$

则该点为极小点。

在图 3-6 中的 $x^{(3)}$ 附近，其右侧 $f''(x) < 0$，但其左侧 $f''(x) > 0$，因此它不是一个极值点。可见函数二阶导数的符号成为判断极值点的充分条件。

（二）多元函数（即多变量函数）的情况

设 $f(X)$ 为定义在 $X \in \mathscr{D} \subset \mathbf{R}^n$ 中的 $n$ 元函数。向量 $X$ 的分量 $x_1, x_2, \cdots, x_n$ 就是函数的自变量。设 $X^{(k)}$ 为定义域内的一个点，且在该点有连续的 $n+1$ 阶偏导数，则在该点附近可用泰勒级数展开，如取到二次项：

$$f(X) \approx f(X^{(k)}) + \sum_{i=1}^{n} \frac{\partial f(X^{(k)})}{\partial x_i}(x_i - x_i^{(k)})$$

$$+ \frac{1}{2} \sum_{i,j=1}^{n} \frac{\partial^2 f(X^{(k)})}{\partial x_i \partial x_j}(x_i - x_i^{(k)})(x_j - x_j^{(k)}) \qquad (3\text{-}4)$$

如果用向量矩阵形式表示,则上式可写为:

$$f(X) \approx f(X^{(k)}) + \left[ \frac{\partial f(X^{(k)})}{\partial x_1} \quad \frac{\partial f(X^{(k)})}{\partial x_2} \quad \cdots \quad \frac{\partial f(X^{(k)})}{\partial x_n} \right] \cdot \begin{bmatrix} x_1 - x_1^{(k)} \\ x_2 - x_2^{(k)} \\ \vdots \\ x_n - x_n^{(k)} \end{bmatrix}$$

$$+ \frac{1}{2}[x_1 - x_1^{(k)}, x_2 - x_2^{(k)}, \cdots, x_n - x_n^{(k)}]$$

$$\cdot \begin{bmatrix} \dfrac{\partial^2 f(X^{(k)})}{\partial x_1 \partial x_1} & \dfrac{\partial^2 f(X^{(k)})}{\partial x_1 \partial x_2} & \cdots & \dfrac{\partial^2 f(X^{(k)})}{\partial x_1 \partial x_n} \\ \dfrac{\partial^2 f(X^{(k)})}{\partial x_2 \partial x_1} & \dfrac{\partial^2 f(X^{(k)})}{\partial x_2 \partial x_2} & \cdots & \dfrac{\partial^2 f(X^{(k)})}{\partial x_2 \partial x_n} \\ \vdots & \vdots & & \vdots \\ \dfrac{\partial^2 f(X^{(k)})}{\partial x_n \partial x_1} & \dfrac{\partial^2 f(X^{(k)})}{\partial x_n \partial x_2} & \cdots & \dfrac{\partial^2 f(X^{(k)})}{\partial x_n \partial x_n} \end{bmatrix} \begin{bmatrix} x_1 - x_1^{(k)} \\ x_2 - x_2^{(k)} \\ \vdots \\ x_n - x_n^{(k)} \end{bmatrix} \qquad (3\text{-}5)$$

可简写为

$$f(X) \approx f(X^{(k)}) + [\nabla f(X^{(k)})]^{\mathrm{T}}[X - X^{(k)}] + \frac{1}{2}[X - X^{(k)}]^{\mathrm{T}} \nabla^2 f(X^{(k)})[X - X^{(k)}] \qquad (3\text{-}6)$$

式(3-6) 中

$$\nabla f(X^{(k)}) = \begin{bmatrix} \dfrac{\partial f(X^{(k)})}{\partial x_1} \\ \dfrac{\partial f(X^{(k)})}{\partial x_2} \\ \vdots \\ \dfrac{\partial f(X^{(k)})}{\partial x_n} \end{bmatrix} = \left[ \frac{\partial f(X^{(k)})}{\partial x_1} \quad \frac{\partial f(X^{(k)})}{\partial x_2} \quad \cdots \quad \frac{\partial f(X^{(k)})}{\partial x_n} \right]^{\mathrm{T}} \qquad (3\text{-}7)$$

$$\nabla^2 f(X^{(k)}) = \mathrm{H}(X^{(k)}) = \begin{bmatrix} \dfrac{\partial^2 f(X^{(k)})}{\partial x_1 \partial x_1} & \dfrac{\partial^2 f(X^{(k)})}{\partial x_1 \partial x_2} & \cdots & \dfrac{\partial^2 f(X^{(k)})}{\partial x_1 \partial x_n} \\ \dfrac{\partial^2 f(X^{(k)})}{\partial x_2 \partial x_1} & \dfrac{\partial^2 f(X^{(k)})}{\partial x_2 \partial x_2} & \cdots & \dfrac{\partial^2 f(X^{(k)})}{\partial x_2 \partial x_n} \\ \vdots & \vdots & & \vdots \\ \dfrac{\partial^2 f(X^{(k)})}{\partial x_n \partial x_1} & \dfrac{\partial^2 f(X^{(k)})}{\partial x_n \partial x_2} & \cdots & \dfrac{\partial^2 f(X^{(k)})}{\partial x_n \partial x_n} \end{bmatrix} \qquad (3\text{-}8)$$

$\nabla f(X^{(k)})$ 是函数 $f(X)$ 在 $X^{(k)}$ 点的一阶偏导数组成的列向量,称为函数在该点的

梯度,可简记为 $\nabla f(X^{(k)})$ 或 $\mathrm{grad} f(X^{(k)})$。梯度 $\nabla f(X^{(k)})$ 是一个向量,其方向是函数 $f(X)$ 在 $X^{(k)}$ 点函数值增长最快的方向,亦即负梯度 $-\nabla f(X^{(k)})$ 方向是函数 $f(X)$ 在 $X^{(k)}$ 点函数值下降最快的方向,梯度的模 $\|\nabla f(X^{(k)})\| = \sqrt{\sum_{i=1}^{n}\left(\dfrac{\partial f(X^{(k)})}{\partial x_i}\right)^2}$。但需注意,函数 $f(X)$ 在某点 $X^{(k)}$ 的梯度向量 $\nabla f(X^{(k)})$ 仅反映 $f(X)$ 在 $X^{(k)}$ 点附近极小邻域的性质,因而是一种局部性质。函数在定义域内的各点都各自对应着一个确定的梯度。此外,函数 $f(X)$ 在 $X^{(k)}$ 点的梯度向量 $\nabla f(X^{(k)})$ 正是函数等值线或等值超曲面在该点的法向量。图 3-7 表示二元函数 $f(X)$ 在 $X^{(1)}$、$X^{(2)}$ 点的梯度 $\nabla f(X^{(1)})$、$\nabla f(X^{(2)})$ 和负梯度 $-\nabla f(X^{(1)})$、$-\nabla f(X^{(2)})$。

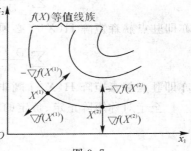

图 3-7

$\nabla^2 f(X^{(k)})$ 是函数 $f(X)$ 在 $X^{(k)}$ 点的二阶偏导数组成的 $n \times n$ 阶对称矩阵,或称为 $f(X^{(k)})$ 的赫森 (Hessian) 矩阵,记作 $H(X^{(k)})$。

公式(3-4)、(3-5)、(3-6)只取到泰勒级数二次项,称为函数的二次近似表达式。

(1)极值点存在的必要条件

$n$ 元函数在定义域内极值点 $X^*$ 存在的必要条件为

$$\nabla f(X^*) = \left[\frac{\partial f(X^*)}{\partial x_1} \quad \frac{\partial f(X^*)}{\partial x_2} \quad \cdots \quad \frac{\partial f(X^*)}{\partial x_n}\right]^{\mathrm{T}} = 0 \tag{3-9}$$

即对每一个变量的一阶偏导数值必须为零,或者说梯度为零($n$ 维零向量)。

和一元函数对应,满足式(3-9)只是多元函数极值点存在的必要条件,而并非充分条件;满足 $\nabla f(X^*) = 0$ 的点 $X^*$ 称为驻点,至于驻点是否为极值点,尚须通过二阶偏导数矩阵来判断。

(2)极值点存在的充分条件

如何判断多元函数的一个驻点是否为极值点呢?

将多元函数 $f(X)$ 在驻点 $X^*$ 附近用泰勒公式的二次式近似地表示,则由式(3-6)得

$$f(X) \approx f(X^*) + [\nabla f(X^*)]^{\mathrm{T}}[X - X^*] + \frac{1}{2}[X - X^*]^{\mathrm{T}} H(X^*)[X - X^*]$$

因 $X^*$ 为驻点,$\nabla f(X^*) = 0$,于是有

$$f(X) - f(X^*) \approx \frac{1}{2}[X - X^*]^{\mathrm{T}} H(X^*)[X - X^*]$$

在 $X^*$ 点附近的邻域内,若对一切的 $X$ 恒有

$$f(X) - f(X^*) > 0$$

亦即

19

$$[X - X^*]^T H(X^*)[X - X^*] > 0 \qquad (3\text{-}10)$$

则 $X^*$ 为极小点;否则,当恒有

$$[X - X^*]^T H(X^*)[X - X^*] < 0 \qquad (3\text{-}11)$$

时,则 $X^*$ 为极大点。

根据矩阵理论知,由式(3-10)、(3-11),得极小点的充分条件为:

$$\sum_{i,j=1}^{n} \frac{\partial^2 f(X^*)}{\partial x_i \partial x_j}(x_i - x_i^*)(x_j - x_j^*) > 0 \qquad (3\text{-}12)$$

亦即驻点赫森矩阵 $H(X^*)$ 必须为正定;同理知极大点的充分条件为:

$$\sum_{i,j=1}^{n} \frac{\partial^2 f(X^*)}{\partial x_i \partial x_j}(x_i - x_i^*)(x_j - x_j^*) < 0 \qquad (3\text{-}13)$$

亦即驻点赫森矩阵 $H(X^*)$ 必须为负定。而当

$$\sum_{i,j=1}^{n} \frac{\partial^2 f(X^*)}{\partial x_i \partial x_j}(x_i - x_i^*)(x_j - x_j^*) = 0 \qquad (3\text{-}14)$$

亦即驻点赫森矩阵 $H(X^*)$ 既非正定,又非负定,而是不定,$f(X)$ 在 $X^*$ 处无极值。

至于对称矩阵正定、负定的检验,由线性代数可知:对称矩阵

$$A = \begin{bmatrix} a_{11} & a_{12} & \cdots & a_{1n} \\ a_{21} & a_{22} & \cdots & a_{2n} \\ \vdots & \vdots & & \vdots \\ a_{n1} & a_{n2} & \cdots & a_{nn} \end{bmatrix}$$

正定的条件是它的行列式 $|A|$ 的顺序主子式全部大于零,即

$$a_{11} > 0, \begin{vmatrix} a_{11} & a_{12} \\ a_{21} & a_{22} \end{vmatrix} > 0, \cdots, \begin{vmatrix} a_{11} & a_{12} & \cdots & a_{1n} \\ a_{21} & a_{22} & \cdots & a_{2n} \\ \vdots & \vdots & & \vdots \\ a_{n1} & a_{n2} & \cdots & a_{nn} \end{vmatrix} > 0 \qquad (3\text{-}15)$$

负定的条件是它的行列式 $|A|$ 中一串主子式为相间的一负一正,即

$$a_{11} < 0, \begin{vmatrix} a_{11} & a_{12} \\ a_{21} & a_{22} \end{vmatrix} > 0, \cdots, (-1)^n \begin{vmatrix} a_{11} & a_{12} & \cdots & a_{1n} \\ a_{21} & a_{22} & \cdots & a_{2n} \\ \vdots & \vdots & & \vdots \\ a_{n1} & a_{n2} & \cdots & a_{nn} \end{vmatrix} > 0 \qquad (3\text{-}16)$$

至此,读者完全不难自行归纳得出无约束目标函数极值点存在的充分必要条件和用数学分析作为工具对 $n$ 维无约束优化问题寻求最优解。

**例题 3-1**  求解 $f(X) = 2x_1^2 + 5x_2^2 + x_3^2 + 2x_2x_3 + 2x_3x_1 - 6x_2 + 3$ 的极值点和极值。

**解**：$f(X) = 2x_1^2 + 5x_2^2 + x_3^2 + 2x_2x_3 + 2x_3x_1 - 6x_2 + 3$ 的极值点必须满足

$$\begin{cases} \dfrac{\partial f(X)}{\partial x_1} = 4x_1 + 2x_3 = 0 \\[2mm] \dfrac{\partial f(X)}{\partial x_2} = 10x_2 + 2x_3 - 6 = 0 \\[2mm] \dfrac{\partial f(X)}{\partial x_3} = 2x_1 + 2x_2 + 2x_3 = 0 \end{cases}$$

解此联立方程得：$x_1 = 1, x_2 = 1, x_3 = -2$，即点 $X^* = [1, 1, -2]^T$ 为一驻点。再利用赫森矩阵 $H(X^*)$ 的性质来判断此驻点是否为极值点。

对各变量求二阶偏导数，写出驻点的赫森矩阵

$$H(X^*) = \begin{bmatrix} \dfrac{\partial^2 f(X^*)}{\partial x_1 \partial x_1} & \dfrac{\partial^2 f(X^*)}{\partial x_1 \partial x_2} & \dfrac{\partial^2 f(X^*)}{\partial x_1 \partial x_3} \\[3mm] \dfrac{\partial^2 f(X^*)}{\partial x_2 \partial x_1} & \dfrac{\partial^2 f(X^*)}{\partial x_2 \partial x_2} & \dfrac{\partial^2 f(X^*)}{\partial x_2 \partial x_3} \\[3mm] \dfrac{\partial^2 f(X^*)}{\partial x_3 \partial x_1} & \dfrac{\partial^2 f(X^*)}{\partial x_3 \partial x_2} & \dfrac{\partial^2 f(X^*)}{\partial x_3 \partial x_3} \end{bmatrix} = \begin{bmatrix} 4 & 0 & 2 \\ 0 & 10 & 2 \\ 2 & 2 & 2 \end{bmatrix}$$

将 $H(X^*)$ 记作

$$A = \begin{bmatrix} a_{11} & a_{12} & a_{13} \\ a_{21} & a_{22} & a_{23} \\ a_{31} & a_{32} & a_{33} \end{bmatrix}$$

则

$$a_{11} = 4 > 0; \quad \begin{vmatrix} a_{11} & a_{12} \\ a_{21} & a_{21} \end{vmatrix} = \begin{vmatrix} 4 & 0 \\ 0 & 10 \end{vmatrix} = 40 > 0$$

$$\begin{vmatrix} a_{11} & a_{12} & a_{13} \\ a_{21} & a_{22} & a_{23} \\ a_{31} & a_{32} & a_{33} \end{vmatrix} = \begin{vmatrix} 4 & 0 & 2 \\ 0 & 10 & 2 \\ 2 & 2 & 2 \end{vmatrix} = 24 > 0$$

因此，赫森矩阵 $H(X^*)$ 是正定的，故驻点 $X^* = [1, 1, -2]^T$ 为极小点。对应于该极小点的函数极小值为

$$f(X^*) = 2 \times 1^2 + 5 \times 1^2 + (-2)^2 + 2 \times 1 \times (-2) + 2 \times (-2) \times 1 - 6 \times 1 + 3 = 0$$

# §3-3  函数的凸性

由前述讨论可知，函数的最优值与极值是有区别的。前者是指全域而言，而后者仅为局部的性质。一般来说，在函数定义的区域内部，最优点必是极值点，反之却不一定。

如果能得到两者等同条件,就可以用求极值的方法来求最优值,因此对于函数的最优值与极值之间的关系需作进一步的讨论。目标函数的凸性与所需讨论的问题有密切的关系。

我们可以先用一元函数来说明函数的凸性。如图 3-8 所示,图(a)在 $x^{(1)}$、$x^{(2)}$ 区间曲线为下凸的,图(b)的曲线是上凸的,它们的极值点(极小点或极大点)在区间内都是唯一的。这样的函数称为具有凸性的函数,或称为单峰函数。

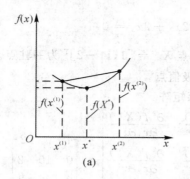 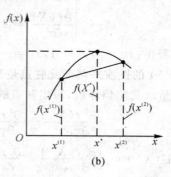

图 3-8

## 一、凸集与非凸集

为了考虑多元函数的凸性,首先要说明函数定义域应具有的性态。

设 $\mathscr{D}$ 为 $n$ 维欧氏空间中设计点 $X$ 的一个集合,若其中任意两点 $X^{(1)}$ 和 $X^{(2)}$ 的连线都在集合 $\mathscr{D}$ 中,则称这种集合是 $n$ 维欧氏空间的一个凸集。二维函数的情况如图 3-9 所示,其中图(a)为凸集,图(b)为非凸集。

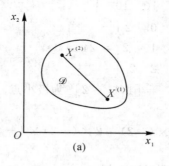 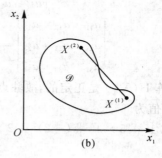

图 3-9

在 $n$ 维空间中,若对某集合 $\mathscr{D}$ 内的任意两点 $X^{(1)}$ 与 $X^{(2)}$ 作连线,使连线上的各个内点对任何实数 $\alpha(0 \leqslant \alpha \leqslant 1)$ 恒有

22

$$X = \alpha X^{(1)} + (1-\alpha)X^{(2)} \in \mathscr{D} \qquad\qquad (3\text{-}17)$$

则称 $\mathscr{D}$ 为凸集。图 3-10 是对于二维问题、式(3-17)对应的向量图解。

$n$ 维无约束最优化问题整个设计空间 $\mathbf{R}^n$ 是凸集。

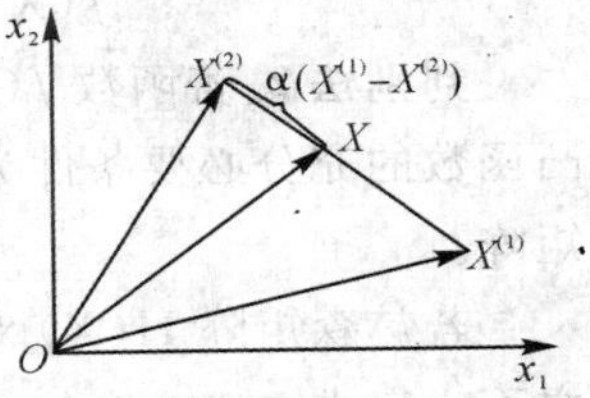

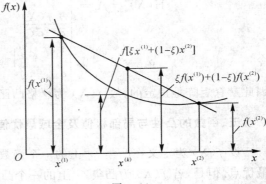

图 3-10

## 二、凸函数的定义

设 $f(X)$ 为定义在 $n$ 维欧氏空间中一个凸集 $\mathscr{D}$ 上的函数,若对任何实数 $\xi(0 \leqslant \xi \leqslant 1)$ 及 $\mathscr{D}$ 域中任意两点 $X^{(1)}$ 与 $X^{(2)}$ 存在如下关系:

$$f[\xi X^{(1)} + (1-\xi)X^{(2)}] \leqslant \xi f(X^{(1)}) + (1-\xi)f(X^{(2)}) \qquad\qquad (3\text{-}18)$$

则称函数 $f(X)$ 是定义在凸集 $\mathscr{D}$ 上的一个凸函数。现用图 3-11 所示定义于区间 $[a,b]$ 的单变量函数来说明这一概念。若连接函数曲线上任意两点的直线段,某一点 $x^{(k)}$ 的函数值恒低于此直线段上相应的纵坐标值时,这种函数就是凸函数,也就是单峰函数。

若将式(3-18)中的符号"$\leqslant$"改为"$<$",则称函数 $f(X)$ 为严格凸函数。

图 3-11

若将式(3-18)中的符号"$\leqslant$"改为"$\geqslant$",则如图 3-8(b)所示,函数曲线上凸(有极大点),通常称为凹函数。显然,若 $f(X)$ 为凸函数,则 $-f(X)$ 为凹函数。

## 三、凸函数的基本性质

1) 若函数 $f_1(X)$ 和 $f_2(X)$ 为凸集 $\mathscr{D}$ 上的两个凸函数,对任意正数 $a$ 和 $b$,函数 $f(X) = af_1(X) + bf_2(X)$,仍为 $\mathscr{D}$ 集上的凸函数。

2) 若 $X^{(1)}$ 与 $X^{(2)}$ 为凸函数 $f(X)$ 中的两个最小点,则其连线上的一切点也都是 $f(X)$ 的最小点。

上述两项基本性质证明从略。

## 四、凸函数的判定

**判别法 1**:若函数 $f(X)$ 在 $\mathscr{D}_1$ 上具有连续一阶导数,而 $\mathscr{D}$ 为 $\mathscr{D}_1$ 内部的一个凸集,则 $f(X)$ 为 $\mathscr{D}$ 上的凸函数的充分必要条件为:对任意的 $X^{(1)}$、$X^{(2)} \in \mathscr{D}$,恒有

$$f(X^{(2)}) \geqslant f(X^{(1)}) + [X^{(2)} - X^{(1)}]^{\mathrm{T}} \nabla f(X^{(1)}) \tag{3-19}$$

**判别法 2**：若函数 $f(X)$ 在凸集 $\mathscr{D}$ 上存在二阶导数并且连续时，对 $f(X)$ 在 $\mathscr{D}$ 上为凸函数的充分必要条件为：对于任意的 $X \in \mathscr{D}$，$f(X)$ 的赫森矩阵 $H(X)$ 处处是正半定矩阵。

若赫森矩阵 $H(X)$ 对一切 $X \in \mathscr{D}$ 都是正定的，则 $f(X)$ 是 $\mathscr{D}$ 上的严格凸函数，反之不一定成立。

**例题 3-2** 判别函数 $f(X) = 60 - 10x_1 - 4x_2 + x_1^2 + x_2^2 - x_1 x_2$ 在 $\mathscr{D} = \{X \mid_{-\infty < x_i < \infty \ (i=1,2)}\}$ 上是否为凸函数。

**解**：利用赫森矩阵来判别：

$$H(X) = A = \begin{vmatrix} \dfrac{\partial^2 f(X)}{\partial x_1 \partial x_1} & \dfrac{\partial^2 f(X)}{\partial x_1 \partial x_2} \\ \dfrac{\partial^2 f(X)}{\partial x_2 \partial x_1} & \dfrac{\partial^2 f(X)}{\partial x_2 \partial x_2} \end{vmatrix} = \begin{bmatrix} 2 & -1 \\ -1 & 2 \end{bmatrix}$$

令
$$a_{11} = 2 > 0, \quad \begin{vmatrix} a_{11} & a_{12} \\ a_{21} & a_{22} \end{vmatrix} = \begin{vmatrix} 2 & -1 \\ -1 & 2 \end{vmatrix} = 3 > 0$$

因此赫森矩阵是正定的，故 $f(X)$ 为严格凸函数。

### 五、函数的凸性与局部极值及全域最优值之间的关系

设 $f(X)$ 为定义在凸集 $\mathscr{D}$ 上的一个函数，一般来说，$f(X)$ 的极值点不一定是它的最优点。但是，若 $f(X)$ 为凸集 $\mathscr{D}$ 上的一个凸函数，则 $f(X)$ 的任何极值点，同时也是它的最优点。若 $f(X)$ 还是严格凸函数，则它有唯一的最优点。

# §3-4　约束极值点存在条件

在约束条件下求得的函数极值点，称为约束极值点。在优化实用计算中常需判断和检查某个可行点是否约束极值点，这通常借助于库恩—塔克(Kuhn-Tucker)条件(简称 K-T 条件)来进行。

K-T 条件可阐述为：

如果 $X^{(k)}$ 是一个局部极小点，则该点的目标函数梯度 $\nabla f(X^{(k)})$ 可表示成该点诸约束面梯度 $\nabla g_u(X^{(k)})$、$\nabla h_v(X^{(k)})$ 的如下线性组合：

$$\nabla f(X^{(k)}) - \sum_{u=1}^{q} \lambda_u \nabla g_u(X^{(k)}) - \sum_{v=1}^{j} \mu_v \nabla h_v(X^{(k)}) = 0 \tag{3-20}$$

式中：$q$—— 在 $X^{(k)}$ 点的不等式约束面数；

$j$—— 在 $X^{(k)}$ 点的等式约束面数；

24

$\lambda_u(u=1,2,\cdots,q)$、$\mu_v(v=1,2,\cdots,j)$——非负值的乘子,亦称拉格朗日乘子。如无等式约束,而全部是不等式约束,则式(3-20)中 $j=0$,第三项全部为零。

也可以对 K-T 条件用图形来说明。式(3-20)表明,如果 $X^{(k)}$ 是一个局部极小点,则该点的目标函数梯度 $\nabla f(X^{(k)})$ 应落在该点诸约束面梯度 $\nabla g_u(X^{(k)})$、$\nabla h_v(X^{(k)})$ 在设计空间所组成的锥角范围内。如图 3-12 所示,图(a)中设计点 $X^{(k)}$ 不是约束极值点,图(b)的设计点 $X^{(k)}$ 是约束极值点。

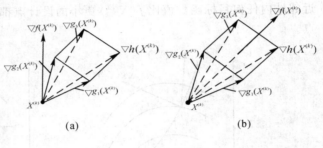

图 3-12

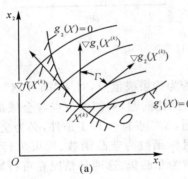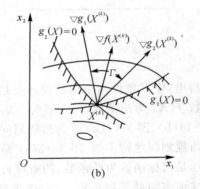

图 3-13

用二维情况为例,将更形象地表明 K-T 条件。

图 3-13 为在设计点 $X^{(k)}$ 处有两个约束,图(a)表示 $X^{(k)}$ 点处目标函数梯度 $\nabla f(X^{(k)})$ 在该点两个约束函数梯度 $\nabla g_1(X^{(k)})$、$\nabla g_2(X^{(k)})$ 组成的锥角 $\Gamma$ 以外,这样在 $X^{(k)}$ 点邻近的可行域内存在目标函数值比 $f(X^{(k)})$ 更小的设计点,故 $X^{(k)}$ 点不能成为约束极值点;而图(b)$X^{(k)}$ 点处 $\nabla f(X^{(k)})$ 落在锥角 $\Gamma$ 以内,则在该点附近邻域内任何目标函数值比 $f(X^{(k)})$ 更小的设计点都在可行域以外,因而 $X^{(k)}$ 是约束极值点,它满足式(3-20)K-T 条件。

$$\nabla f(X^{(k)})-\lambda_1\nabla g_1(X^{(k)})-\lambda_2\nabla g_2(X^{(k)})=0,\quad \lambda_1\geqslant 0,\lambda_2\geqslant 0$$

图 3-14 为在设计点 $X^{(k)}$ 处只有一个约束,图(a)表示 $\nabla f(X^{(k)})$ 和 $\nabla g(X^{(k)})$ 方向不重合,在 $X^{(k)}$ 邻近的可行域内存在目标函数值比 $f(X^{(k)})$ 更小的设计点,故 $X^{(k)}$ 不能

成为约束极值点；而图(b)中由于 $\nabla f(X^{(k)})$ 和 $\nabla g(X^{(k)})$ 方向重合，则 $\nabla f(X^{(k)}) - \lambda \nabla g(X^{(k)}) = 0, \lambda > 0$，此即当 $X^{(k)}$ 点处约束面数 $q = 1$ 时的 K-T 条件；显然 $X^{(k)}$ 点附近邻域内任何目标函数值比 $f(X^{(k)})$ 更小的设计点都在可行域以外，$X^{(k)}$ 点是约束极值点。

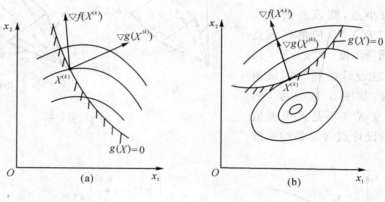

图 3-14

必须指出，K-T 条件用于检验设计点是否为约束极值点，对于"凸规划"问题，即对于目标函数 $f(X)$ 为凸函数、可行域为凸集的优化问题，局部极值点与全域最优点相重合，如图 3-13(b)、图 3-14(b) 皆为凸规划问题，$X^{(k)}$ 点符合 K-T 条件，必为全域最优点；但对于非凸规划问题则不然。图 3-15(a) 是目标函数为非凸函数、约束可行域为凸集；图 3-15(b) 是目标函数为凸函数、约束可行域为非凸集。这两种情况在可行域中均可能出现两个或更多的局部极小点，它们必须都满足 K-T 条件，但其中只有一个函数值最小的点 $X^*$ 是约束最优点。在工程优化设计问题中，函数在全域上的凸性不一定存在，在许多情况下，凸性的判断亦难进行。因此判断符合 K-T 条件的约束极值点是全域最优点还是局部极值点目前仍属优化研究的一个重大课题。但凸集、凸函数、K-T 条件等

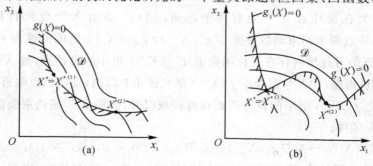

图 3-15

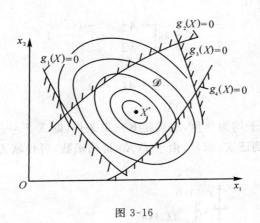

图 3-16

在优化理论和实践中仍具重要意义。亦须指出,用 K-T 条件检验约束极值点是指具有起作用约束的可行点。如图 3-16 所示,无约束极值点 $X^*$ 处,$g_u(X^*)$ 均大于零($u=1,2,3,4$),这一组约束条件对 $X^*$ 都不起作用,$X^*$ 亦是约束极值点,但却不属于 K-T 条件的范围。

**例题 3-3**  用 K-T 条件检验点 $X^{(k)} = [2,0]^\mathrm{T}$ 是否为目标函数 $f(X) = (x_1-3)^2 + x_2^2$ 在不等式约束:$g_1(X) = 4 - x_1^2 - x_2 \geqslant 0$、$g_2(X) = x_2 \geqslant 0$、$g_3(X) = x_1 - 0.5 \geqslant 0$ 条件下的约束最优点。

**解**:(1)计算 $X^{(k)}$ 点的诸约束函数值

$$g_1(X^{(k)}) = 4 - 4 - 0 = 0$$
$$g_2(X^{(k)}) = 0$$
$$g_3(X^{(k)}) = 2 - 0.5 = 1.5 > 0$$

$X^{(k)}$ 点是可行点,该点起作用的约束函数是 $g_1(X)$ 和 $g_2(X)$。

(2)求 $X^{(k)}$ 点的有关诸梯度

$$\nabla f(X^{(k)}) = \begin{bmatrix} 2(x_1-3) \\ 2x_2 \end{bmatrix}_{\substack{x_1=2 \\ x_2=0}} = \begin{bmatrix} -2 \\ 0 \end{bmatrix}$$

$$\nabla g_1(X^{(k)}) = \begin{bmatrix} -2x_1 \\ -1 \end{bmatrix}_{\substack{x_1=2 \\ x_2=0}} = \begin{bmatrix} -4 \\ -1 \end{bmatrix}$$

$$\nabla g_2(X^{(k)}) = \begin{bmatrix} 0 \\ 1 \end{bmatrix}_{\substack{x_1=2 \\ x_2=0}} = \begin{bmatrix} 0 \\ 1 \end{bmatrix}$$

(3)代入式(3-20),求拉格朗日乘子

$$\nabla f(X^{(k)}) - \lambda_1 \nabla g_1(X^{(k)}) - \lambda_2 \nabla g_2(X^{(k)}) = 0$$

$$\begin{bmatrix} -2 \\ 0 \end{bmatrix} - \lambda_1 \begin{bmatrix} -4 \\ -1 \end{bmatrix} - \lambda_2 \begin{bmatrix} 0 \\ 1 \end{bmatrix} = 0$$

写成线性方程组

$$\begin{cases} -2 + 4\lambda_1 = 0 \\ \lambda_1 - \lambda_2 = 0 \end{cases}$$

解得 $\lambda_1 = \lambda_2 = 0.5$，乘子均为非负，故满足 K—T 条件，即 $X^{(k)} = [2, 0]^T$ 点为约束极值点。参看图 3-17，亦得到证实。而且，由于 $f(X)$ 是凸函数，可行域为凸集，所以点 $X^{(k)}$ 也是约束最优点。

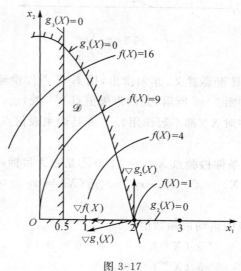

图 3-17

## §3-5　最优化设计的数值计算迭代方法

当无约束优化问题和约束优化问题的数学模型确定以后求其最优解，实质上都属于目标函数的极值问题。两者的优化求解方法联系紧密，其中无约束优化方法又是优化方法中最基本的方法。

非线性无约束最优化问题解法大致分为两类：解析法和数值计算迭代方法。

解析法是采用导数寻求函数极值的方法，其特点是以数学分析为工具，古典的微分法就属于这一类。例题 3-1 表明了无约束非线性最优化问题用解析法求极值点的过程。它根据目标函数极值点存在的必要条件，用数学分析的方法求出式(3-9)方程组的根 $X^*$（驻点），再用式(3-8)计算驻点处的赫森矩阵来判别是否符合函数极值点存在的充分条件。如符合,驻点 $X^*$ 即为极值点,问题就能解决了。但在工程设计中,往往由于目标函数比较复杂,从而求不出或难以求出目标函数 $f(X)$ 对各自变量的偏导数,此时无法形成式(3-9)方程组,同时即使能得到该方程组,也往往是高次非线性的方程组,使用解析方法来求解驻点极为困难。此外,要判别赫森矩阵是否为正定,一般也是很繁的,有时甚至不能用于具体计算之中。这类寻优方法仅适用于求解目标函数具有简单而明确的数学形式的非线性规划问题。而对于目标函数比较复杂或甚至无明确的数学表达式的情况,这种方法显得求解效率极低或无能为力。这时应采用数值计算迭代方法。

数值计算迭代方法是直接从目标函数 $f(X)$ 出发,构造一种使目标函数值逐次下降逼近,利用电子计算机进行迭代,一步步搜索、调优并最后逼近到函数极值点或达到最优点。根据确定搜索方向和步长的方法不同,数值计算寻优可有许多方法,但其共同点是:

1)要具有简单的逻辑结构并能进行同一迭代格式的反复的运算。

2)这种计算方法所取得的结果不是理论精确解,而是近似解,但其精度是可以根据需要加以控制的。

### 一、迭代法的基本思想及其格式

迭代法是适应于电子计算机工作特点的一种数值计算方法。其基本思想是:在设计空间从一个初始设计点 $X^{(0)}$ 开始,应用某一规定的算法,沿某一方向 $S^{(0)}$ 和步长 $\alpha^{(0)}$ 产生改进设计的新点 $X^{(1)}$,使得 $f(X^{(1)}) < f(X^{(0)})$,然后再从 $X^{(1)}$ 点开始,仍应用同一算法,沿某一方向 $S^{(1)}$ 和步长 $\alpha^{(1)}$,产生又有改进的设计新点 $X^{(2)}$,使得 $f(X^{(2)}) < f(X^{(1)})$,这样一步一步地搜索下去,使目标函数值步步下降,直至得到满足所规定精度要求的、逼近理论极小点的 $X^*$ 点为止。这种寻找最优点的反复过程称为数值迭代过程。图 3-18 为二维无约束最优化迭代过程示意图。

无约束最优化算法,每次迭代都按一选定方向 $S$ 和一合适的步长 $\alpha$ 向前搜索,可以写出迭代过程逐次搜索新点的向量方程式

$$X^{(1)} = X^{(0)} + \alpha^{(0)} S^{(0)}$$
$$X^{(2)} = X^{(1)} + \alpha^{(1)} S^{(1)}$$
$$\vdots$$

迭代过程的每一步向量方程式,都可写成如下的迭代格式

$$X^{(k+1)} = X^{(k)} + \alpha^{(k)} S^{(k)}$$
$$k = 0,1,2,\cdots \qquad (3\text{-}21)$$

式中:$X^{(k)}$——第 $k$ 步迭代的出发点;

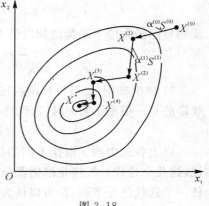

图 3-18

$X^{(k+1)}$ —— 第 $k$ 步迭代产生出的新点；

$S^{(k)}$ —— 是向量，代表第 $k$ 步迭代的前进方向（或称搜索方向）；

$\alpha^{(k)}$ —— 是标量，代表第 $k$ 步沿 $S^{(k)}$ 方向的迭代步长（或称步长因子）。

在一系列的迭代计算 $k=0,1,2\cdots$ 过程中，产生一系列的迭代点（点列）$X^{(0)}$，$X^{(1)}$，$\cdots$，$X^{(k)}$，$X^{(k+1)}$，$\cdots$。为实现极小化，目标函数 $f(X)$ 的值应一次比一次减小，即

$$f(X^{(0)}) > f(X^{(1)}) > f(X^{(2)}) > \cdots > f(X^{(k)}) > f(X^{(k+1)}) \tag{3-22}$$

直至迭代计算满足一定的精度时，则认为目标函数值近似收敛于其理论极小值。

**二、迭代计算的终止准则**

按理我们当然希望迭代过程进行到最终迭代点恰好到达理论极小点，或者使最终迭代点与理论极小点之间的距离足够小到允许的精度才终止迭代。但是，在实际上对于一个待求的优化问题，其理论极小点在哪里并不知道。实际只能从迭代过程获得的迭代点序列 $X^{(0)}$，$X^{(1)}$，$X^{(2)}$，$\cdots$，$X^{(k)}$，$X^{(k+1)}$，$\cdots$ 所提供的信息，根据一定的准则判断出已取得足够精确的近似极小点时，迭代即可终止。最后所得的点即认为是接近理论极小点的近似极小点。对无约束最优化问题常用的迭代过程终止准则一般有以下几种。

1）点距准则 当相邻两迭代点 $X^{(k)}$、$X^{(k+1)}$ 之间的距离已达到充分小时，即小于或等于规定的某一很小正数 $\varepsilon$ 时，迭代终止。一般用两个迭代点向量差的模来表示，即

$$\| X^{(k+1)} - X^{(k)} \| \leqslant \varepsilon \tag{3-23}$$

或用 $X^{(k+1)}$ 和 $X^{(k)}$ 在各坐标轴上的分量差的绝对值来表示，即

$$| X_i^{(k+1)} - X_i^{(k)} | \leqslant \varepsilon \quad (i=1,2,\cdots,n) \tag{3-24}$$

2）函数下降量准则 当相邻两迭代点 $X^{(k)}$、$X^{(k+1)}$ 的目标函数值的下降量已达到充分小时，即小于或等于规定的某一很小正数 $\varepsilon$ 时，迭代终止。一般用目标函数值下降量的绝对值来表示，即

$$| f(X^{(k+1)}) - f(X^{(k)}) | \leqslant \varepsilon \quad (当 | f(X^{(k+1)}) | \leqslant 1) \tag{3-25}$$

或用目标函数值下降量的相对值来表示，即

$$\left| \frac{f(X^{(k+1)}) - f(X^{(k)})}{f(X^{(k)})} \right| \leqslant \varepsilon \quad (当 | f(X^{(k+1)}) | > 1) \tag{3-26}$$

3）梯度准则 当目标函数在迭代点 $X^{(k+1)}$ 的梯度已达到充分小时，即小于或等于规定的某一很小正数 $\varepsilon$ 时，迭代终止。一般用梯度向量的模来表示，即

$$\| \nabla f(X^{(k+1)}) \| \leqslant \varepsilon \tag{3-27}$$

以上各式中的 $\varepsilon$ 根据不同的优化方法和具体设计问题对精度的要求而定。一般来说，这几个迭代过程终止准则都分别在某种意义上反映了逼近极值点的程度，满足其中任一个迭代终止准则，都可以认为目标函数 $f(X^{(k+1)})$ 收敛于函数 $f(X)$ 的极小值，对凸规划问题即为近似最优解：$X^* = X^{(k+1)}$ 和 $f(X^*) = f(X^{(k+1)})$，从而可以结束迭代计

算。迭代过程中每一步迭代得一新点，一般都要以终止准则判别是否收敛，如不满足，则应再进行下一步迭代，直到满足迭代终止准则为止。

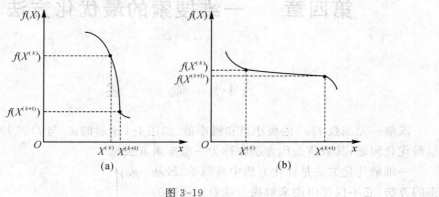

图 3-19

上列几种迭代终止准则，除式(3-27)所示梯度准则仅用于那些需要计算目标函数梯度的最优化方法中外，其余并无特别规定必须选用哪一种。有时为了防止函数变化剧烈时式(3-23)所示点距准则失效(见图 3-19(a))，或当函数变化缓慢时式(3-25)所示函数下降量准则失效(见图 3-19(b))，这时往往将点距准则和函数下降量准则结合起来，使两者同时成立。最后尚须指出，迭代终止准则并不限于上列几种，这些将在讲述采用其他终止准则的优化方法时再作介绍。

# 第四章 一维搜索的最优化方法

## §4-1 概　　述

　　求解一元函数 $f(\alpha)$ 的极小点和极小值（如图 4-1 所示的 $\alpha^*$ 与 $f(\alpha^*)$）问题，就是一维最优化问题，其数值迭代方法亦称为一维搜索方法。

　　一维最优化方法是优化方法中最简单、最基本的方法。它不仅可以用来解决一维目标函数的最优化问题，更重要的是在多维目标函数的求优过程中，常常需要通过一系列的一维优化来实现。在关于多维迭代寻优的讨论中，我们知道，在任一次迭代计算中，当确定搜索方向 $S^{(k)}$ 之后，新设计点 $X^{(k+1)} = X^{(k)} + \alpha S^{(k)}$ 总是位于过 $X^{(k)}$ 点的 $S^{(k)}$ 方向上，而不论步长因子 $\alpha$ 的数值如何。图 4-2 表示二维优化问题的情况，显然，$S^{(k)}$ 应选择使在 $X^{(k)}$ 点邻域目标函数值下降的方向，同时希望选某一特定的 $\alpha = \alpha^{(k)}$，使产生的新点 $X^{(k+1)}$ 是在过 $X^{(k)}$ 点 $S^{(k)}$ 方向上的目标函数的极小点。即有

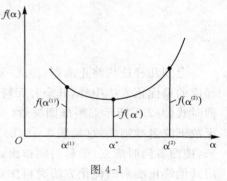

图 4-1

$$f(X^{(k)} + \alpha^{(k)} S^{(k)}) = \min f(X^{(k)} + \alpha S^{(k)})$$

$$(4-1)$$

这个特定的步长因子 $\alpha^{(k)}$ 称为最优步长因子。然后，把该 $X^{(k+1)}$ 点作为下次迭代的出发点，另选新的搜索方向 $S^{(k+1)}$，获得 $S^{(k+1)}$ 方向上的目标函数极小点，如此重复上述过程，直至把目标函数逼近理论极小值，实现多维目标函数寻优。

　　式（4-1）表示过 $X^{(k)}$ 点沿 $S^{(k)}$ 方向搜索寻优，显然 $X^{(k)}$ 和 $S^{(k)}$ 已确定，即可认为是固定的量，所以求解步长 $\alpha^{(k)}$ 使函数 $f(X^{(k)} + \alpha S^{(k)})$ 值为极小的问题，也就是求解一元函数 $f(\alpha) = f(X^{(k)} + \alpha S^{(k)})$ 的

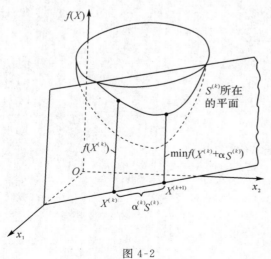

图 4-2

极小值问题。如图 4-3 所示，不论 $X$ 属于几维向量，从定点 $X^{(k)}$ 出发，沿确定方向 $S^{(k)}$ 搜索，$\alpha$ 作为单变量寻求满足式(4-1) 的最优步长因子 $\alpha^{(k)}$ 的过程亦是一维搜索过程。一般来说，从 $X^{(k)}$ 点出发，沿方向 $S^{(k)}$ 求函数 $f(X^{(k)} + \alpha S^{(k)})$ 的极小点 $X^{(k+1)}$ 就构成某些多维最优化方法的一种基本过程。所以一维

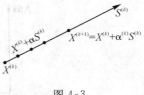

图 4-3

搜索的效率、稳定性等的优劣对多维最优化算法的收敛速度影响是很大的。大多数的无约束最优化算法以及某些约束最优化算法都要求一种有效的一维搜索方法与之互相配合，否则将会带来占机时间长，或破坏算法稳定性等缺陷。

一维搜索最优化方法很多，有格点法、黄金分割法(0.618 法)、分数法和插值法等。我们这里将介绍常用的 0.618 法和二次插值法。

一维搜索寻优过程总体可分为两大步骤：① 确定函数 $f(\alpha)$ 的极小点 $\alpha^{(k)}$ 所在的初始搜索区间 $[a,b]$；② 在搜索区间 $[a,b]$ 中搜索寻优极小点 $\alpha^{(k)}$。

## §4-2  初始搜索区间的确定

要进行一维搜索，首先要确定极小点 $\alpha^{(k)}$ 所在的初始搜索区间 $[a,b]$。

在本章讲述中，我们用 $f(\alpha)$ 代表单变量函数，并假定是单峰函数，考虑的极值问题都是极小值问题。如图 4-4(a) 所示，在极小点 $\alpha^*$ 左边，沿 $\alpha$ 方向函数值是严格减小的；而在 $\alpha^*$ 的右边，函数值是严格增大的。设 $\alpha^{(1)}$ 与 $\alpha^{(2)}$ 是 $\alpha^{(1)} < \alpha^{(2)}$ 的任意两点，若 $\alpha^{(2)} \leqslant \alpha^*$ (图 4-4(b))，则 $f(\alpha^{(1)}) > f(\alpha^{(2)})$；① 若 $\alpha^{(1)} \geqslant \alpha^*$ (图 4-4(c))，则 $f(\alpha^{(1)}) < f(\alpha^{(2)})$。由图 4-4(d) 所示，单峰函数的函数值具有高 — 低 — 高的特征。可见，若找到 $\alpha^{(1)} < \alpha^{(2)} < \alpha^{(3)}$，且 $f(\alpha^{(1)}) > f(\alpha^{(2)})$，$f(\alpha^{(2)}) < f(\alpha^{(3)})$，则 $\alpha^*$ 必在区间 $[\alpha^{(1)}, \alpha^{(3)}]$ 之间。我们确定极小点的初始搜索区间就要利用这个函数值高 — 低 — 高，亦即函数值两头大、中间小的特征。

需要指出，对于预先有把握估计极小点所在的区间范围，可以直接给出。当事先难以估计区间的范围时，初始区间可通过某种方法予以确定。下面介绍一种进退算法来确定初始搜索区间。

设给定某初始点 $\alpha^{(0)}$ 及初始步长 $h$，求初始搜索区间的步骤如下：

(1) 给定 $\alpha^{(0)}$，$h$；$\alpha^{(0)}$ 值可任意选取，最好取 $\alpha^{(0)}$ 接近于极小点，或可取 $\alpha^{(0)} = 0$；$h$ 为初始步长，$h > 0$，可取 $h = 1$。

(2) 令 $\alpha^{(0)} \Rightarrow \alpha^{(1)}$，$\alpha^{(1)} + h \Rightarrow \alpha^{(2)}$，得两个试点 $\alpha^{(1)}$、$\alpha^{(2)}$。$\alpha^{(1)} < \alpha^{(2)}$。计算其函数值

---

① 一维搜索目标函数 $f(\alpha)$ 为单变量函数，为免赘繁，本章阐述中 $\alpha^{(0)}$，$\alpha^{(1)}$，$\alpha^{(2)}$，$\cdots$，$\alpha^{(k)}$，$\cdots \alpha^*$ 等既代表设计点 (一维向量)，又代表其相应的数值 (向量模)。

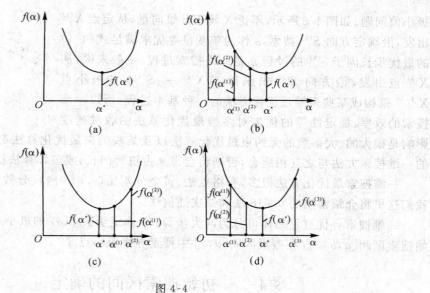

图 4-4

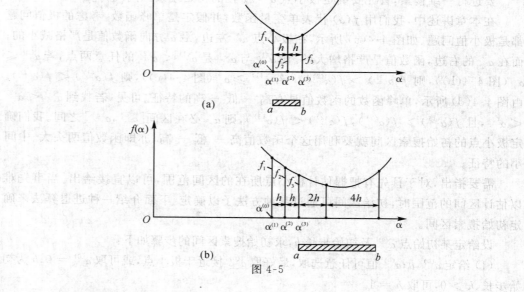

图 4-5

$f(\alpha^{(1)})$ 和 $f(\alpha^{(2)})$。令 $f(\alpha^{(1)}) \Rightarrow f_1, f(\alpha^{(2)}) \Rightarrow f_2$。

(3) 比较 $f_1$ 与 $f_2$。若 $f_2 < f_1$，则作前进运算。以第二点 $\alpha^{(2)}$ 为起始点，以 $h$ 为步长，前进搜索即可取得第三个试点 $\alpha^{(3)} = \alpha^{(2)} + h = \alpha^{(0)} + 2h$，并计算 $f(\alpha^{(3)}) \Rightarrow f_3$。若 $f_2 \leqslant f_3$，如图 4-5(a) 所示，则区间 $[a, b] = [\alpha^{(0)}, \alpha^{(0)} + 2h]$ 为初始搜索区间，即 $a = \alpha^{(0)}, b =$

$\alpha^{(0)}+2h$；否则，即 $f_2>f_3$，则以 $\alpha^{(3)}$ 为起始点，按第二点 $\alpha^{(2)}$ 到第三点 $\alpha^{(3)}$ 的方向将步长再加倍，重复上述前进搜索运算，直到出现相继的三个试点，其两端试点的函数值大于中间试点的函数值为止。这时左端试点坐标即为 $a$，右端试点坐标即为 $b$。如图 4-5(b) 所示，则区间 $[a,b]=[\alpha^{(0)}+2h,\alpha^{(0)}+8h]$ 为初始搜索区间，即 $a=\alpha^{(0)}+2h,b=\alpha^{(0)}+8h$。

（4）如果在步骤（2）中的两个函数值有 $f_2\geqslant f_1$，则作后退运算。以第一点 $\alpha^{(1)}$ 为起始点，仍以 $h$ 大小作为步长但反方向搜索取得第三个试点 $\alpha^{(3)}=\alpha^{(1)}-h$，并计算 $f(\alpha^{(3)})\Rightarrow f_3$。若 $f_3\geqslant f_1$，如图 4-6(a) 所示，则区间 $[a,b]=[\alpha^{(0)}-h,\alpha^{(0)}+h]$ 为初始搜索区间，即 $a=\alpha^{(0)}-h,b=\alpha^{(0)}+h$；否则，即 $f_3<f_1$，则以 $\alpha^{(3)}$ 为起始点，按第一点 $\alpha^{(1)}$

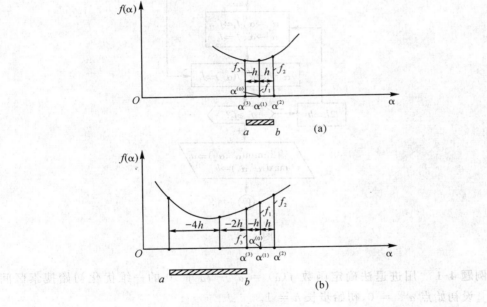

图 4-6

到第三点 $\alpha^{(3)}$ 的方向将步长再加倍，重复上述运算，直到出现相继的三个试点，其两端试点的函数值大于中间试点的函数值为止。这时左端试点坐标即为 $a$，右端试点坐标即为 $b$。如图 4-6(b) 所示，则区间 $[a,b]=[\alpha^{(0)}-7h,\alpha^{(0)}-h]$ 为初始搜索区间，即 $a=\alpha^{(0)}-7h,b=\alpha^{(0)}-h$。

上述计算步骤，为适应计算机迭代计算的特点，将部分符号给予"一般化"处理，这样可使性质相同的重复项（例如两个函数值的比较）出现在一个计算框中，使整个框图变得简短。经过这样处理后，上述计算步骤设计成如图 4-7 所示的计算程序框图，简称进退法算法框图。

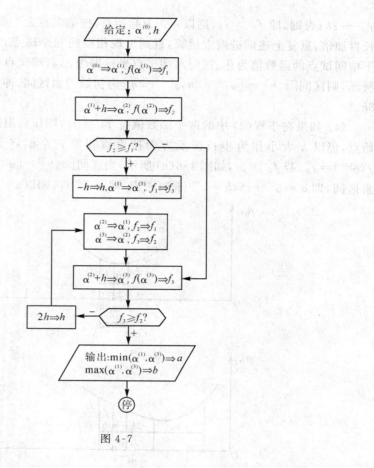

图 4-7

**例题 4-1**　用进退法确定函数 $f(\alpha) = \alpha^2 - 7\alpha + 10$ 的一维优化初始搜索区间 $[a,b]$。设初始点 $\alpha^{(0)} = 0$,初始步长 $h = 1$。

**解:**按图 4-7 所示算法框图进行计算

$$\alpha^{(1)} = \alpha^{(0)} = 0 \qquad\qquad f_1 = f(\alpha^{(1)}) = 10$$
$$\alpha^{(2)} = \alpha^{(1)} + h = 1 \qquad\qquad f_2 = f(\alpha^{(2)}) = 4$$

比较 $f_2$、$f_1$,因 $f_2 < f_1$,作前进运算

$$\alpha^{(3)} = \alpha^{(2)} + h = 2 \qquad\qquad f_2 = f(\alpha^{(3)}) = 0$$

比较 $f_2$、$f_3$,因 $f_2 > f_3$,再作前进运算

$$h = 2 \times 1 = 2$$
$$\alpha^{(1)} = \alpha^{(2)} = 1 \qquad\qquad f_1 = f(\alpha^{(1)}) = 4$$
$$\alpha^{(2)} = \alpha^{(3)} = 2 \qquad\qquad f_2 = f(\alpha^{(2)}) = 0$$

36

$$\alpha^{(3)} = \alpha^{(2)} + h = 4 \qquad f_3 = f(\alpha^{(3)}) = -2$$

比较 $f_2$、$f_3$，因 $f_2 > f_3$，再作前进运算

$$h = 2 \times 2 = 4$$

$$\alpha^{(1)} = \alpha^{(2)} = 2 \qquad f_1 = f(\alpha^{(1)}) = 0$$

$$\alpha^{(2)} = \alpha^{(3)} = 4 \qquad f_2 = f(\alpha^{(2)}) = -2$$

$$\alpha^{(3)} = \alpha^{(2)} + h = 8 \qquad f_3 = f(\alpha^{(3)}) = 18$$

此时 $f_1 > f_2$、$f_2 < f_3$，故 $a = \alpha^{(1)} = 2, b = \alpha^{(3)} = 8$，亦即初始搜索区间 $[a,b] = [2,8]$。

# §4-3  黄金分割法

黄金分割法（0.618 法）是用于一元函数 $f(\alpha)$ 在确定的初始区间 $[a,b]$ 内搜索极小点 $\alpha^*$ 的一种方法。它属于序列消去法的范畴。

### 一、消去法的基本原理

消去法的基本思路是：逐步缩小搜索区间，直至最小点存在的范围达到允许的误差范围为止。

设一元函数 $f(\alpha)$ 如图 4-8 所示，起始搜索区间为 $[a,b]$，$\alpha^*$ 为所要寻求的函数的极小点。

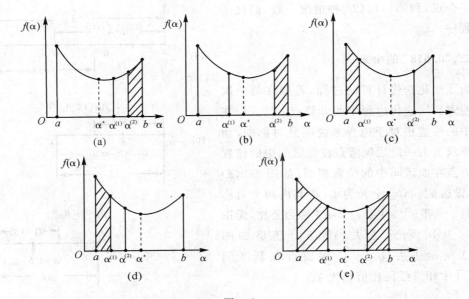

图 4-8

在搜索区间 $[a,b]$ 内任取两点 $\alpha^{(1)}$ 与 $\alpha^{(2)}$，且 $a < \alpha^{(1)} < \alpha^{(2)} < b$，计算函数 $f(\alpha^{(1)})$ 与 $f(\alpha^{(2)})$。当将 $f(\alpha^{(1)})$ 与 $f(\alpha^{(2)})$ 进行比较时，可能的情况有下列三种：

(1) $f(\alpha^{(1)}) < f(\alpha^{(2)})$：如图 4-8(a)、(b) 所示，这种情况下，可丢掉 $(\alpha^{(2)},b]$ 部分，而最小点 $\alpha^*$ 必在区间 $[a,\alpha^{(2)}]$ 内。

(2) $f(\alpha^{(1)}) > f(\alpha^{(2)})$：如图 4-8(c)、(d) 所示，这种情况下，可丢掉 $[a,\alpha^{(1)})$ 部分，而最小点 $\alpha^*$ 必在区间 $[\alpha^{(1)},b]$ 内。

(3) $f(\alpha^{(1)}) = f(\alpha^{(2)})$：如图 4-8(e) 所示，这种情况下，不论丢掉 $[a,\alpha^{(1)})$ 还是丢掉 $(\alpha^{(2)},b]$，最小点 $\alpha^*$ 必在留下的部分内。

因此，只要在搜索区间内任取两点，计算它们的函数值并加以比较之后，总可以把搜索的区间缩小。这就是消去法的基本原理。

对于第(1)、(2) 两种情况，经过缩小的区间内都保存了一个点的函数值，即 $f(\alpha^{(1)})$ 或 $f(\alpha^{(2)})$，只要再取一个点 $\alpha^{(3)}$，计算函数值 $f(\alpha^{(3)})$ 并进行比较，就可以再次缩短区间进行序列消去。但对于第(3) 种情况，区间 $[\alpha^{(1)},\alpha^{(2)}]$ 中没有已知点的函数值，若再次缩短区间必须计算两个点的函数值。为了简化迭代程序，可以把第(3) 种情况合并到前面 (1)、(2) 两种情况之一中去，例如可以把上述三种情况合并为下述两种情况：

(1) 若 $f(\alpha^{(1)}) \leqslant f(\alpha^{(2)})$，取区间 $[a,\alpha^{(2)}]$；

(2) 若 $f(\alpha^{(1)}) > f(\alpha^{(2)})$，取区间 $[\alpha^{(1)},b]$。

这样做虽然对于原第(3) 种情况所取的区间扩大了，但在进一步搜索时再次只要计算一个点，和第(1)、(2) 种情况一致，简化了迭代程序。

## 二、"0.618" 的由来

为了简化迭代计算的过程，希望在每一次缩短搜索区间迭代过程中两计算点 $\alpha^{(1)}$、$\alpha^{(2)}$ 在区间中的位置相对于边界来说应是对称的，而且还要求丢去一段后保留点在新区间中的位置与丢去点在原区间中的位置相当。如图 4-9(a) 所示，设区间 $[a,b]$ 全长为 $L$，在其内两个对称计算点 $\alpha^{(1)}$ 和 $\alpha^{(2)}$，并令 $l/L = \lambda$ 称为公比，无论如图 4-9(b) 所示丢去 $[\alpha^{(2)},b]$，还是如图 4-9(c) 所示丢去 $[a,\alpha^{(1)}]$，保留点在新区间 $[a_1,b_1]$ 中相应线段比值仍为 $\lambda$。

$$\frac{L-l}{l} = \frac{l}{L} = \lambda \qquad (4-2)$$

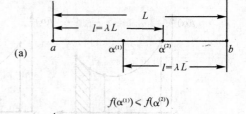

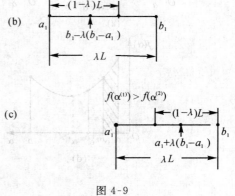

图 4-9

38

由此得

$$l^2 - L(L-l) = 0$$

$$\left(\frac{l}{L}\right)^2 + \left(\frac{l}{L}\right) - 1 = 0$$

$$\lambda^2 + \lambda - 1 = 0$$

解此方程得两个根,取其正根为

$$\lambda = \frac{\sqrt{5}-1}{2} = 0.6180339887\cdots$$

这种分割称为黄金分割,其比例系数为 0.618,只要第一个试点取在原始区间长的 0.618 处,第二个试点在它的对称位置,就能保证无论经过多少次缩小区间,保留的点始终处在新区间的 0.618 处。再要进一步缩短区间,在其保留点的对称位置再取点作一次比较消去,这种分割每次消去时,区间的缩短率不变,均为 0.618,此即"0.618 法"名字的由来。

### 三、迭代过程及算法框图

0.618 法的具体迭代过程如下:

(1) 在初始区间 $[a,b]$ 内取两个计算点 $\alpha^{(1)}$ 与 $\alpha^{(2)}$,其值分别为

$$\alpha^{(1)} = b - 0.618(b-a)$$

$$\alpha^{(2)} = a + 0.618(b-a)$$

计算函数值 $f(\alpha^{(1)})$、$f(\alpha^{(2)})$,且令 $f(\alpha^{(1)}) \Rightarrow f_1$,$f(\alpha^{(2)}) \Rightarrow f_2$。

(2) 比较函数值,缩短搜索区间

1) 若 $f_1 \leqslant f_2$,见图 4-9(b),则丢去区间 $(\alpha^{(2)}, b]$,取 $[a, \alpha^{(2)}]$ 为新区间 $[a_1, b_1]$,在计算中作如下置换:

$$\alpha^{(2)} \Rightarrow b, \alpha^{(1)} \Rightarrow \alpha^{(2)}, f_1 \Rightarrow f_2, b - 0.618(b-a) \Rightarrow \alpha^{(1)}, f(\alpha^{(1)}) \Rightarrow f_1$$

2) 若 $f_1 > f_2$,见图 4-9(c),则丢去区间 $[a, \alpha^{(1)})$,取 $[\alpha^{(1)}, b]$ 为新区间 $[a_1, b_1]$,在计算中作如下置换:

$$\alpha^{(1)} \Rightarrow a, \alpha^{(2)} \Rightarrow \alpha^{(1)}, f_2 \Rightarrow f_1, a + 0.618(b-a) \Rightarrow \alpha^{(2)}, f(\alpha^{(2)}) \Rightarrow f_2$$

(3) 判断迭代终止条件

当缩短的新区间距离小于某一个预先规定的精度 $\varepsilon$,即 $b - a \leqslant \varepsilon$ 时,终止迭代。此时,小区间内任一点均可作为 $f(\alpha)$ 极小值的近似点。例如可取区间的中点,即 $0.5(b+a) \Rightarrow \alpha^*$。否则,返回第(2)步重新作进一步缩小区间的迭代计算。

0.618 法的算法框图如图 4-10 所示。

**例题 4-2** 用黄金分割法求一元函数 $f(\alpha) = \alpha^2 - 7\alpha + 10$ 的最优解。已知初始区间为 $[2,8]$,取迭代精度 $\varepsilon = 0.35$。

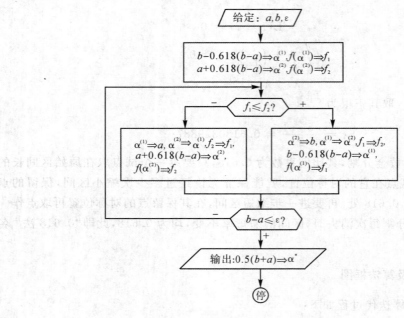

图 4-10

**解:** 按图 4-10 所示算法框图进行计算

(1) 在初始区间 $[a,b]=[2,8]$ 中取计算点并计算其函数值

$\alpha^{(1)}=b-0.618(b-a)=4.292$

$f_1=f(\alpha^{(1)})=-1.622736$

$\alpha^{(2)}=a+0.618(b-a)=5.708$

$f_2=f(\alpha^{(2)})=2.625264$

(2) 比较函数值,缩短搜索区间

因有 $f_1<f_2$,则

$b=\alpha^{(2)}=5.708$

$\alpha^{(2)}=\alpha^{(1)}=4.292 \quad f_2=f(\alpha^{(2)})=-1.622736$

$\alpha^{(1)}=b-0.618(b-a)=3.416456$

$f_1=f(\alpha^{(1)})=-2.243020$

(3) 判断迭代终止条件

$b-a=5.708-2=3.708>\varepsilon$

不满足迭代终止条件,比较函数值 $f_1$、$f_2$,继续缩短区间。

将各次缩短区间的有关计算数据列于表 4-1。

40

表 4-1 例题 4-2 黄金分割法的迭代点、函数值、区间

| 区间缩短次数 | $a$ | $b$ | $\alpha^{(1)}$ | $\alpha^{(2)}$ | $f_1$ | $f_2$ | $b-a$ |
|---|---|---|---|---|---|---|---|
| （原区间） | 2 | 8 | 4.292 | 5.708 | －1.622736 | 2.625264 | 6 |
| 1 | 2 | 5.708 | 3.416456 | 4.292 | －2.24302 | －1.622736 | 3.708 |
| 2 | 2 | 4.292 | 2.975544 | 3.416456 | －1.974946 | －2.24302 | 2.929 |
| 3 | 2.975544 | 4.292 | 3.416456 | 3.789114 | －2.24302 | －2.166413 | 1.316456 |
| 4 | 2.975544 | 3.789114 | 3.286328 | 3.416456 | －2.204344 | －2.24302 | 0.81357 |
| 5 | 3.286328 | 3.789114 | 3.416456 | 3.59705 | －2.24302 | －2.240581 | 0.502786 |
| 6 | 3.286328 | 3.59705 | 3.405023 | 3.416456 | －2.24098 | －2.24302 | 0.310722 |

可见区间缩短 6 次后，区间长度为

$$b-a = 3.59705 - 3.286328 = 0.310722 < \varepsilon$$

迭代即可终止，近似最优解为

$$\alpha^* = \frac{b+a}{2} = 3.441689$$

$$f^* = f(\alpha^*) = -2.2466$$

# §4-4 二次插值法

二次插值法也是用于一元函数 $f(\alpha)$ 在确定的初始区间 $[a, b]$ 内搜索极小点 $\alpha^*$ 的一种方法。它属于曲线拟合方法的范畴。

## 一、基本原理

在求解一元函数 $f(\alpha)$ 的极小点时，常常利用一个低次插值多项式 $p(\alpha)$ 来逼近原目标函数，然后求该多项式的极小点（低次多项式的极小点比较容易计算），并以此作为目标函数 $f(\alpha)$ 的近似极小点。如果其近似的程度尚未达到所要求的精度时，可以反复使用此法，逐次拟合，直到满足给定的精度时为止。

常用的插值多项式 $p(\alpha)$ 为二次或三次多项式，分别称为二次插值法和三次插值法。由于二次插值法计算较简单、且又有一定的精度，所以应用较广。下面介绍二次插值法的计算公式。

假定目标函数在初始搜索区间 $[a, b]$ 中有三点 $\alpha^{(1)}$、$\alpha^{(2)}$ 和 $\alpha^{(3)}$（$a \leqslant \alpha^{(1)} < \alpha^{(2)} < \alpha^{(3)} \leqslant b$），其函数值分别为 $f_1$、$f_2$ 和 $f_3$（图 4-11），且满足 $f_1 > f_2$，$f_2 < f_3$，即满足函数值为两头大、中间小的性质。利用这三点及相应的函数值作一条二次曲线，其函数 $p(\alpha)$ 为一

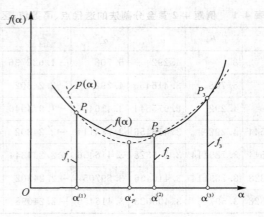

图 4-11

个二次多项式

$$p(\alpha) = a_0 + a_1\alpha + a_2\alpha^2 \qquad (4-3)$$

式中,$a_0$、$a_1$、$a_2$ 为待定系数。

根据插值条件,插值函数 $p(\alpha)$ 与原函数 $f(\alpha)$ 在插值结点 $P_1$、$P_2$、$P_3$ 处函数值相等,得

$$\begin{cases} p(\alpha^{(1)}) = a_0 + a_1\alpha^{(1)} + a_2\alpha^{(1)^2} = f_1 \\ p(\alpha^{(2)}) = a_0 + a_1\alpha^{(2)} + a_2\alpha^{(2)^2} = f_2 \\ p(\alpha^{(3)}) = a_0 + a_1\alpha^{(3)} + a_2\alpha^{(3)^2} = f_3 \end{cases} \qquad (4-4)$$

为求插值多项式 $p(\alpha)$ 的极小点 $\alpha_p^*$,可令其一阶导数为零,即

$$p'(\alpha) = a_1 + 2a_2\alpha = 0 \qquad (4-5)$$

解式(4-5)即求得插值函数的极小点

$$\alpha_p^* = -\frac{a_1}{2a_2} \qquad (4-6)$$

式(4-6)中要确定的系数 $a_1$,$a_2$ 可在方程组(4-4)中利用相邻两个方程消去 $\alpha_0$ 而得:

$$a_1 = -\frac{(\alpha^{(2)^2} - \alpha^{(3)^2})f_1 + (\alpha^{(3)^2} - \alpha^{(1)^2})f_2 + (\alpha^{(1)^2} - \alpha^{(2)^2})f_3}{(\alpha^{(1)} - \alpha^{(2)})(\alpha^{(2)} - \alpha^{(3)})(\alpha^{(3)} - \alpha^{(1)})} \qquad (4-7)$$

$$a_2 = -\frac{(\alpha^{(2)} - \alpha^{(3)})f_1 + (\alpha^{(3)} - \alpha^{(1)})f_2 + (\alpha^{(1)} - \alpha^{(2)})f_3}{(\alpha^{(1)} - \alpha^{(2)})(\alpha^{(2)} - \alpha^{(3)})(\alpha^{(3)} - \alpha^{(1)})} \qquad (4-8)$$

将式(4-7)、(4-8)代入式(4-6)便得插值函数极小值点 $\alpha_p^*$ 的计算公式:

$$\alpha_p^* = \frac{1}{2}\frac{(\alpha^{(2)^2} - \alpha^{(3)^2})f_1 + (\alpha^{(3)^2} - \alpha^{(1)^2})f_2 + (\alpha^{(1)^2} - \alpha^{(2)^2})f_3}{(\alpha^{(2)} - \alpha^{(3)})f_1 + (\alpha^{(3)} - \alpha^{(1)})f_2 + (\alpha^{(1)} - \alpha^{(2)})f_3} \qquad (4-9)$$

42

把 $\alpha_p^*$ 取作区间 $[\alpha^{(1)},\alpha^{(3)}]$ 内的另一个计算点,比较 $\alpha_p^*$ 与 $\alpha^{(2)}$ 两点函数值的大小,在保持 $f(\alpha)$ 两头大、中间小的前提下缩短搜索区间,从而构成新的三点搜索区间,再继续按上述方法进行三点二次插值运算,直到满足规定的精度要求为止,把得到的最后的 $\alpha^{(2)}$ 作为 $f(\alpha)$ 的近似极小值点 $\alpha^*$。上述求极值点的方法称为三点二次插值法。

为便于计算,可将式(4-9)改写为

$$\alpha_p^* = \frac{1}{2}\left(\alpha^{(1)} + \alpha^{(3)} - \frac{c_1}{c_2}\right) \tag{4-10}$$

式中

$$c_1 = \frac{f_3 - f_1}{\alpha^{(3)} - \alpha^{(1)}} \tag{4-11}$$

$$c_2 = \frac{(f_2 - f_1)/(\alpha^{(2)} - \alpha^{(1)}) - c_1}{\alpha^{(2)} - \alpha^{(3)}} \tag{4-12}$$

## 二、迭代过程及算法框图

(1) 确定初始插值结点

通常取初始搜索区间 $[a,b]$ 的两端点及中点为 $\alpha^{(1)} = a, \alpha^{(3)} = b, \alpha^{(2)} = 0.5(\alpha^{(1)} + \alpha^{(3)})$。计算函数值 $f_1 = f(\alpha^{(1)}), f_2 = f(\alpha^{(2)}), f_3 = f(\alpha^{(3)})$,构成三个初始插值结点 $P_1$、$P_2$、$P_3$。

(2) 计算二次插值函数极小点 $\alpha_p^*$

按式(4-10)计算 $\alpha_p^*$,并将 $\alpha_p^*$ 记作 $\alpha^{(4)}$ 点,计算 $f_4 = f(\alpha^{(4)})$。若本步骤为对初始搜索区间的第一次插值或 $\alpha^{(2)}$ 点仍为初始给定点时,则进行下一步(3);否则转步骤(4)。

(3) 缩短搜索区间

缩短搜索区间的原则是:比较函数值 $f_2$、$f_4$,取其小者所对应的点作为新的 $\alpha^{(2)}$ 点,并以此点左右两邻点分别取作新的 $\alpha^{(1)}$ 和 $\alpha^{(3)}$,构成缩短后的新搜索区间 $[\alpha^{(1)},\alpha^{(3)}]$。其具体方法则如图4-12所示,根据原区间中 $\alpha^{(4)}$ 和 $\alpha^{(2)}$ 的相对位置以及函数值 $f_2$ 和 $f_4$ 之比较,可有(a)、(b)、(c)、(d)四种情况,图中阴影线部分表示丢去的区间。在对新区间三个新点的代号依次作 $\alpha^{(1)}$、$\alpha^{(2)}$、$\alpha^{(3)}$ 的"一般化"处理后,计算其函数值,并令 $f_1 = f(\alpha^{(1)}), f_2 = f(\alpha^{(2)}), f_3 = f(\alpha^{(3)})$,返回步骤(2)。

(4) 判断迭代终止条件

在一般情况下,因 $\alpha^{(2)}$ 是前一次插值函数的极小值点,$\alpha^{(4)}$ 是本次插值函数的极小值点,若 $\alpha^{(4)}$ 和 $\alpha^{(2)}$ 的距离足够小时,即满足 $|\alpha^{(4)} - \alpha^{(2)}| \leqslant \varepsilon$,或 $\alpha^{(4)}$ 和 $\alpha^{(2)}$ 两者原函数值已很接近,即满足 $|f_4 - f_2| \leqslant \varepsilon$,则停止迭代,这时,若 $f_4 < f_2$,输出极小值点 $\alpha^{(4)} \Rightarrow \alpha^*$,极小值 $f_4 \Rightarrow f(\alpha^*)$;否则,即 $f_2 \leqslant f_4$,输出极小值点 $\alpha^{(2)} \Rightarrow \alpha^*$,极小值 $f_2 \Rightarrow f(\alpha^*)$。如不满足上述迭代终止条件,则返回步骤(3),再次缩短搜索区间,直至最后满足终止条件。

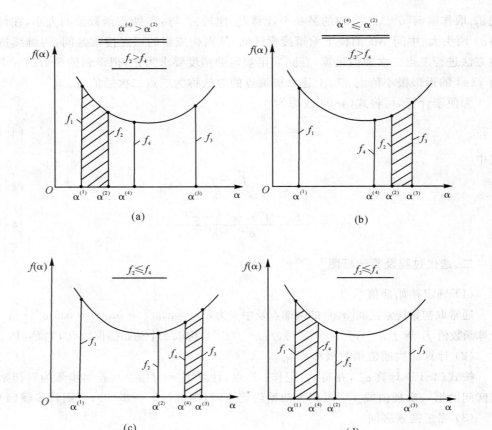

图 4-12

按上述步骤设计的二次插值法算法框图见图 4-13。

图 4-13 算法框图中有几点需作些说明。

1. 判别框 $c_2 = 0$?若成立,按式(4-12)和式(4-11)则有

$$\frac{f_2 - f_1}{\alpha^{(2)} - \alpha^{(1)}} = c_1 = \frac{f_3 - f_1}{\alpha^{(3)} - \alpha^{(1)}}$$

说明三个插值结点 $P_1(\alpha^{(1)}, f_1)$、$P_2(\alpha^{(2)}, f_2)$、$P_3(\alpha^{(3)}, f_3)$ 在一条直线上;

2. 判别框 $(\alpha^{(4)} - \alpha^{(1)})(\alpha^{(3)} - \alpha^{(4)}) > 0$?若不成立,说明 $\alpha^{(4)}$ 落在区间$(\alpha^{(1)}, \alpha^{(3)})$ 之外。

上述两种情况只是在区间已缩得很小,由于三个插值结点已十分接近,计算机的舍入误差才可能使其发生。此时取 $\alpha^{(2)}$ 和 $f_2$ 作为最优解应是合理的。

3. 在初始搜索区间第一次插值或 $\alpha^{(2)}$ 仍为初始给定点时,$\alpha^{(2)}$ 和 $\alpha^{(4)}$ 并不代表前后二次插值函数极小点,因而判别式 $|\alpha^{(4)} - \alpha^{(2)}| \leqslant \varepsilon$?并不能确切地反映该不该终止选

44

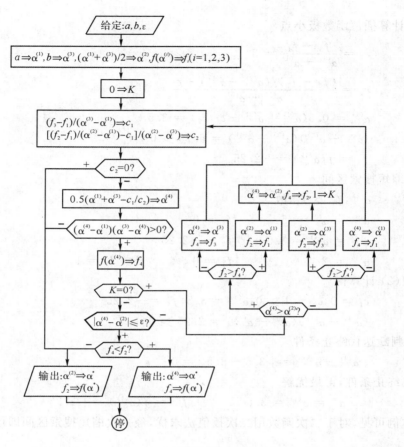

图 4-13

代,这时应进行步骤(3)缩短搜索区间,直至初始点 $\alpha^{(2)}$ 第一次由 $\alpha^{(4)}$ 代替,使用判别式 $|\alpha^{(4)}-\alpha^{(2)}| \leqslant \varepsilon?$ 进行终止判别才具意义。为此,算法框图中设置开关 $K=0$ 和 $K=1$ 分别表示初始点 $\alpha^{(2)}$ 第一次由 $\alpha^{(4)}$ 代替前和后的状态。

**例题 4-3** 用二次插值法求一元函数 $f(\alpha)=\alpha^2-7\alpha+10$ 的最优解,已知初始区间为 $[2,8]$,取终止迭代点距精度 $\varepsilon=0.01$。

**解**:按图 4-13 所示算法框图进行计算

(1)确定初始插值结点

$$\alpha^{(1)}=\alpha=2 \qquad f_1=f(\alpha^{(1)})=0$$

$$\alpha^{(3)}=b=8 \qquad f_3=f(\alpha^{(3)})=18$$

$$\alpha^{(2)}=\frac{a+b}{2}=5 \qquad f_2=f(\alpha^{(2)})=0$$

（2）计算插值函数极小点

$$c_1 = \frac{f_3 - f_1}{\alpha^{(3)} - \alpha^{(1)}} = 3$$

$$c_2 = \frac{(f_2 - f_1)/(\alpha^{(2)} - \alpha^{(1)}) - c_1}{\alpha^{(2)} - \alpha^{(3)}} = 1 > 0$$

$$\alpha^{(4)} = 0.5(\alpha^{(1)} + \alpha^{(3)} - c_1/c_2) = 3.5$$

$$(\alpha^{(4)} - \alpha^{(1)})(\alpha^{(3)} - \alpha^{(4)}) = 6.75 > 0$$

$$f_4 = f(\alpha^{(4)}) = -2.25$$

（3）缩短搜索区间

因 $\alpha^{(4)} < \alpha^{(2)}, f_2 > f_4$，故

$$\alpha^{(3)} = \alpha^{(2)} = 5 \qquad f_3 = 0$$

$$\alpha^{(2)} = \alpha^{(4)} = 3.5 \qquad f_2 = -2.25$$

$$\alpha^{(1)} = 2 \qquad\qquad f_1 = 0 \qquad 开关 K = 1$$

返回步骤（2）计算得

$$c_1 = 0, c_2 = 1 > 0, \alpha^{(4)} = 3.5, f_4 = -2.25$$

$$(\alpha^{(4)} - \alpha^{(1)})(\alpha^{(3)} - \alpha^{(4)}) = 2.25 > 0$$

（4）判断迭代终止条件

$$|\alpha^{(4)} - \alpha^{(2)}| = |3.5 - 3.5| = 0 < \varepsilon$$

满足迭代终止条件,得最优解

$$\alpha^* = \alpha^{(4)} = 3.5 \qquad\qquad f^* = f(\alpha^{(4)}) = -2.25$$

由本例可见,对于二次函数用二次插值法求优,经一次缩短搜索区间即可。

46

# 第五章 多变量无约束优化方法

## §5-1 概　述

无约束最优化问题是：求 $n$ 维设计变量 $X = [x_1, x_2, \cdots, x_n]^T$ 使目标函数为 $\min f(X)$，而对 $X$ 没有任何限制；如果存在 $X^*$，使 $\min f(X) = f(X^*)$，则称 $X^*$ 为最优点，$f(X^*)$ 为最优值。

在工程实际中，所有设计问题几乎都是有约束的，但无约束最优化方法却是优化技术中极为重要和基本的内容，而且约束最优化问题还可以转化为无约束最优化问题来求解。

目前，对无约束最优化方法已有了深入的理论研究，出现了许多行之有效的方法。这些方法归纳起来可分为两大类。一类是只需要进行函数值的计算与比较来确定迭代方向和步长的直接搜索法，简称直接法；另一类则是要利用函数的一阶或二阶偏导数矩阵来确定迭代方向和步长的间接法。直接搜索法与间接法相比，收敛速度较慢，但它不要求函数具有好的解析性质，适用范围较广；在工程设计问题中，函数形式往往较复杂，不易求出一阶和二阶偏导数矩阵，因此直接搜索法更受到工程界的重视和采用。对于容易求出函数的一阶和二阶偏导数矩阵的优化问题，往往采用收敛速度较快的间接法。本章将介绍几种常用的无约束优化方法，其中属直接法的有变量轮换法、共轭方向法和鲍威尔法，属间接法的有梯度法、牛顿法和变尺度法。

无约束优化方法虽然种类很多，但一般由以下四部分组成。

(1) 选择一个初始点 $X^{(0)}$，这一点越靠近局部极小点 $X^*$ 越好。

(2) 如已取得某设计点 $X^{(k)}$（$k = 0, 1, 2, \cdots; X^{(0)}$ 是 $X^{(k)}$ 的一个特例），并且该点还不是近似极小点，则在 $X^{(k)}$ 点根据函数 $f(X)$ 的性质，选择一个方向 $S^{(k)}$，沿此方向搜索函数值应是下降的，称 $S^{(k)}$ 为下降方向。

(3) 当搜索方向 $S^{(k)}$ 确定以后，由 $X^{(k)}$ 点出发，沿 $S^{(k)}$ 方向进行搜索，定出步长因子 $\alpha^{(k)}$，得新设计点

$$X^{(k+1)} = X^{(k)} + \alpha^{(k)} S^{(k)}$$

并满足 $f(X^{(k+1)}) < f(X^{(k)})$。具有这种性质的算法称为下降算法。$\alpha^{(k)}$ 可以是一维搜索方法确定的最优步长因子，亦可用其他方法确定。

(4) 若新点 $X^{(k+1)}$ 满足迭代计算终止条件，则停止迭代，$X^{(k+1)}$ 点就作为近似局部极

小点 $X^*$；否则，又从 $X^{(k+1)}$ 点出发，返回第(2)步继续进行搜索迭代。

如何产生这些搜索方向就成为各种无约束优化方法的主要特征。

# §5-2　变量轮换法

### 一、变量轮换法的原理与计算方法

变量轮换法又称坐标轮换法，它是把一个 $n$ 维无约束最优化问题转化为依次沿相应的 $n$ 个坐标轴方向的一维最优化问题，并反复进行若干轮循环迭代来求解的直接搜索方法。为了便于理解，先以二元函数为例进行说明。

设一个二元目标函数 $f(X) = f(x_1,x_2)$，其等值线示于图 5-1 中。任选一个初始点 $X^{(0)}$ 作为第一轮的始点 $X_0^{(1)}$，先以 $x_1$ 坐标轴的单位向量 $e_1 = [1,0]^T$ 作一维搜索方向，用一维优化方法确定其最优步长 $\alpha_1^{(1)}$，即可获得第一轮的第一个迭代点

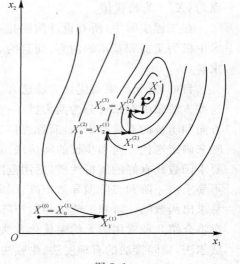

$$X_1^{(1)} = X_0^{(1)} + \alpha_1^{(1)} e_1$$

再以 $X_1^{(1)}$ 为新起点，改用 $x_2$ 坐标轴的单位向量 $e_2 = [0,1]^T$ 作一维搜索方向，用一维搜索确定其最优步长 $\alpha_2^{(1)}$，可得第一轮的第二个迭代点

$$X_2^{(1)} = X_1^{(1)} + \alpha_2^{(1)} e_2$$

对该二维问题，经过沿 $e_1$、$e_2$ 两次一维搜索称为完成了一轮迭代。第一轮迭代得到了两个目标函数值逐次下降的迭代点 $X_1^{(1)}$ 和 $X_2^{(1)}$，其右上

图 5-1

角括号内的数字表示迭代轮数，右下角数字分别表示该轮中的第一和第二个迭代点号或该轮中第一次和第二次迭代。

第二轮迭代则是以第一轮迭代的末点 $X_2^{(1)}$ 作为第二轮迭代的起始点，即 $X_2^{(1)} \Rightarrow X_0^{(2)}$，再依次沿 $e_1$、$e_2$ 进行两次一维搜索，得第二轮的两个迭代点

$$X_1^{(2)} = X_0^{(2)} + \alpha_1^{(2)} e_1$$
$$X_2^{(2)} = X_1^{(2)} + \alpha_2^{(2)} e_2$$

按照同样的方式可进行第三轮、第四轮、… 迭代。随着迭代的进行，目标函数值将不断下降，最后的迭代点必将逼近该二维目标函数的最优点。

对于 $n$ 维多变量的目标函数，也类似二维的迭代计算。先固定除 $x_1$ 以外的 $n-1$ 个变量，由初始点沿第一个变量 $x_1$ 进行一维搜索求最优，得一个好点 $X_1^{(1)}$；然后再固定除

$x_2$ 以外的 $n-1$ 个变量，由 $X_1^{(1)}$ 点沿第二个变量 $x_2$ 进行一维搜索求最优，得好点 $X_2^{(1)}\cdots$，如此进行下去，每次只对一个变量求最优，而固定其余 $n-1$ 个变量不变，且每次一维搜索均以前一次一维搜索的末点作为本次一维搜索的起点。这样，当沿 $x_1,x_2$，$\cdots x_n$ 共 $n$ 个变量($n$ 维坐标空间方向)依次都寻优一次后，才完成第一轮计算。若未满足迭代终止条件，第二轮再以第一轮的末点 $X_n^{(1)}$ 为起始点对各变量轮流寻优，如此一轮一轮继续迭代下去，直到满足迭代终止条件逼近最优点为止。变量轮换法或坐标轮换法即由此而得名。

### 二、迭代过程及算法框图

根据上述原理，对于第 $k$ 轮计算，变量轮换法迭代公式为

$$X_i^{(k)} = X_{i-1}^{(k)} + \alpha_i^{(k)} S_i^{(k)} \quad (i=1,2,\cdots,n) \tag{5-1}$$

式中：$S_i^{(k)}$——搜索方向；

$\alpha_i^{(k)}$——步长因子。

$S_i^{(k)}$ 轮流取 $n$ 维空间各坐标轴的单位向量 $e_i (i=1,2,\cdots,n)$，即

$$S_i^{(k)} = e_i = \begin{bmatrix} 0 \\ \vdots \\ 1 \\ \vdots \\ 0 \end{bmatrix} \tag{5-2}$$

其中第 $i$ 个坐标方向上的分量为 1，其余均为零。

$\alpha_i^{(k)}$ 取正值或负值均可，但必须使 $f(X_i^{(k)}) < f(X_{i-1}^{(k)})$，$\alpha_i^{(k)}$ 通常利用一维最优化搜索方法来确定。如在第 $k$ 轮的第 $i$ 次迭代中，其最优步长 $\alpha_i^{(k)}$ 使

$$\min_{\alpha^{(k)}}(X_{i-1}^{(k)} + \alpha^{(k)} S_i^{(k)}) = f(X_{i-1}^{(k)} + \alpha_i^{(k)} S_i^{(k)})$$

变量轮换法的具体迭代步骤如下：

(1) 给定初始点 $X^{(0)} \in \mathbf{R}^n$，迭代精度 $\varepsilon$，维数 $n$，$S_i^{(1)} = e_i (i=1,2,\cdots,n)$。

(2) 置 $1 \Rightarrow k$。

(3) 置 $1 \Rightarrow i$。

(4) 置 $X^{(0)} \Rightarrow X_{i-1}^{(k)}$。

(5) 从 $X_{i-1}^{(k)}$ 点出发，沿 $S_i^{(k)}$ 方向进行关于 $\alpha^{(k)}$ 的一维搜索，求出最优步长 $\alpha_i^{(k)}$，使

$$f(X_{i-1}^{(k)} + \alpha_i^{(k)} S_i^{(k)}) = \min_{\alpha^{(k)}} f(X_{i-1}^{(k)} + \alpha^{(k)} S^{(k)})$$

置

$$X_{i-1}^{(k)} + \alpha_i^{(k)} S_i^{(k)} \Rightarrow X_i^{(k)}。$$

(6) 判别是否满足 $i=n$？若满足则进行步骤(7)；否则置 $i+1 \Rightarrow i$，返回步骤(5)。

(7) 检验是否满足迭代终止条件 $\| X_n^{(k)} - X_0^{(k)} \| \leqslant \varepsilon$？若满足，迭代停止，得到 $X_n^{(k)}$

为最优点,输出 $X_n^{(k)} \Rightarrow X^*$,$f(X_n^{(k)}) \Rightarrow f(X^*)$;否则置 $S_i^{(k)} \Rightarrow S_i^{(k+1)}(i = 1,2,\cdots,n)$,$X_n^{(k)} \Rightarrow X^{(0)}$,$k+1 \Rightarrow k$,返回步骤(3)。

变量轮换法的算法框图如图 5-2 所示。

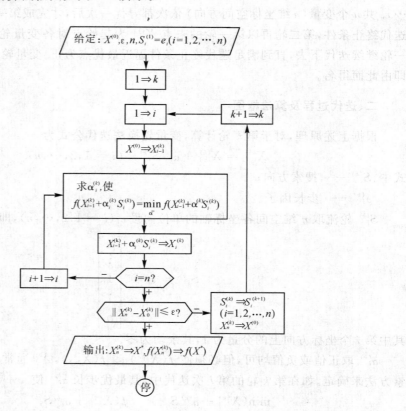

图 5-2

### 三、效能特点

变量轮换法方法简单,易于理解。它属于"爬山法"的一种,寻优的过程犹如爬山,步步登高(目标函数值步步降低),找到了最优点(函数值最小),好比登上了山的顶峰。图 5-1 显示二元函数用变量轮换法寻优就像是沿两个垂直的固定方向前进,虽然目标函数值是步步降低,但所走的"路"太曲折,所以该方法收敛速度较慢。变量轮换法的效能与目标函数的维数有关,当维数增加时效率下降,一般适用于 $n < 10$ 的低维优化问题。此外,这种方法的效能在很大程度上还取决于目标函数的性质。若目标函数的等值

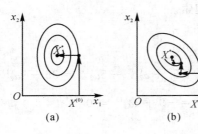 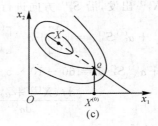

图 5-3

线族为长短轴都平行于坐标轴的椭圆(如图 5-3(a)所示),这种方法是很有效的,两次一维搜索即可达最优点。当目标函数的等值线族类似于椭圆,但长短轴是倾斜时(如图 5-3(b)所示),用变量轮换法必须多次迭代才能曲折地收敛到达最优点,效能较差。当目标函数的等值线(如图 5-3(c)所示)出现有"脊线"的情况,在搜索到 $Q$ 点时,沿 $x_1$、$x_2$ 坐标方向移动均不能使目标函数值有所下降,在这种情况下,使用变量轮换法无效,必须改用其他方法。

**例题 5-1** 目标函数为 $f(X) = 60 - 10x_1 - 4x_2 + x_1^2 + x_2^2 - x_1x_2$,设初始点 $X^{(0)} = [0,0]^T$,点距精度 $\varepsilon = 0.05$。试用变量轮换法求目标函数的极小点和极小值。

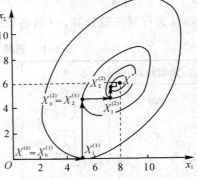

图 5-4

**解:**按图 5-2 所示算法框图进行计算。

第一轮迭代计算

令 $k = 1$,$X_0^{(1)} = [0,0]^T$,$S_1^{(1)} = e_1 = [1,0]^T$,$S_2^{(1)} = e_2 = [0,1]^T$

先从 $X_0^{(1)} = [0,0]^T$ 出发,沿 $S_1^{(1)}$ 方向进行一维搜索。因目标函数简单,为说明问题,本例用解析法求最优步长。

由 $X_0^{(1)} + \alpha_1^{(1)} S_1^{(1)} = \begin{bmatrix} 0 \\ 0 \end{bmatrix} + \alpha_1^{(1)} \begin{bmatrix} 1 \\ 0 \end{bmatrix} = \begin{bmatrix} \alpha_1^{(1)} \\ 0 \end{bmatrix}$,得

$$f(X_0^{(1)} + \alpha_1^{(1)} S_1^{(1)}) = 60 - 10\alpha_1^{(1)} - 4 \times 0 + \alpha_1^{(1)2} + 0^2 - \alpha_1^{(1)} \times 0 = 60 - 10\alpha_1^{(1)} + \alpha_1^{(1)2}$$

令

$$\frac{\mathrm{d}f(X_0^{(1)} + \alpha^{(1)} S_1^{(1)})}{\mathrm{d}\alpha_1^{(1)}} = -10 + 2\alpha_1^{(1)} = 0$$

求得 $\alpha_1^{(1)} = 5$

因此,$X_1^{(1)} = X_0^{(1)} + \alpha_1^{(1)} S_1^{(1)} = \begin{bmatrix} 5 \\ 0 \end{bmatrix}$,$f(X_1^{(1)}) = 60 - 10 \times 5 + 5^2 = 35$。

51

再从 $X_1^{(1)}$ 出发，沿 $S_2^{(1)}$ 方向进行一维搜索。

由 $X_1^{(1)} + \alpha_2^{(1)} S_2^{(1)} = \begin{bmatrix} 5 \\ 0 \end{bmatrix} + \alpha_2^{(1)} \begin{bmatrix} 0 \\ 1 \end{bmatrix} = \begin{bmatrix} 5 \\ \alpha_2^{(1)} \end{bmatrix}$，得

$$f(X_1^{(1)} + \alpha_2^{(1)} S_2^{(1)}) = 60 - 10 \times 5 - 4\alpha_2^{(1)} + 5^2 + \alpha_2^{(1)2} - 5\alpha_2^{(1)} = 35 - 9\alpha_2^{(1)} + \alpha_2^{(1)2}$$

令

$$\frac{\mathrm{d}f(X_1^{(1)} + \alpha_2^{(1)} S_2^{(1)})}{\mathrm{d}\alpha_2^{(1)}} = -9 + 2\alpha_2^{(1)} = 0$$

求得 $\alpha_2^{(1)} = 4.5$

因此，$X_2^{(1)} = X_1^{(1)} + \alpha_2^{(1)} S_2^{(1)} = \begin{bmatrix} 5 \\ 4.5 \end{bmatrix}$，$f(X_2^{(1)}) = 35 - 9 \times 4.5 + 4.5^2 = 14.75$。

第一轮迭代完成，按迭代终止条件检验

$$\| X_2^{(1)} - X_0^{(1)} \| = \sqrt{(5-0)^2 + (4.5-0)^2} = 6.727 > \varepsilon$$

应进行第二轮迭代计算

令 $k = 2$，$X_0^{(2)} = X_2^{(1)} = [5, 4.5]^T$，$S_1^{(2)} = S_1^{(1)} = e_1 = [1,0]^T$，$S_2^{(2)} = S_2^{(1)} = e_2 = [0,1]^T$。类似第一轮沿 $S_1^{(2)}$、$S_2^{(2)}$ 进行一维搜索，得 $X_1^{(2)} = [7.25, 4.5]^T$，$f(X_1^{(2)}) = 9.6875$；$X_2^{(2)} = [7.25, 5.625]^T$，$f(X_2^{(2)}) = 8.421875$。按终止条件检验

$$\| X_2^{(2)} - X_0^{(2)} \| = \sqrt{(7.25-5)^2 + (5.625-4.5)^2} = 2.516 > \varepsilon$$

继续进行第三轮计算，… 将各轮的计算结果列于表 5-1。

表 5-1　例题 5-1 的变量轮换法迭代点、函数值、点距

| 迭代轮数 $k$ | 1 | 2 | 3 | 4 | 5 |
|---|---|---|---|---|---|
| $X_0^{(k)}$ | $\begin{bmatrix} 0 \\ 0 \end{bmatrix}$ | $\begin{bmatrix} 5 \\ 4.5 \end{bmatrix}$ | $\begin{bmatrix} 7.25 \\ 5.625 \end{bmatrix}$ | $\begin{bmatrix} 7.8125 \\ 5.90625 \end{bmatrix}$ | $\begin{bmatrix} 7.953125 \\ 5.976563 \end{bmatrix}$ |
| $X_1^{(k)}$ | $\begin{bmatrix} 5 \\ 0 \end{bmatrix}$ | $\begin{bmatrix} 7.25 \\ 4.5 \end{bmatrix}$ | $\begin{bmatrix} 7.8125 \\ 5.625 \end{bmatrix}$ | $\begin{bmatrix} 7.953125 \\ 5.90625 \end{bmatrix}$ | $\begin{bmatrix} 7.988281 \\ 5.976563 \end{bmatrix}$ |
| $X_2^{(k)}$ | $\begin{bmatrix} 5 \\ 4.5 \end{bmatrix}$ | $\begin{bmatrix} 7.25 \\ 5.625 \end{bmatrix}$ | $\begin{bmatrix} 7.8125 \\ 5.90625 \end{bmatrix}$ | $\begin{bmatrix} 7.953125 \\ 5.976563 \end{bmatrix}$ | $\begin{bmatrix} 7.988281 \\ 5.994141 \end{bmatrix}$ |
| $\| X_2^{(k)} - X_0^{(k)} \|$ | 6.727 | 2.516 | 0.629 | 0.157 | 0.039 |
| $f(X_1^{(k)})$ | 35 | 9.6875 | 8.105469 | 8.006592 | 8.000412 |
| $f(X_2^{(k)})$ | 14.75 | 8.421875 | 8.026357 | 8.001648 | 8.000103 |

迭代计算五轮后检验终止条件有

$$\| X_2^{(5)} - X_0^{(5)} \| = \sqrt{(7.988281 - 7.953125)^2 + (5.994141 - 5.976563)^2}$$
$$= 0.039 < \varepsilon$$

所以得近似最优解为

52

$$X^* = X_2^{(5)} = [7.988281, 5.994141]^T$$

$$f(X^*) = f(X_2^{(5)}) = 8.000103$$

这结果与目标函数理论最优解 $X^* = [x_1^*, x_2^*] = [8, 6]^T$，$f(X^*) = 8$ 已十分接近。

本例迭代计算搜索过程见图 5-4。

# §5-3  原始共轭方向法

## 一、共轭方向的基本概念

关于搜索方向 $S^{(k)}$ 的选择问题，乃是最优化方法中所讨论的重要问题之一。以二维正定二次函数为例，例题 5-1 采用变量轮换法，其搜索方向是沿两个垂直的固定方向前进，达到极小点要多次变换方向搜索，道路曲折，收敛速度较慢。我们希望选择的搜索方向尽可能指向目标函数 $f(X)$ 的极小点。例如图 5-5 所示二维正定二次函数，其等值线是一族同心椭圆，在 $X^{(k)}$ 点构造的搜索方向最好是通过极小点 $X^*$。显然，最理想的方向是 $S_2^{(k)}$ 方向，这就是我们将要介绍的有关"共轭方向"。

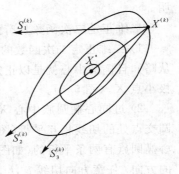

图 5-5

（一）共轭方向的定义

设 $A$ 为 $n \times n$ 阶实对称正定矩阵，如果有两个 $n$ 维向量 $S_1$ 和 $S_2$ 满足

$$S_1^T A S_2 = 0 \tag{5-3}$$

则称向量 $S_1$ 与 $S_2$ 对于矩阵 $A$ 共轭。如果 $A$ 为单位矩阵，则式（5-3）即成为 $S_1^T \cdot S_2 = 0$，这样两个向量的点积（或称内积）为零，此二向量在几何上是正交的，它是共轭的一种特例。

设 $A$ 为对称正定矩阵，若一组非零向量 $S_1, S_2, \cdots, S_n$ 满足

$$S_i^T A S_j = 0 \quad (i \neq j) \tag{5-4}$$

则称向量系 $S_i(i = 1, 2, \cdots, n)$ 为关于矩阵 $A$ 共轭。

共轭向量的方向称为共轭方向。

（二）共轭方向在最优化问题中的应用

共轭方向在最优化问题中的应用是基于其具有一个重要性质，即：设 $S_1, S_2, \cdots, S_n$ 是关于 $A$ 的 $n$ 个互相共轭的向量，则对于求正定二次函数 $f(X) = c + b^T X + \frac{1}{2} X^T A X$ 的极小点，从任意初始点 $X^{(0)}$ 出发，依次沿 $S_i(i = 1, 2, \cdots, n)$ 方向进行一维最优化搜索，至多 $n$ 步便可以收敛到极小点 $X^*$，其最后所达的 $X^{(n)}$ 点必是 $n$ 维正定二次目标函

数的极小值点 $X^* = X^{(n)}$。

正定二次函数的一般形式为

$$f(X) = c + b^T X + \frac{1}{2} X^T A X \qquad (5\text{-}5)$$

式中：$A$ 为 $n \times n$ 阶对称正定矩阵；

$c$ 为实常数；

$b = [b_1, b_2, \cdots, b_n]^T$ 为常列向量；

$X = [x_1, x_2, \cdots, x_n]^T$ 为变列向量。

当维数 $n = 2$ 时，为二维正定二次函数。我们先以二维正定二次函数为例进行说明。

二维正定二次函数具有两个重要特点（证明从略）：

1）二维正定二次函数的等值线是同心的椭圆族（证明从略），且椭圆中心就是以正定二元二次函数为目标函数的极小点 $X^*$（图 5-6）。

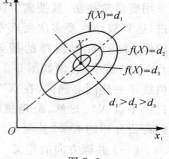

图 5-6

2）过同心椭圆族中心 $X^*$ 作任意直线，此直线与诸椭圆交点处的切线相互平行（图 5-7(a)），也可以说，如果对同心椭圆族有两条平行的（如图 5-7(b) 中平行于给定向量 $S_1$ 的方向）任意方向切线 $l_1, l_2$，其切点 $X^{(1)}$、$X^{(2)}$ 的连线方向 $S_2$ 必通过椭圆族的共同中心 $X^*$。

根据这个性质，对二维正定二次函数求极小值点，可以这样选择一组搜索方向，分别从两个初始点 $X^{(0)}$ 和 $\overline{X}^{(0)}$ 出

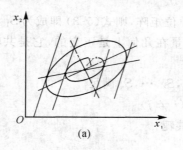

图 5-7

发，以与 $S_1$ 平行的方向各进行一次一维搜索，使 $f(X)$ 分别达极小点 $X^{(1)}$、$X^{(2)}$，$X^{(1)}$、$X^{(2)}$ 必分别为该处等值线的切点。理论上在 $X^{(1)}$ 与 $X^{(2)}$ 两切点连线方向 $S_2 = X^{(2)} - X^{(1)}$ 上再进行一次一维搜索，此方向上的极小点即为 $f(X)$ 的极小点 $X^*$。

下面我们可以证明：上述 $S_1$ 和 $S_2$ 方向是关于矩阵 $A$ 相互共轭的方向。

54

由式(5-5)，点 $X^{(1)}$ 和点 $X^{(2)}$ 处函数的梯度分别为

$$\begin{cases} \nabla f(X^{(1)}) = b + AX^{(1)} \\ \nabla f(X^{(2)}) = b + AX^{(2)} \end{cases} \tag{5-6}$$

因 $X^{(1)}$、$X^{(2)}$ 是函数 $f(X)$ 在平行向量 $S_1$ 的两直线 $l_1$、$l_2$ 上的极小值点，亦即 $X^{(1)}$ 和 $X^{(2)}$ 是 $l_1$ 和 $l_2$ 分别与图 5-7(b) 中所示的两等值线相切的切点。由梯度性质可知，$\nabla f(X^{(1)})$ 和 $\nabla f(X^{(2)})$ 的方向分别为该两等值线在 $X^{(1)}$ 和 $X^{(2)}$ 处的法线方向，所以 $\nabla f(X^{(1)})$ 和 $\nabla f(X^{(2)})$ 都与 $S_1$ 正交，即

$$\begin{cases} S_1^T \nabla f(X^{(1)}) = 0 \\ S_1^T \nabla f(X^{(2)}) = 0 \end{cases} \tag{5-7}$$

将式(5-7)中两式相减得

$$S_1^T (\nabla f(X^{(2)}) - \nabla(f(X^{(1)}))) = 0 \tag{5-8}$$

将式(5-6) 代入式(5-8) 得

$$S_1^T (X^{(2)} - X^{(1)}) = 0$$

即

$$S_1^T A S_2 = 0$$

这表明向量 $S_1$ 和向量 $S_2 = X^{(2)} - X^{(1)}$ 为关于 $A$ 共轭。$S_2 = X^{(2)} - X^{(1)}$ 即为我们前面所讨论的必通过二维正定二次函数椭圆等值线族中心 $X^*$，从而证明了二维正定二次函数依次沿两个互相共轭的方向 $S_1$ 和 $S_2$ 进行一维搜索，就能得到极小点 $X^*$。

与此类似，可以推出对于 $n$ 维正定二次函数，共轭方向的一个十分重要和极为有用的性质：从任意初始点 $X^{(0)}$ 出发，依次沿 $n$ 个线性无关的与 $A$ 共轭的方向 $S_1, S_2, \cdots, S_n$ 各进行一维搜索，那么总能在第 $n$ 步或 $n$ 步之前就能达到 $n$ 维正定二次函数的极小点；并且这个性质与所有的 $n$ 个方向的次序无关。简言之，用共轭方向法对于二次函数从理论上来讲，$n$ 步就可达到极小点。因而说共轭方向法具有有限步收敛的特性。通常称具有这种性质的算法为二次收敛算法。

理论与实践证明，将二次收敛算法用于非二次的目标函数，亦有很好的效果，但选代次数不一定保证有限次，即对非二次 $n$ 维目标函数经 $n$ 步共轭方向一维搜索不一定就能达到极小点。在这种情况下，为了找到极小点，可用泰勒级数将该函数在极小点附近展开，略去高于二次的项之后即可得该函数的二次近似。实际上很多的函数都可以用二次函数很好地近似，甚至在离极小点不是很近的点也是这样。故用二次函数近似代替非二次函数来处理的方法不仅在理论分析上是重要的，而且在工程实际应用中也是可取的。

对于非二次的目标函数寻优的另一种处理方法是循环迭代法，即当达 $n$ 步迭代终点 $X^{(n)}$ 时还未收敛，此时可将 $X^{(n)}$ 作为新的初始点，再重新开始迭代。实践证明，这样做要比一直迭代下去具有更好的效果。

最后还需指出，即便对于正定二次函数，在数值计算中，由于数据的舍入以及计算

误差的累积,往往破坏了这种共轭性质。从而,有时会发生迭代 $n$ 步后未能达到极小点的情况。在这种情况下,也应采用上面所说的循环迭代法,而不宜采用一直直接迭代下去的方法。这是因为 $n$ 维问题的共轭方向最多只有 $n$ 个,经 $n$ 步迭代后,共轭方向理论对于二次函数的有限收敛性业已完成,若再迭代下去并无多大理论意义,不如以 $X^{(n)}$ 为新的初始点,再重新开始迭代为好。

**二、共轭方向的原始构成**

先用三维二次目标函数 $f(X)$ 的无约束优化问题为例,来说明共轭方向的原始构成。如图 5-8 所示,其步骤如下:

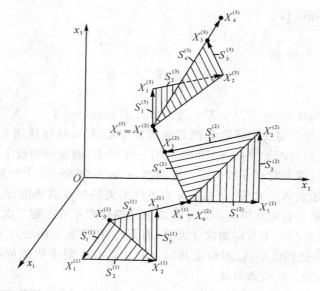

图 5-8

(1) 任意给定三个线性无关的向量 $S_1^{(1)}$,$S_2^{(1)}$,$S_3^{(1)}$ 依次作为最初的一维优化搜索方向,通常这三个方向依次取为各坐标轴的方向。任意选取 $X_0^{(1)}$ 为初始点,先沿 $S_1^{(1)}$ 方向求出 $f(X)$ 的极小点 $X_1^{(1)}$;再从 $X_1^{(1)}$ 出发,沿方向 $S_2^{(1)}$ 求出 $f(X)$ 的极小点 $X_2^{(1)}$;然后再从 $X_2^{(1)}$ 出发,沿方向 $S_3^{(1)}$ 求出 $f(X)$ 的极小点 $X_3^{(1)}$。把 $X_0^{(1)}$ 到 $X_3^{(1)}$ 的方向记作 $S_4^{(1)}$,并从 $X_3^{(1)}$ 出发,沿 $S_4^{(1)}$ 方向一维搜索求出 $f(X)$ 的极小点 $X_4^{(1)}$。以上从 $X_0^{(1)}$ 出发直到获得 $X_4^{(1)}$ 点的搜索迭代过程称为一环。$S_1^{(1)}$、$S_2^{(1)}$、$S_3^{(1)}$ 组成第一环的基本搜索方向。$S_4^{(1)} = X_3^{(1)} - X_0^{(1)}$,称为新生方向,$X_4^{(1)}$ 是第一环迭代终点。

(2) 把第一环迭代终点作为第二环迭代的起点 $X_0^{(2)}$,第二环的基本搜索方向组 $S_1^{(2)}$,$S_2^{(2)}$,$S_3^{(2)}$ 分别采用第一环的 $S_2^{(1)}$,$S_3^{(1)}$,$S_4^{(1)}$,依次一维搜索求出各方向的极小点

$X_1^{(2)}, X_2^{(2)}, X_3^{(2)}$。把 $X_0^{(2)}$ 到 $X_3^{(2)}$ 的方向记作 $S_4^{(2)}$，并从 $X_3^{(2)}$ 出发，沿 $S_4^{(2)}$ 方向一维搜索求出 $f(X)$ 的极小点 $X_4^{(2)}$，这便是第二环迭代。$S_4^{(2)} = X_3^{(2)} - X_0^{(2)}$ 是第二环产生的新方向，$X_4^{(2)}$ 是第二环迭代终点。

(3) 把第二环迭代终点作为第三环迭代的起点 $X_0^{(3)}$，第三环的基本搜索方向组 $S_1^{(3)}, S_2^{(3)}, S_3^{(3)}$ 分别采用第二环的 $S_2^{(2)}, S_3^{(2)}, S_4^{(2)}$，依次一维搜索求出各方向的极小点 $X_1^{(3)}, X_2^{(3)}, X_3^{(3)}$。把 $X_0^{(3)}$ 到 $X_3^{(3)}$ 的方向记作 $S_4^{(3)}$，并从 $X_3^{(3)}$ 出发，沿 $S_4^{(3)}$ 方向一维搜索求出 $f(X)$ 的极小点 $X_4^{(3)}$，这便是第三环迭代。$S_4^{(3)} = X_3^{(3)} - X_0^{(3)}$ 是第三环产生的新方向，$X_4^{(3)}$ 是第三环迭代终点。这样，经过三环迭代就构成了三维二次目标函数的三个新方向 $S_4^{(1)}, S_4^{(2)}$ 和 $S_4^{(3)}$，可以证明它们互为共轭方向（证明从略）。对三维二次正定函数来说，第三环迭代终点 $X_4^{(3)}$ 应为该函数的理论极小点。

对于 $n$ 维二次目标函数原始共轭方向的构成方法可类同上述步骤进行。现概括为：有一组线性无关的初始基本方向组 $S_i^{(k)}(i = 1, 2, \cdots, n)$，依次沿 $S_i^{(k)}$ 进行一维最优化搜索，并且以初始点和搜索终点连线作为新的方向，记作 $S_{n+1}^{(k)}$，再沿 $S_{n+1}^{(k)}$ 一维搜索，得完成一环搜索的末点 $X_{n+1}^{(k)}$。以后每环的初始点总是取上一环的搜索末点，即 $X_{n+1}^{(k)} \Rightarrow X_0^{(k+1)}$，基本方向组则为将上环的基本方向组去掉第一个方向 $S_1^{(k)}$，并以上环的新生方向 $S_{n+1}^{(k)}$ 补入本环最后而构成，即 $S_{n+1}^{(k)} \Rightarrow S_n^{(k+1)}$，再产生该环的新生方向 $S_{n+1}^{(k+1)} = X_n^{(k+1)} - X_0^{(k+1)}$。对 $n$ 维目标函数这样的迭代进行 $n$ 环称为完成一轮迭代。$S_{n+1}^{(1)}, S_{n+1}^{(2)}, \cdots, S_{n+1}^{(n)}$，这些新方向之间应该构成 $n$ 个共轭方向。对于正定二次函数来说，经 $n$ 个共轭方向完成一轮迭代的终点 $X_{n+1}^{(n)}$ 应为理论极小点。

### 三、迭代过程及算法框图

原始共轭方向法的具体迭代步骤如下：

(1) 给定初始点 $X^{(0)} \in \mathbf{R}^n$，迭代精度 $\varepsilon$，维数 $n$，$S_i^{(1)} = e_i$ $(i = 1, 2, \cdots, n)$。

(2) 置 $1 \Rightarrow k$。

(3) 置 $1 \Rightarrow i$。

(4) 置 $X^{(0)} \Rightarrow X_{i-1}^{(k)}$。

(5) 从 $X_{i-1}^{(k)}$ 点出发，沿 $S_i^{(k)}$ 方向进行关于 $\alpha^{(k)}$ 的一维搜索，求出最优步长 $\alpha_i^{(k)}$，使

$$f(X_{i-1}^{(k)} + \alpha_i^{(k)} S_i^{(k)}) = \min_{\alpha^{(k)}} f(X_{i-1}^{(k)} + \alpha^{(k)} S_i^{(k)})$$

置 $X_{i-1}^{(k)} + \alpha_i^{(k)} S_i^{(k)} \Rightarrow X_i^{(k)}$。

(6) 判别是否满足 $i = n$? 若满足则进行步骤(7)；否则置 $i + 1 \Rightarrow i$，返回步骤(5)。

(7) 计算共轭方向 $X_n^{(k)} - X_0^{(k)} \Rightarrow S_{n+1}^{(k)}$。

(8) 从 $X_n^{(k)}$ 点出发，沿 $S_{n+1}^{(k)}$ 方向进行关于 $\alpha^{(k)}$ 的一维搜索，求出最优步长 $\alpha_{n+1}^{(k)}$，使

$$f(X_n^{(k)} + \alpha_{n+1}^{(k)} S_{n+1}^{(k)}) = \min_{\alpha^{(k)}} f(X_n^{(k)} + \alpha^{(k)} S_{n+1}^{(k)})$$

置 $X_n^{(k)} + \alpha_{n+1}^{(k)} S_{n+1}^{(k)} \Rightarrow X_{n+1}^{(k)}$。

（9）判别是否满足 $k = n$?若不满足则进行步骤（10），否则转向步骤（11）。

（10）置 $S_{i+1}^{(k)} \Rightarrow S_i^{(k+1)}$ $(i = 1,2,\cdots,n)$，$X_{n+1}^{(k)} \Rightarrow X^{(0)}$，$k+1 \Rightarrow k$，返回步骤（3）。

（11）检验是否满足迭代终止条件 $\| X_{n+1}^{(k)} - X_0^{(k)} \| \leqslant \varepsilon$?若满足，迭代停止，得到 $X_{n+1}^{(k)}$ 为最优点，输出 $X_{n+1}^{(k)} \Rightarrow X^*$，$f(X_{n+1}^{(k)}) \Rightarrow f(X^*)$；否则，置 $X_{n+1}^{(k)} \Rightarrow X^{(0)}$，返回第（2）步开始新的一轮迭代运算。

原始共轭方向法的算法框图如图 5-9 所示。

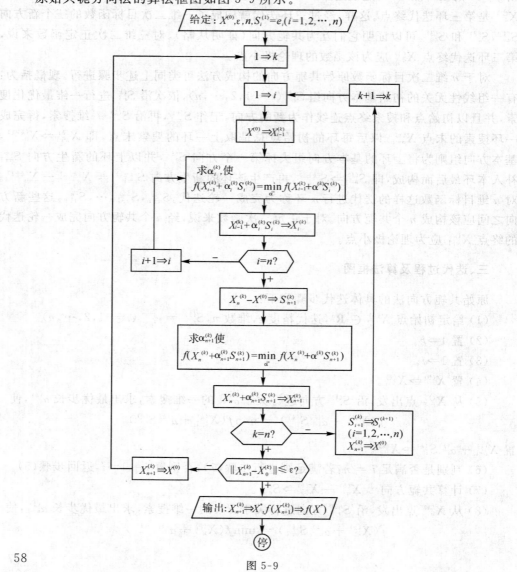

58

图 5-9

图 5-10 显示了二维正定二次函数用原始共轭方向法求极小点的搜索路线,清楚地看出使用两个共轭方向 $S_3^{(1)}$ 和 $S_3^{(2)}$ 后就能达到极小点。从几何意义上将其推广到 $n$ 维正定二次函数,使用 $n$ 个共轭方向后理论上亦能达到极小点。

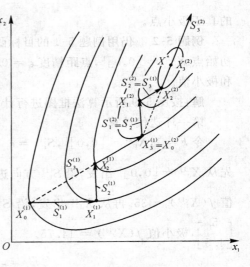

图 5-10

原始共轭方向法每一环的基本方向组 $S_1^{(k)}, S_2^{(k)}, \cdots, S_n^{(k)}$ 要求为线性无关的向量系,但实际存在有可能在某环迭代中出现基本方向组为线性相关向量系的缺陷。这是因为在 $k$ 环中产生的新方向 $S_{n+1}^{(k)} = X_n^{(k)} - X_0^{(k)} = \alpha_1^{(k)} S_1^{(k)} + \alpha_2^{(k)} S_2^{(k)} + \cdots + \alpha_n^{(k)} S_n^{(k)}$,倘若在迭代中出现 $\alpha_1^{(k)} = 0$(或 $\alpha_1^{(k)} \approx 0$)的情况,则 $S_{n+1}^{(k)} = \alpha_2^{(k)} S_2^{(k)} + \cdots + \alpha_n^{(k)} S_n^{(k)}$,即表明 $S_2^{(k)}, \cdots, S_n^{(k)}$,$S_{n+1}^{(k)}$ 是一个线性相关的向量系。这正是原始共轭方向法下一环($k+1$ 环)的基本方向组 $S_i^{(k+1)} = S_{i+1}^{(k)}$ ($i = 1, 2, \cdots, n$),这样一个线性相关向量系组成搜索基本方向组,以后的各步搜索将在维数下降了的空间进行,从而导致计算不能收敛到真正的极小点而失败。这种情况可以图 5-11 所示三维优化问题形象地加以说明。设在第一环即有 $\alpha_1^{(1)} = 0$,则 $X_1^{(1)}$ 点与 $X_0^{(1)}$ 点重合,而新生方向 $S_4^{(1)}$ 必与 $S_2^{(1)}$、$S_3^{(1)}$ 共面,共面的三个三维向量 $S_2^{(1)}$、$S_3^{(1)}$、$S_4^{(1)}$ 必线性相关,以它们构成第二环的搜索基本方向组,在以后的各步搜索必局限在由 $S_2^{(1)}$、$S_3^{(1)}$ 所决定的平面(二维空间)内进行,这种降维搜索无法获得三维目标函数

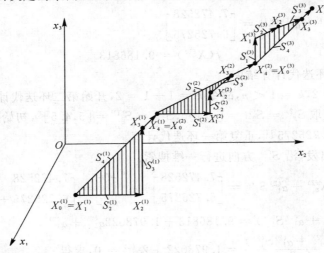

图 5-11

的真正极小点。

**例题 5-2** 仍用例题 5-1 的目标函数 $f(X) = 60 - 10x_1 - 4x_2 + x_1^2 + x_2^2 - x_1 x_2$，初始点 $X^{(0)} = [0,0]^{\mathrm{T}}$，点距精度 $\varepsilon = 0.001$，试用原始共轭方向法求目标函数的极小点和极小值。

**解:**按图 5-9 所示算法框图进行计算。

第一环迭代计算

令 $k = 1$，$X_0^{(1)} = [0,0]^{\mathrm{T}}$，$S_1^{(1)} = e_1 = [1,0]^{\mathrm{T}}$，$S_2^{(1)} = e_2 = [0,1]^{\mathrm{T}}$。与例题 5-1 相同，先从 $X_0^{(1)} = [0,0]^{\mathrm{T}}$ 出发，沿 $S_1^{(1)}$ 方向进行一维搜索，得该方向极小点 $X_1^{(1)} = \begin{bmatrix} 5 \\ 0 \end{bmatrix}$，极小值 $f(X_1^{(1)}) = 35$。再从 $X_1^{(1)}$ 出发，沿 $S_2^{(1)}$ 方向进行一维搜索，得该方向极小点 $X_2^{(1)} = \begin{bmatrix} 5 \\ 4.5 \end{bmatrix}$，极小值 $f(X_2^{(1)}) = 14.75$。

计算新方向 $S_3^{(1)} = X_2^{(1)} - X_0^{(1)} = \begin{bmatrix} 5 \\ 4.5 \end{bmatrix} - \begin{bmatrix} 0 \\ 0 \end{bmatrix} = \begin{bmatrix} 5 \\ 4.5 \end{bmatrix}$，再以 $X_2^{(1)}$ 为出发点，沿 $S_3^{(1)}$ 方向一维搜索。由

$$X_2^{(1)} + \alpha_3^{(1)} S_3^{(1)} = \begin{bmatrix} 5 \\ 4.5 \end{bmatrix} + \alpha_3^{(1)} \begin{bmatrix} 5 \\ 4.5 \end{bmatrix} = \begin{bmatrix} 5 + 5\alpha_3^{(1)} \\ 4.5 + 4.5\alpha_3^{(1)} \end{bmatrix}$$

则 $\quad f(X_2^{(1)} + \alpha_3^{(1)} S_3^{(1)}) = 14.75 - 22.5\alpha_3^{(1)} + 22.75\alpha_3^{(1)2}$

令 $\quad \dfrac{\mathrm{d}f(X_2^{(1)} + \alpha_3^{(1)} S_3^{(1)})}{\mathrm{d}\alpha_3^{(1)}} = -22.5 + 45.5\alpha_3^{(1)} = 0$，求得

$$\alpha_3^{(1)} = 0.494506$$

故 $\quad X_3^{(1)} = X_2^{(1)} + \alpha_3^{(1)} S_3^{(1)} = \begin{bmatrix} 7.472528 \\ 6.725275 \end{bmatrix}$

$$f(X_3^{(1)}) = 9.186813$$

至此，第一环迭代计算结束。

因维数 $n = 2$，$k = 1 < n$，故令 $k = 1 + 1 = 2$，开始第二环迭代计算。

基本方向组取 $S_1^{(2)} = S_2^{(1)} = [0,1]^{\mathrm{T}}$，$S_2^{(2)} = S_3^{(1)} = [5,4.5]^{\mathrm{T}}$，初始点取 $X_0^{(2)} = X_3^{(1)} = [7.472528, 6.725275]^{\mathrm{T}}$，重复第一环迭代计算。

从 $X_0^{(2)}$ 点出发，沿 $S_1^{(2)}$ 方向进行一维搜索。

由 $\quad X_0^{(2)} + \alpha_1^{(2)} S_1^{(1)} = \begin{bmatrix} 7.472528 \\ 6.725275 \end{bmatrix} + \alpha_1^{(2)} \begin{bmatrix} 0 \\ 1 \end{bmatrix} = \begin{bmatrix} 7.472528 \\ 6.725275 + \alpha_1^{(2)} \end{bmatrix}$

则 $\quad f(X_0^{(2)} + \alpha_1^{(2)} S_1^{(2)}) = 9.186813 + 1.978022\alpha_1^{(2)} + \alpha_1^{(2)2}$

令 $\quad \dfrac{\mathrm{d}f(X_0^{(2)} + \alpha_1^{(2)} S_1^{(2)})}{\mathrm{d}\alpha_1^{(2)}} = 1.978022 + 2\alpha_1^{(2)} = 0$，求得

$$\alpha_1^{(2)} = -0.989011$$

因此，$X_1^{(2)} = X_0^{(2)} + \alpha_1^{(2)} S_1^{(2)} = \begin{bmatrix} 7.472528 \\ 5.736264 \end{bmatrix}, f(X_1^{(2)}) = 8.208671$

再从 $X_1^{(2)}$ 出发，沿 $S_2^{(2)}$ 方向进行一维搜索。

由 $\quad X_1^{(2)} + \alpha_2^{(2)} S_2^{(2)} = \begin{bmatrix} 7.472528 \\ 5.736264 \end{bmatrix} + \alpha_2^{(2)} = \begin{bmatrix} 5 \\ 4.5 \end{bmatrix} = \begin{bmatrix} 7.472528 + 5\alpha_2^{(2)} \\ 5.736264 + 4.5\alpha_2^{(2)} \end{bmatrix}$

则 $\quad f(X_1^{(2)} + \alpha_2^{(2)} S_2^{(2)}) = 8.208671 - 3.956044\alpha_2^{(2)} + 22.75\alpha_2^{(2)2}$

令 $\quad \dfrac{\mathrm{d} f(X_1^{(2)} + \alpha_2^{(2)} S_2^{(2)})}{\mathrm{d}\alpha_2^{(2)}} = -3.956044 + 2 \times 22.75\alpha_2^{(2)} = 0$

求得

$$\alpha_2^{(2)} = 0.086946$$

因此，$X_2^{(2)} = X_1^{(2)} + \alpha_2^{(2)} S_2^{(2)} = = \begin{bmatrix} 7.907258 \\ 6.127521 \end{bmatrix}, f(X_2^{(2)}) = 8.036689$

计算新方向

$$S_3^{(2)} = X_2^{(2)} - X_0^{(2)} = \begin{bmatrix} 7.907258 \\ 6.127521 \end{bmatrix} - \begin{bmatrix} 7.472528 \\ 6.725275 \end{bmatrix} = \begin{bmatrix} 0.43473 \\ -0.597754 \end{bmatrix}$$

再以 $X_2^{(2)}$ 为出发点，沿 $S_3^{(2)}$ 方向一维搜索。

由 $X_2^{(2)} + \alpha_3^{(2)} S_3^{(2)} = \begin{bmatrix} 7.907258 \\ 6.127521 \end{bmatrix} + \alpha_3^{(2)} \begin{bmatrix} 0.43473 \\ -0.597754 \end{bmatrix} = \begin{bmatrix} 7.907258 + 0.43473\alpha_3^{(2)} \\ 6.127521 - 0.597754\alpha_3^{(2)} \end{bmatrix}$

则 $\quad f(X_2^{(2)} + \alpha_3^{(2)} S_3^{(2)}) = 8.036689 - 0.343962\alpha_3^{(2)} + 0.806162\alpha_3^{(2)2}$

令 $\quad \dfrac{\mathrm{d} f(X_2^{(2)} + \alpha_3^{(2)} S_3^{(2)})}{\mathrm{d}\alpha_3^{(2)}} = -0.343962 + 2 \times 0.806162\alpha_3^{(2)} = 0,$

求得

$$\alpha_3^{(2)} = 0.213333$$

因此，$X_3^{(2)} = X_2^{(2)} + \alpha_3^{(2)} S_3^{(2)} = \begin{bmatrix} 7.999999 \\ 5.999999 \end{bmatrix}, f(X_3^{(2)}) =$

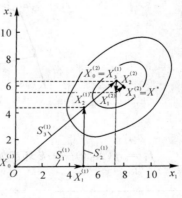

图 5-12

8，此时，$k = 2 = n$，即经过二环一轮的迭代，$S_3^{(1)}$、$S_3^{(2)}$ 为共轭方向（见图 5-12），对二次目标函数，若计算没有误差，应达到理论极小点。本例目标函数理论最优解为 $X^* = [x_1^*, x_2^*] = [8, 6]^T, f(X^*) = 8$，可见已十分接近。

检查迭代终止条件，虽有

$\Vert X_{n+1}^{(k)} - X_0^{(k)} \Vert = \Vert X_3^{(2)} - X_0^{(2)} \Vert =$

$\sqrt{(7.999999 - 7.472528)^2 + (5.999999 - 6.725275)^2}$

$= 0.8968 > \varepsilon,$

但如再以 $X_3^{(2)}$ 作为初始点重新进行第二轮迭代计算,可以预料,各一维搜索的步长必将为零或非常接近于零,这时本例已无实际意义。

$$§ 5\text{-}4 \quad 鲍威尔法$$

**一、基本原理**

前已述及,对于 $n$ 维无约束最优化问题,采用原始共轭方向法在产生 $n$ 个共轭方向时,有可能是线性相关或接近线性相关的;如遇这样情况,会导致在降维空间寻优使迭代计算不能收敛到真正最优点而失败。鲍威尔在 1964 年提出了对上述原始共轭方向法的改进方法 —— 鲍威尔共轭方向法。这个改进方法与原始共轭方向法的关键区别是在构成第 $k+1$ 环基本方向组 $S_i^{(k+1)}$ $(i=1,2,\cdots,n)$ 时,不再总是不管好坏一律去掉前一环的第一个方向 $S_1^{(k)}$,并再将前一环的新生方向 $S_{n+1}^{(k)}$ 补于最后,而是首先判断前一环的基本方向组 $S_i^{(k)}$ $(i=1,2,\cdots,n)$ 是否需要更换;如需更换,还要进一步判断前一环原基本方向组中沿某一个方向 $S_m^{(k)}$ $(1 \leqslant m \leqslant n)$ 作一维搜索函数值下降量最大,去掉该方向再将新生方向 $S_{n+1}^{(k)}$ 补入最后构成第 $k+1$ 环的基本方向组以避免线性相关并最接近共轭。判别前一环基本方向组是否需要更换的依据,则按导出的下列两个条件式[1]

$$f_3 \geqslant f_1 \tag{5-9}$$
$$(f_1 - 2f_2 + f_3)(f_1 - f_2 - \Delta_m)^2 \geqslant 0.5\Delta_m(f_1 - f_3)^2 \tag{5-10}$$

是否得到满足来进行处理。式中各符号的含义可参阅图 5-13 并说明如下:

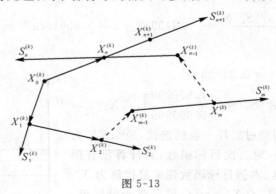

图 5-13

$f_1 = f(X_0^{(k)})$——$k$ 环起始点 $X_0^{(k)}$ 的函数值;

---

① 两个条件式(5-9)及(5-10)之推导可参阅文献[4]和[24]

62

$f_2 = f(X_n^{(k)})$——$k$ 环沿基本方向组依次一维搜索后的终点 $X_n^{(k)}$ 的函数值;

$f_3 = f(X_{n+1}^{(k)})$——$X_0^{(k)}$ 对 $X_n^{(k)}$ 的映射点 $X_{n+1}^{(k)}$ 的函数值,$X_{n+1}^{(k)} = 2X_n^{(k)} - X_0^{(k)}$;

$\Delta_m = \max\{f(X_{i-1}^{(k)}) - f(X_i^{(k)})\} = f(X_{m-1}^{(k)}) - f(X_m^{(k)})$　$(i = 1, 2, \cdots, n)$——$k$ 环基本方向组中沿诸方向一维搜索所得各目标函数值下降量中之最大者,对应方向 $S_m^{(k)}$。

若条件式(5-9)或式(5-10)中至少有一个成立,则第 $k+1$ 环的基本方向组仍用原来第 $k$ 环的基本方向组 $S_1^{(k)}, S_2^{(k)} \cdots, S_n^{(k)}$。$k+1$ 环的初始点 $X_0^{(k+1)}$ 应选取 $X_n^{(k)}$、$X_{n+1}^{(k)}$ 两点中函数值小者,亦即当 $f_2 \leqslant f_3$ 时,取 $X_0^{(k+1)} = X_n^{(k)}$;$f_2 > f_3$ 时,取 $X_0^{(k+1)} = X_{n+1}^{(k)}$。若式(5-9)及式(5-10)均不成立,则去掉原来第 $k$ 环基本方向组中函数值下降量最大的方向 $S_m^{(k)}$,再将第 $k$ 环所产生的新生方向 $S_{n+1}^{(k)}$ 补入 $k+1$ 环基本方向组的最后,即以 $S_1^{(k)}, S_2^{(k)}, \cdots, S_{m-1}^{(k)}$, $S_{m+1}^{(k)}, \cdots, S_n^{(k)}, S_{n+1}^{(k)}$ 构成第 $k+1$ 环的基本方向组 $S_i^{(k+1)}$　$(i = 1, 2, \cdots, n)$。$k+1$ 环的初始点 $X_0^{(k+1)}$ 应取第 $k$ 环中沿 $S_{n+1}^{(k)}$ 方向一维搜索的极小点 $X^{(k)}$,亦即取 $X_0^{(k+1)} = X^{(k)}$。

图 5-14 显示了二维正定二次函数用鲍威尔共轭方向法求极小点的搜索路线,其几何意义亦完全可推广到 $n$ 维正定二次函数。

### 二、迭代过程及算法框图

鲍威尔共轭方向法的具体迭代步骤如下:

(1) 给定初始点 $X^{(0)} \in \mathbf{R}^n$,迭代精度 $\varepsilon$,维数 $n$,$S_i^{(1)} = e_i$　$(i = 1, 2, \cdots, n)$。

(2) 置 $1 \Rightarrow k$。

(3) 置 $1 \Rightarrow i$。

(4) 置 $X^{(0)} \Rightarrow X_{i-1}^{(k)}$。

(5) 从 $X_{i-1}^{(k)}$ 点出发,沿 $S_i^{(k)}$ 方向进行关于 $\alpha^{(k)}$ 的一维搜索,求出最优步长 $\alpha_i^{(k)}$,使

$$f(X_{i-1}^{(k)} + \alpha_i^{(k)} S_i^{(k)}) = \min_{\alpha^{(k)}} f(X_{i-1}^{(k)} + \alpha^{(k)} S_i^{(k)})$$

置　　　　　　　　　　　　　$$X_{i-1}^{(k)} + \alpha_i^{(k)} S_i^{(k)} \Rightarrow X_i^{(k)}。$$

(6) 判别是否满足 $i = n$?若满足则进行步骤(7);否则置 $i+1 \Rightarrow i$,返回步骤(5)。

(7) 计算映射点 $2X_n^{(k)} - X_0^{(k)} \Rightarrow X_{n+1}^{(k)}$。

(8) 求出第 $k$ 环迭代中各方向上目标函数下降值 $f(X_{i-1}^{(k)}) - f(X_i^{(k)})$,并找出其中最大值,记作 $\Delta_m^{(k)}$。即置

$$\max\{f(X_{i-1}^{(k)}) - f(X_i^{(k)})\} = f(X_{m-1}^{(k)}) - f(X_m^{(k)}) \Rightarrow \Delta_m^{(k)}　(i = 1, 2, \cdots, n)$$

(9) 计算 $X_0^{(k)}$、$X_n^{(k)}$、$X_{n+1}^{(k)}$ 三点的函数值,并置

$$f(X_0^{(k)}) \Rightarrow f_1, f(X_n^{(k)}) \Rightarrow f_2, f(X_{n+1}^{(k)}) \Rightarrow f_3$$

(10) 根据条件式 $f_3 \geqslant f_1$ 和 $(f_1 - 2f_2 + f_3)(f_1 - f_2 - \Delta_m^{(k)})^2 \geqslant 0.5\Delta_m^{(k)}(f_1 - f_3)^2$ 进行判别。若两式均不成立,则进行步骤(11)。否则在第 $k+1$ 环迭代时仍用第 $k$ 环迭代的基本方向组,即 $S_i^{(k)} \Rightarrow S_i^{(k+1)}$　$(i = 1, 2, \cdots, n)$;迭代初始点选取:当 $f_2 \leqslant f_3$ 时置

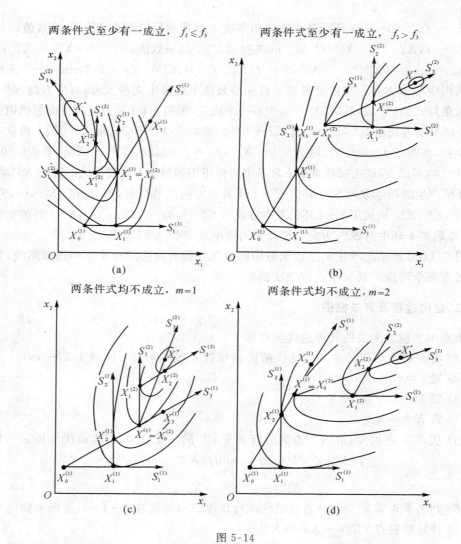

两条件式至少有一成立，$f_2 \leqslant f_3$

两条件式至少有一成立，$f_2 > f_3$

两条件式均不成立，$m=1$

两条件式均不成立，$m=2$

图 5-14

$X_n^{(k)} \Rightarrow X_0^{(k+1)}$，转向步骤(14)；而当 $f_2 > f_3$ 时置 $X_{n+1}^{(k)} \Rightarrow X_0^{(k+1)}$，转向步聚(14)。

(11) 计算共轭方向 $X_n^{(k)} - X_0^{(k)} \Rightarrow X_{n+1}^{(k)}$，$S_{n+1}$ 为新生方向。

(12) 从 $X_n^{(k)}$ 出发，沿 $S_{n+1}^{(k)}$ 方向进行一维最优化搜索求得 $\alpha_{n+1}^{(k)}$，即使 $f(X_n^{(k)} + \alpha_{n+1}^{(k)} S_{n+1}^{(k)} = \min\limits_{\alpha^{(k)}} f(X_n^{(k)} + \alpha^{(k)} S_{n+1}^{(k)})$。置 $X_n^{(k)} + \alpha_{n+1}^{(k)} S_{n+1}^{(k)} \Rightarrow X^{(k)}$，$X^{(k)}$ 即为沿 $S_{n+1}^{(k)}$ 方向的极小点。

(13) 将 $X^{(k)}$ 作为起始点，即置 $X^{(k)} \Rightarrow X_0^{(k+1)}$。确定第 $k+1$ 环迭代的基本方向组：去掉具有函数最大下降值方向 $S_m^{(k)} = X_{m-1}^{(k)} - X_m^{(k)}$，并将方向 $S_{n+1}^{(k)}$ 作为第 $k+1$ 环基本方向组中的第 $n$ 个方向，即置 $S_i^{(k)} \Rightarrow S_i^{(k+1)}$ （$i = 1, 2, \cdots, m-1$）；$S_{i+1}^{(k)} \Rightarrow S_i^{(k+1)}$ （$i = m, m+$

64

$1,\cdots,n-1$);$S_{n+1}^{(k)} \Rightarrow S_n^{(k+1)}$。

（14）检验是否满足终止迭代条件 $\| X_0^{(k)} - X_0^{(k+1)} \| \leqslant \varepsilon$，若满足，停止迭代，得 $X_0^{(k+1)}$ 为最优点，输出 $X_0^{(k+1)} \Rightarrow X^*$，$f(X_0^{(k+1)}) \Rightarrow f(X^*)$；否则，置 $X_0^{(k+1)} \Rightarrow X^{(0)}$，$k+1 \Rightarrow k$，返回步骤（3）开始下一环的迭代运算。

鲍威尔共轭方向法的算法框图如图 5-15 所示。

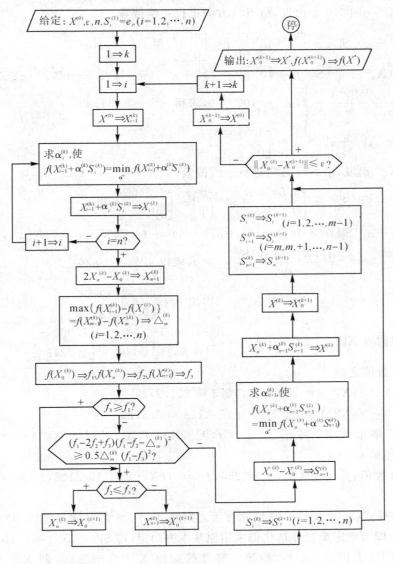

图 5-15

**例题 5-3**  用鲍威尔法求二维二次目标函数 $f(X) = 10(x_1+x_2-5)^2 + (x_1-x_2)^2$ 的极小点和极小值,给定初始点 $X^{(0)} = [0,0]^T$。

**解**:参照图 5-15 所示算法框图进行计算。

第一环迭代计算

取 $X_0^{(1)} = X^{(0)} = [0,0]^T$,$S_1^{(1)} = e_1 = [1,0]^T$,$S_2^{(1)} = e_2 = [0,1]^T$。

先从 $X_0^{(1)} = [0,0]^T$ 出发,沿 $S_1^{(1)}$ 方向进行一维搜索。

由 $X_0^{(1)} + \alpha_1^{(1)}S_1^{(1)} = \begin{bmatrix} 0 \\ 0 \end{bmatrix} + \alpha_1^{(1)}\begin{bmatrix} 1 \\ 0 \end{bmatrix} = \begin{bmatrix} \alpha_1^{(1)} \\ 0 \end{bmatrix}$,得

$$f(X_0^{(1)} + \alpha_1^{(1)}S_1^{(1)}) = 10(\alpha_1^{(1)}-5)^2 + \alpha_1^{(1)^2} = 11\alpha_1^{(1)^2} - 100\alpha_1^{(1)} + 250$$

令 $\dfrac{\mathrm{d}f(X_0^{(1)} + \alpha_1^{(1)}S_1^{(1)})}{\mathrm{d}\alpha_1^{(1)}} = 22\alpha_1^{(1)} - 100 = 0$,求得 $\alpha_1^{(1)} = 4.5455$。

因此,$X_1^{(1)} = X_0^{(1)} + \alpha_1^{(1)}S_1^{(1)} = \begin{bmatrix} 4.5455 \\ 0 \end{bmatrix}$。

再从 $X_1^{(1)}$ 出发,沿 $S_2^{(1)}$ 方向进行一维搜索。

由 $X_1^{(1)} + \alpha_2^{(1)}S_2^{(1)} = \begin{bmatrix} 4.5455 \\ 0 \end{bmatrix} + \alpha_2^{(1)}\begin{bmatrix} 0 \\ 1 \end{bmatrix} = \begin{bmatrix} 4.5455 \\ \alpha_2^{(1)} \end{bmatrix}$,得

$$f(X_1^{(1)} + \alpha_2^{(1)}S_2^{(1)}) = 10(4.5455 + \alpha_2^{(1)} - 5)^2 + (4.5455 - \alpha_2^{(1)})^2$$

令 $\dfrac{\mathrm{d}f(X_1^{(1)} + \alpha_2^{(1)}S_2^{(1)})}{\mathrm{d}\alpha_2^{(1)}} = 0$,求得 $\alpha_2^{(1)} = 0.8264$。

因此,$X_2^{(1)} = X_1^{(1)} + \alpha_2^{(1)}S_2^{(1)} = \begin{bmatrix} 4.5455 \\ 0.8264 \end{bmatrix}$。

计算映射点 $X_3^{(1)} = 2X_2^{(1)} - X_0^{(1)} = 2\begin{bmatrix} 4.5455 \\ 0.8624 \end{bmatrix} - \begin{bmatrix} 0 \\ 0 \end{bmatrix} = \begin{bmatrix} 9.091 \\ 1.7248 \end{bmatrix}$。

计算函数值之差。

$$f(X_0^{(1)}) - f(X_1^{(1)}) = 250 - 22.7273 = 227.2727$$

$$f(X_1^{(1)}) - f(X_2^{(1)}) = 22.7273 - 15.2148 = 7.5125$$

取函数值下降最大者,并记 $\Delta_m^{(1)} = f(X_{m-1}^{(1)}) - f(X_m^{(1)}) = f(X_0^{(1)}) - f(X_1^{(1)}) = 227.2727$,显然 $m = 1$。

计算函数值:$f_1 = f(X_0^{(1)}) = 250$,$f_2 = f(X_2^{(1)}) = 15.2148$,$f_3 = f(X_3^{(1)}) = 385.2392$。

进行条件式(5-9)及(5-10)成立与否之判断。因 $f_2 > f_1$ 已满足式(5-9),不必再检验式(5-10)即可判定第二环迭代仍采用原基本方向组,即 $S_1^{(2)} = S_1^{(1)} = [1,0]^T$,$S_2^{(2)} = S_2^{(1)} = [0,1]^T$。大因 $f_2 < f_3$,故第二环迭代应以 $X_2^{(1)}$ 为出发点,即 $X_0^{(2)} = X_2^{(1)} = [4.5455, 0.8264]^T$。

第二环迭代计算

从 $X_0^{(2)}$ 出发,沿 $S_1^{(2)}$ 方向进行一维搜索,得极小点 $X_1^{(2)} = [3.8693, 0.8264]^T$。再从 $X_1^{(2)}$ 出发,沿 $S_2^{(2)}$ 方向进行一维搜索,得极小点 $X_2^{(2)} = [3.8693, 1.3797]^T$。算出映射点 $X_3^{(2)} = 2X_2^{(2)} - X_0^{(2)} = [3.1931, 1.9330]^T$。

计算函数值之差:

$$f(X_0^{(2)}) - f(X_1^{(2)}) = 15.2148 - 10.1852 = 5.0296$$

$$f(X_1^{(2)}) - f(X_2^{(2)}) = 10.1852 - 6.8181 = 3.3671$$

取其大者,并记 $\Delta_m^{(2)} = f(X_{m-1}^{(2)}) - f(X_m^{(2)}) = f(X_0^{(2)}) - f(X_1^{(2)}) = 5.0296$,显然 $m = 1$。

计算函数值:$f_1 = f(X_0^{(2)}) = 15.2148$,$f_2 = f(X_2^{(2)}) = 6.8181$,$f_3 = f(X_3^{(2)}) = 1.7469$。

进行条件式(5-9)及式(5-10)成立与否的判断。因 $f_3 < f_1$,条件式(5-9)不成立。将 $f_1$、$f_2$、$f_3$、$\Delta_m^{(2)}$ 分别代入条件式(5-10)之两边,得

$$(f_1 - 2f_2 + f_3)(f_1 - f_2 - \Delta_m^{(2)})^2 = (15.2148 - 2 \times 6.8181 + 1.7469)(15.2148 - 6.8181 - 5.0296)^2 = 1.8997$$

$$0.5\Delta_m^{(2)}(f_1 - f_3)^2 = 0.5 \times 5.0296(15.2148 - 1.7469)^2 = 456.1453$$

所以 $(f_1 - 2f_2 + f_3)(f_1 - f_2 - \Delta_m^{(2)})^2 < 0.5\Delta_m^{(2)}(f_1 - f_3)^2$,故条件式(5-10)亦不成立。这表明如进行下一环迭代,则其基本方向组应该用新生方向 $S_3^{(2)}$ 替换 $S_1^{(2)}$,而 $S_3^{(2)} = X_2^{(2)} - X_0^{(2)} = \begin{bmatrix} 3.8693 \\ 1.3797 \end{bmatrix} - \begin{bmatrix} 4.5455 \\ 0.8264 \end{bmatrix} = \begin{bmatrix} -0.6762 \\ 0.5533 \end{bmatrix}$。下一环迭代起始点应选从 $X_2^{(2)}$ 为起点,沿 $S_3^{(2)}$ 方向进行一维搜索的极小点 $X^{(2)} = X_2^{(2)} + \alpha_3^{(2)} S_3^{(2)}$。

由 $X^{(2)} = X_2^{(2)} + \alpha_3^{(2)} S_3^{(2)} = \begin{bmatrix} 3.8693 \\ 1.3797 \end{bmatrix} + \alpha_3^{(2)} \begin{bmatrix} -0.6762 \\ 0.5533 \end{bmatrix}$

令 $\dfrac{\mathrm{d}f(X^{(2)})}{\mathrm{d}\alpha_3^{(2)}} = \dfrac{\mathrm{d}f(X_2^{(2)} + \alpha_3^{(2)} S_3^{(2)})}{\mathrm{d}\alpha_3^{(2)}} = 3.3254287\alpha_3^{(2)} - 6.7339684 = 0$,求得 $\alpha_3^{(2)} = 2.02499$,故 $X^{(2)} = \begin{bmatrix} 3.8693 \\ 1.3797 \end{bmatrix} + 2.02499 \begin{bmatrix} -0.6762 \\ 0.5533 \end{bmatrix} = \begin{bmatrix} 2.5000 \\ 2.5001 \end{bmatrix}$。

现在,已经过二环一轮的迭代,获得 $X^{(2)} = [2.5000, 2.5001]^T$,$f(X^{(2)}) = 0.00000011$,这和目标函数的理论极小点 $X^* = [2.5, 2.5]^T$,理论极小值 $f(X^*) = 0$ 已十分接近。鲍威尔共轭方向法迭代过程每进行一环计算,应以下环始点和本环始点进行迭代终止条件检验,以确定是结束迭代计算还是再进行下一环迭代计算。本例未给出迭代精度的具体数据,又是二次函数,获此结果应和例题 5-2 一样处理,至此实无必要再迭代计算下去。

# §5-5 梯度法

## 一、基本原理

通过变量轮换法、共轭方向法等的讨论，我们知道对多维无约束问题优化总是将其转化为在一系列选定方向 $S^{(k)}$ 进行一维搜索，使目标函数值步步降低直至逼近目标函数极小点，而 $S^{(k)}$ 方向的选择与迭代速度、计算效率关系很大。人们利用函数在其负梯度方向函数值下降最快这一局部性质，将 $n$ 维无约束极小化问题转化为一系列沿目标函数负梯度方向一维搜索寻优，这就成为梯度法的基本构想。据此在式（3-21）所示无约束优化迭代的通式 $X^{(k+1)} = X^{(k)} + \alpha^{(k)} S^{(k)}$ 中将搜索方向 $S^{(k)}$ 取为负梯度向量或单位负梯度向量，即可分别得到两种表达形式的梯度法迭代公式

$$X^{(k+1)} = X^{(k)} - \alpha^{(k)} \nabla f(X^{(k)}) \tag{5-11}$$

$$X^{(k+1)} = X^{(k)} - \alpha^{(k)} \frac{\nabla f(X^{(k)})}{\| \nabla f(X^{(k)}) \|} \tag{5-12}$$

式中，$\nabla f(X^{(k)})$，$\| \nabla f(X^{(k)}) \|$ 分别为函数 $f(X)$ 在迭代点 $X^{(k)}$ 处的梯度和梯度的模；两式中 $\alpha^{(k)}$ 均为最优步长因子，各自分别通过一维极小化 $\min_{\alpha} f(X^{(k)} - \alpha \nabla f(X^{(k)}))$ 和 $\min_{\alpha} f(X^{(k)} - \alpha \frac{\nabla f(X^{(k)})}{\| \nabla f(X^{(k)}) \|})$ 求得。

按照梯度法迭代公式（5-11）或（5-12）进行若干次一维搜索，每次迭代的初始点取上次迭代的终点，即可使迭代点逐步逼近目标函数的极小点。其迭代的终止条件可采用点距准则或梯度准则，即当 $\| X^{(k)} - X^{(k+1)} \| \leqslant \varepsilon$ 或 $\| \nabla f(X^{(k)}) \| \leqslant \varepsilon$ 时终止迭代。

## 二、迭代过程及算法框图

梯度法的具体迭代步骤如下：

（1）给定初始点 $X^{(0)} \in R^n$，迭代精度 $\varepsilon$，维数 $n$。

（2）置 $0 \Rightarrow k$。

（3）计算迭代点 $X^{(k)}$ 的梯度

$$\nabla f(X^{(k)}) = \left[ \frac{\partial f(X^{(k)})}{\partial x_1}, \frac{\partial f(X^{(k)})}{\partial x_2}, \cdots, \frac{\partial f(X^{(k)})}{\partial x_n} \right]^T$$

计算梯度的模

$$\| \nabla f(X^{(k)}) \| = \sqrt{\left( \frac{\partial f(X^{(k)})}{\partial x_1} \right)^2 + \left( \frac{\partial f(X^{(k)})}{\partial x_2} \right)^2 + \cdots + \left( \frac{\partial f(X^{(k)})}{\partial x_n} \right)^2}$$

计算搜索方向

$$S^{(k)} = -\frac{\nabla f(X^{(k)})}{\| \nabla f(X^{(k)}) \|}$$

（4）检验是否满足迭代终止条件 $\| \nabla f(X^{(k)}) \| \leqslant \varepsilon$?若满足,停止迭代,输出最优解:$X^{(k)} \Rightarrow X^*$,$f(X^{(k)}) \Rightarrow f(X^*)$;否则进行下一步。

（5）从 $X^{(k)}$ 点出发,沿负梯度方向进行一维搜索求最优步长 $\alpha^{(k)}$,使
$$f(X^{(k)} + \alpha^{(k)} S^{(k)}) = \min_{\alpha} f(X^{(k)} + \alpha S^{(k)})。$$

（6）计算迭代新点 $X^{(k+1)} = X^{(k)} + \alpha^{(k)} S^{(k)}$。

（7）置 $k+1 \Rightarrow k$,返回步骤（3）进行下一次迭代计算。

梯度法的算法框图如图 5-16 所示。

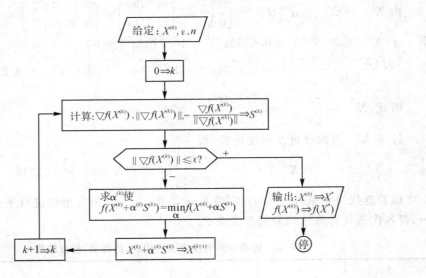

图 5-16

例题 5-4　仍用例题 5-1 的目标函数 $f(X) = 60 - 10x_1 - 4x_2 + x_1^2 + x_2^2 - x_1 x_2$,初始点 $X^{(0)} = [0,0]^T$,迭代精度 $\varepsilon = 0.01$,试用梯度法求目标函数的极小点和极小值。

解:按图 5-16 所示算法框图进行计算。

目标函数 $f(X)$ 的梯度为

$$\nabla f(X) = \begin{bmatrix} \dfrac{\partial f(X)}{\partial x_1} \\ \dfrac{\partial f(X)}{\partial x_2} \end{bmatrix} = \begin{bmatrix} 2x_1 - x_2 - 10 \\ 2x_2 - x_1 - 4 \end{bmatrix}$$

计算 $X^{(0)}$ 点的梯度

$$\nabla f(X^{(0)}) = \left[\frac{\partial f(X^{(0)})}{\partial x_1}, \frac{\partial f(X^{(0)})}{\partial x_2}\right]^T = \begin{bmatrix} 2x_1 - x_2 - 10 \\ 2x_2 - x_1 - 4 \end{bmatrix}_{\substack{x_1=0 \\ x_2=0}} = \begin{bmatrix} -10 \\ -4 \end{bmatrix}$$

计算 $X^{(0)}$ 点梯度的模

$$\| \nabla f(X^{(0)}) \| = \sqrt{\left(\frac{\partial f(X^{(0)})}{\partial x_1}\right)^2 + \left(\frac{\partial f(X^{(0)})}{\partial x_2}\right)^2} = \sqrt{(-10)^2 + (-4)^2} = 10.7703$$

计算 $X^{(0)}$ 点负单位梯度向量

$$S^{(0)} = -\frac{\nabla f(X^{(0)})}{\| \nabla f(X^{(0)}) \|} = -\frac{1}{10.7703}\begin{bmatrix} -10 \\ -4 \end{bmatrix} = \begin{bmatrix} 0.9285 \\ 0.3714 \end{bmatrix}$$

从 $X^{(0)}$ 出发,沿 $S^{(0)}$ 方向进行一维搜索

由 $$X^{(1)} = X^{(0)} + \alpha^{(0)} S^{(0)} = \begin{bmatrix} 0 \\ 0 \end{bmatrix} + \alpha^{(0)}\begin{bmatrix} 0.9285 \\ 0.3714 \end{bmatrix} = \begin{bmatrix} 0.9285\alpha^{(0)} \\ 0.3714\alpha^{(0)} \end{bmatrix}$$

则 $f(X^{(0)} + \alpha^{(0)} S^{(0)}) = 0.6552\alpha^{(0)2} - 10.7706\alpha^{(0)} + 60$

令 $\dfrac{\mathrm{d}f(X^{(0)} + \alpha^{(0)} S^{(0)})}{\mathrm{d}\alpha^{(0)}} = 1.3104\alpha^{(0)} - 10.7706 = 0$,求得 $\alpha^{(0)} = 8.2193$。

因此,$$X^{(1)} = \begin{bmatrix} x_1^{(1)} \\ x_2^{(1)} \end{bmatrix} = \begin{bmatrix} 7.6316 \\ 3.0527 \end{bmatrix}$$

计算 $X^{(1)}$ 点的梯度及梯度的模,得

$$\nabla f(X^{(1)}) = \begin{bmatrix} 2.2105 \\ -5.5262 \end{bmatrix}, \| \nabla f(X^{(1)}) \| = 5.9519$$

检验迭代终止条件 $\| \nabla f(X^{(1)}) \| = 5.9519 > \varepsilon$,故应继续进行下一次迭代计算, $\cdots$,将各次迭代计算的结果列于表 5-2。

表 5-2　例题 5-4 的梯度法迭代点、函数值、梯度的模

| $k$ | 0 | 1 | 2 | 3 | 4 |
|---|---|---|---|---|---|
| $X^{(k)}$ | $\begin{bmatrix} 0 \\ 0 \end{bmatrix}$ | $\begin{bmatrix} 7.6316 \\ 3.0527 \end{bmatrix}$ | $\begin{bmatrix} 6.8097 \\ 5.1073 \end{bmatrix}$ | $\begin{bmatrix} 7.9452 \\ 5.5615 \end{bmatrix}$ | $\begin{bmatrix} 7.8229 \\ 5.8672 \end{bmatrix}$ |
| $\nabla f(X^{(k)})$ | $\begin{bmatrix} -10 \\ -4 \end{bmatrix}$ | $\begin{bmatrix} 2.2105 \\ -5.5262 \end{bmatrix}$ | $\begin{bmatrix} -1.4879 \\ -0.5951 \end{bmatrix}$ | $\begin{bmatrix} 0.3298 \\ -0.8222 \end{bmatrix}$ | $\begin{bmatrix} -0.2214 \\ -0.0885 \end{bmatrix}$ |
| $\| \nabla f(X^{(k)}) \|$ | 10.7703 | 5.9519 | 1.6025 | 0.8856 | 0.2384 |

| $S^{(k)}$ | $\begin{bmatrix} 0.9285 \\ 0.3714 \end{bmatrix}$ | $\begin{bmatrix} -0.3714 \\ 0.9285 \end{bmatrix}$ | $\begin{bmatrix} 0.9285 \\ 0.3714 \end{bmatrix}$ | $\begin{bmatrix} -0.3714 \\ 0.9285 \end{bmatrix}$ | $\begin{bmatrix} 0.9285 \\ 0.3714 \end{bmatrix}$ |
|---|---|---|---|---|---|
| $\alpha^{(k)}$ | 8.2193 | 2.2129 | 1.2229 | 0.3293 | 0.1820 |
| $f(X^{(k)})$ | 60 | 15.7368 | 9.1511 | 8.1713 | 8.0255 |

| $k$ | 5 | 6 | 7 | 8 |
|---|---|---|---|---|
| $X^{(k)}$ | $\begin{bmatrix} 7.9918 \\ 5.9348 \end{bmatrix}$ | $\begin{bmatrix} 7.9737 \\ 5.9802 \end{bmatrix}$ | $\begin{bmatrix} 7.9988 \\ 5.9903 \end{bmatrix}$ | $\begin{bmatrix} 7.9961 \\ 5.9971 \end{bmatrix}$ |
| $\nabla f(X^{(k)})$ | $\begin{bmatrix} 0.0489 \\ -0.1223 \end{bmatrix}$ | $\begin{bmatrix} -0.0329 \\ -0.0132 \end{bmatrix}$ | $\begin{bmatrix} 0.0073 \\ -0.0182 \end{bmatrix}$ | $\begin{bmatrix} -0.0049 \\ -0.0019 \end{bmatrix}$ |
| $\|\nabla f(X^{(k)})\|$ | 0.1318 | 0.0355 | 0.0196 | 0.0053 |
| $S^{(k)}$ | $\begin{bmatrix} -0.3714 \\ 0.9285 \end{bmatrix}$ | $\begin{bmatrix} 0.9285 \\ 0.3714 \end{bmatrix}$ | $\begin{bmatrix} -0.3714 \\ 0.9285 \end{bmatrix}$ | |
| $\alpha^{(k)}$ | 0.04899 | 0.02707 | 0.007288 | |
| $f(X^{(k)})$ | 8.003791 | 8.00564 | 8.000084 | 8.000014 |

迭代计算 8 次后检验终止条件有

$$\|\nabla f(X^{(8)})\| = \sqrt{(-0.0049)^2 + (-0.0019)^2} = 0.0053 < \varepsilon$$

所以得近似最优解为

$$X^* = X^{(8)} = [7.9961, 5.9971]^T$$
$$f(X^*) = f(X^{(8)}) = 8.000014$$

这个结果与目标函数理论最优解 $x^* = [x_1^*, x_2^*]^T = [8,6]^T, f(X^*) = 8$ 十分接近。

### 三、效能特点

梯度法每次迭代都是沿迭代点函数值下降最快的方向搜索,因而梯度法又称为最速下降法。其实,这种方法搜索路线常很曲折,收敛速度较慢。这可由图 5-17 所示一般的二维二次目标函数的情况加以说明。从任意迭代点 $X^{(k)}$ 出发,沿其负梯度方向 $S^{(k)}$ 一维搜索到极小点 $X^{(k+1)}$,则 $X^{(k+1)}$ 点应为向量 $S^{(k)}$ 与目标函数等值线 $f(X) = a_1$ 的切点。下次迭代从 $X^{(k+1)}$ 点出发,沿其负梯度方向 $S^{(k+1)}$ 一维搜索,根据梯度方向的性质可知 $S^{(k+1)}$ 应是目标函数等值线 $f(X) = a_1$ 在 $X^{(k+1)}$ 点的法线,因而 $S^{(k)}$ 与 $S^{(k+1)}$ 必为正交向量。这就表明,梯度法迭代过程中前后两次迭代向量为正交。故梯度法迭代过程是呈直角锯齿形路线曲折走向目标函数的极小点 $X^*$。图 5-17 和例题 5-4 的计算列表都清楚地看出梯度法搜索开始时步长较大,愈接近极小点步长愈小,最后收敛的速度极其缓慢。所谓"最速下降"只是指函数在迭代点的局部特性，一旦离开了该迭代点，原先的负梯度方向就不再是最速下降方向。从整个迭代过程来看，负梯度方向并非是最速下降方向。对于目标函数等值线为同心圆、任选初始点 $X^{(0)}$（见图 5-18(a)）以及目标函数等值线为同心椭圆、初始点 $X^{(0)}$ 选在其对称轴 $l_1$ 或 $l_2$ 上（见图 5-18(b)）等特例，则采用负梯度方向一次搜索即达全域极小点 $X^*$，对整个迭代过程而言亦是最速下降方向。

梯度法尽管收敛速度较慢，但其迭代的几何概念比较直观，方法和程序简单，虽要计算导数，但只

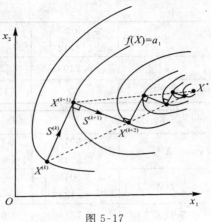

图 5-17

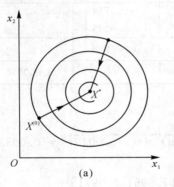

图 5-18

要求一阶偏导，存储单元较少。此外，当迭代点距目标函数极小点尚远时，无论目标函数是否具有二次性，递度法开始迭代时的下降速度还是很快的。工程中常常利用这个特点，将梯度法和其他方法配合使用，从而构成更有效和实用的算法。在理论上梯度法仍不失为一种极为重要的基本优化方法。

# §5-6　牛顿法

## 一、基本原理

（一）原始牛顿法

原始牛顿法的基本原理是：原目标函数 $f(X)$ 用在迭代点 $X^{(k)}$ 邻域展开的泰勒二次多项式 $\varphi(X)$ 去近似地代替，再以 $\varphi(X)$ 这个二次函数的极小点 $X_\varphi^*$ 作为原目标函数

72

的下一个迭代点 $X^{(k+1)}$，这样重复迭代若干次后，使迭代点点列逐步逼近原目标函数 $f(X)$ 的极小点 $X^*$。

二次逼近函数 $\varphi(X)$ 可由式(3-6)写出

$$\varphi(X) = f(X^{(k)}) + [\nabla f(X^{(k)})]^T[X - X^{(k)}] + \frac{1}{2}[X - X^{(k)}]^T H(X^{(k)})[X - X^{(k)}]$$

$$\approx f(X) \tag{5-13}$$

式中，$\nabla f(X^{(k)})$，$H(X^{(k)})$ 分别为原目标函数 $f(X)$ 在 $X^{(k)}$ 点的梯度和赫森矩阵。

$\varphi(X)$ 的极小点 $X_\varphi^*$ 可由极值存在的必要条件，令其梯度 $\nabla \varphi(X^{(k)}) = 0$ 来求得，亦即

$$\nabla \varphi(X^{(k)}) = \nabla f(X^{(k)}) + H(X^{(k)})[X - X^{(k)}] = 0$$

这样，　$H(X^{(k)})[X_\varphi^* - X^{(k)}] = -\nabla f(X^{(k)})$

若 $H(X^{(k)})$ 为可逆矩阵，将上式等号两边左乘以 $[H(X^{(k)})]^{-1}$，则得

$$X_\varphi^* = X^{(k)} - [H(X^{(k)})]^{-1} \nabla f(X^{(k)}) \tag{5-14}$$

将 $X_\varphi^*$ 取作下一个优化迭代点 $X^{(k+1)}$，即可得到原始牛顿法的迭代公式为

$$X^{(k+1)} = X^{(k)} - [H(X^{(k)})]^{-1} \nabla f(X^{(k)}) \tag{5-15}$$

由上式可知，原始牛顿法的搜索方向为

$$S^{(k)} = -[H(X^{(k)})]^{-1} \nabla f(X^{(k)}) \tag{5-16}$$

这个方向称牛顿方向。由式(5-15)还可看到迭代公式中没有步长因子 $\alpha^{(k)}$，所以原始牛顿法是一种定步长的搜索迭代方法。

例题 5-5　试用原始牛顿法求目标函数 $f(X) = 60 - 10x_1 - 4x_2 + x_1^2 + x_2^2 - x_1 x_2$ 的极小点，初始点 $X^{(0)} = [0,0]^T$。

解：$X^{(0)} = [0,0]^T$，$X^{(0)}$ 点处的函数梯度、赫森矩阵分别为

$$\nabla f(X^{(0)}) = \left[\frac{\partial f(X^{(0)})}{\partial x_1}, \frac{\partial f(X^{(0)})}{\partial x_2}\right]^T = \begin{bmatrix} 2x_1 - x_2 - 10 \\ 2x_2 - x_1 - 4 \end{bmatrix}_{\substack{x_1=0 \\ x_2=0}} = \begin{bmatrix} -10 \\ -4 \end{bmatrix}$$

$$H(X^{(0)}) = \nabla^2 f(X^{(0)}) = \begin{bmatrix} \dfrac{\partial^2 f(X^{(0)})}{\partial x_1 \partial x_1} & \dfrac{\partial^2 f(X^{(0)})}{\partial x_1 \partial x_2} \\ \dfrac{\partial^2 f(X^{(0)})}{\partial x_2 \partial x_1} & \dfrac{\partial^2 f(X^{(0)})}{\partial x_2 \partial x_2} \end{bmatrix} = \begin{bmatrix} 2 & -1 \\ -1 & 2 \end{bmatrix}$$

$H(X^{(0)})$ 的伴随矩阵为 $\begin{bmatrix} 2 & 1 \\ 1 & 2 \end{bmatrix}$，其行列式 $|H(X^{(0)})| = 3$，故 $H(X^{(0)})$ 的逆矩阵应为

$$[H(X^{(0)})]^{-1} = \frac{1}{|H(X^{(0)})|}\begin{bmatrix} 2 & 1 \\ 1 & 2 \end{bmatrix} = \frac{1}{3}\begin{bmatrix} 2 & 1 \\ 1 & 2 \end{bmatrix}$$

由式(5-15)求下一个迭代点 $X^{(1)}$，得

$$X^{(1)} = X^{(0)} - [H(X^{(0)})]^{-1} \nabla f(X^{(0)})$$

$$= \begin{bmatrix} 0 \\ 0 \end{bmatrix} - \frac{1}{3} \begin{bmatrix} 2 & 1 \\ 1 & 2 \end{bmatrix} \begin{bmatrix} -10 \\ -4 \end{bmatrix}$$

$$= \begin{bmatrix} 0 \\ 0 \end{bmatrix} - \frac{1}{3} \begin{bmatrix} -24 \\ -18 \end{bmatrix} = \begin{bmatrix} 8 \\ 6 \end{bmatrix}$$

$X^{(1)} = [8,6]^T$ 和目标函数理论极小点 $X^* = [8,6]^T$ 一致,亦即本例只迭代一次即达目标函数极小点。

从上例可以看出,当目标函数 $f(X)$ 是二次函数时,由于二次泰勒展开函数 $\varphi(X)$ 与原目标函数 $f(X)$ 不是近似而是完全相同的二次式,赫森矩阵 $H(X^{(k)})$ 是一个常数矩阵,用式(5-15)原始牛顿法从任一初始点出发,只需一步迭代即达 $f(X)$ 的极小点 $X^*$,因此牛顿法也是一种具有二次收敛性的算法。对于非二次函数,若函数的二次性态较强,或迭代点已进入极小点的邻域,则其收敛速度也是很快的,这是牛顿法的主要优点。但原始牛顿法由于迭代公式中没有步长因子,而是定步长迭代,对于非二次型目标函数,有时会使函数值上升,即出现 $f(X^{(k+1)}) > f(X^{(k)})$ 的情况,这表明原始牛顿法不能保证函数值稳定地下降,在严重的情况下甚至可能造成迭代点列的发散而导致计算失败。

(二)阻尼牛顿法

为消除原始牛顿法的上述弊病,对其加以改进,提出了"阻尼牛顿法"。阻尼牛顿法每次迭代方向仍采用式(5-16)表达的牛顿方向 $S^{(k)}$,但每次迭代需沿此方向作一维搜索,求其最优步长因子 $\alpha^{(k)}$,即

$$f(X^{(k)} + \alpha^{(k)} S^{(k)}) = \min_{\alpha} f(X^{(k)} + \alpha S^{(k)})$$

将原始牛顿法的迭代公式修改为

$$X^{(k+1)} = X^{(k)} - \alpha^{(k)} [H(X^{(k)})]^{-1} \nabla f(X^{(k)}) \tag{5-17}$$

此即阻尼牛顿法的迭代公式。式中 $\alpha^{(k)}$ 又称为阻尼因子,是通过沿牛顿方向一维搜索寻优而得。当目标函数 $f(X)$ 的赫森矩阵 $H(X^{(k)})$ 处处正定时,阻尼牛顿法能保证每次迭代点的函数值均有所下降,从而保持了二次收敛的特性。

## 二、迭代过程及算法框图

阻尼牛顿法的具体迭代步骤如下:

(1)给定初始点 $X^{(0)} \in R^n$,迭代精度 $\varepsilon$,维数 $n$。

(2)置 $0 \Rightarrow k$。

(3)计算 $X^{(k)}$ 点的梯度 $\nabla f(X^{(k)})$ 和梯度的模 $\| \nabla f(X^{(k)}) \|$。

(4)检验是否满足迭代终止条件 $\| \nabla f(X^{(k)}) \| \leqslant \varepsilon$?若满足,停止迭代,输出最优解:$X^{(k)} \Rightarrow X^*$,$f(X^{(k)}) \Rightarrow f(X^*)$;否则进行下一步。

(5) 按式(3-8) 计算 $X^{(k)}$ 处的赫森矩阵 $H(X^{(k)})$，并求其逆矩阵 $[H(X^{(k)})]^{-1}$。

(6) 确定牛顿方向 $S^{(k)} = -[H(X^{(k)})]^{-1} \nabla f(X^{(k)})$，从 $X^{(k)}$ 点出发，沿 $S^{(k)}$ 方向进行一维搜索求最优步长 $\alpha^{(k)}$，使

$$f(X^{(k)} + \alpha^{(k)} S^{(k)}) = \min_{\alpha} f(X^{(k)} + \alpha S^{(k)})。$$

(7) 计算迭代新点 $X^{(k+1)} = X^{(k)} + \alpha^{(k)} S^{(k)}$。

(8) 置 $k+1 \Rightarrow k$，返回步骤(3)进行下一次迭代计算。

阻尼牛顿法的算法框图如图 5-19 所示。

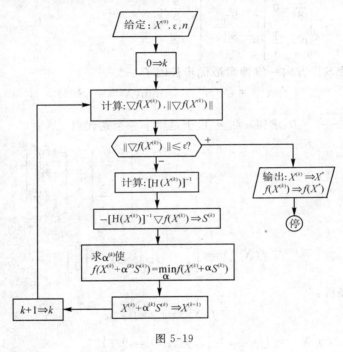

图 5-19

例题 5-6　目标函数为 $f(X) = 4(x_1 + 1)^2 + 2(x_2 - 1)^2 + x_1 + x_2 + 10$，设初始点 $X^{(0)} = [0,0]^T$，梯度精度 $\varepsilon = 0.01$，试用阻尼牛顿法求目标函数极小点和极小值。

解：$X^{(0)} = [0,0]^T$，$X^{(0)}$ 点处的函数梯度、赫森矩阵分别为

$$\nabla f(X^{(0)}) = \left[\frac{\partial f(X^{(0)})}{\partial x_1}, \frac{\partial f(X^{(0)})}{\partial x_2}\right]^T = \left[\begin{matrix} 8x_1 + 9 \\ 4_2 - 3 \end{matrix}\right]_{\substack{x_1=0 \\ x_2=0}} = \left[\begin{matrix} 9 \\ -3 \end{matrix}\right]$$

$$H(X^{(0)}) = \nabla^2 f(X^{(0)}) = \left[\begin{matrix} \dfrac{\partial^2 f(X^{(0)})}{\partial x_1 \partial x_1} & \dfrac{\partial^2 f(X^{(0)})}{\partial x_1 \partial x_2} \\ \dfrac{\partial^2 f(X^{(0)})}{\partial x_2 \partial x_1} & \dfrac{\partial^2 f(X^{(0)})}{\partial x_2 \partial x_2} \end{matrix}\right] = \left[\begin{matrix} 8 & 0 \\ 0 & 4 \end{matrix}\right]$$

$H(X^{(0)})$ 的伴随矩阵为 $\begin{bmatrix} 4 & 0 \\ 0 & 8 \end{bmatrix}$，其行列式 $|H(X^{(0)})| = 32$，故 $H(X^{(0)})$ 的逆矩阵应为

$$[H(X^{(0)})]^{-1} = \frac{1}{|H(X^{(0)})|}\begin{bmatrix} 4 & 0 \\ 0 & 8 \end{bmatrix} = \frac{1}{32}\begin{bmatrix} 4 & 0 \\ 0 & 8 \end{bmatrix} = \begin{bmatrix} \dfrac{1}{8} & 0 \\ 0 & \dfrac{1}{4} \end{bmatrix}$$

牛顿方向　$S^{(0)} = -[H(X^{(0)})]^{-1}\nabla f(X^{(0)})$

$$= \begin{bmatrix} \dfrac{1}{8} & 0 \\ 0 & \dfrac{1}{4} \end{bmatrix}\begin{bmatrix} 9 \\ -3 \end{bmatrix} = \begin{bmatrix} -\dfrac{9}{8} \\ \dfrac{3}{4} \end{bmatrix}$$

从 $X^{(0)}$ 出发，沿 $S^{(0)}$ 方向一维搜索最优步长因子 $\alpha^{(0)}$

$$f(X^{(0)} + \alpha^{(0)}S^{(0)}) = \min_{\alpha}(X^{(0)} + \alpha S^{(0)})$$

令 $\dfrac{\mathrm{d}f(X^{(0)} + \alpha S^{(0)})}{\mathrm{d}\alpha} = 0$，求得 $\alpha^{(0)} = 1$。于是得下一个迭代点

$$X^{(1)} = X^{(0)} + \alpha^{(0)}S^{(0)} = \begin{bmatrix} 0 \\ 0 \end{bmatrix} + \begin{bmatrix} -\dfrac{9}{8} \\ \dfrac{3}{4} \end{bmatrix} = \begin{bmatrix} -\dfrac{9}{8} \\ \dfrac{3}{4} \end{bmatrix}$$

$X^{(1)}$ 点的梯度

$$\nabla f(X^{(1)}) = \begin{bmatrix} 8x_1 + 9 \\ 4x_2 - 3 \end{bmatrix}_{\substack{x_1 = -\frac{9}{8} \\ x_2 = \frac{3}{4}}} = \begin{bmatrix} 0 \\ 0 \end{bmatrix}$$

检验迭代终止条件：

$$\| \nabla f(X^{(1)}) \| = 0 < \varepsilon$$

迭代结束，得极小点 $X^* = [-\frac{9}{8}, \frac{3}{4}]^T$，$f(X^*) = 9.8125$。

### 三、效能特点

　　牛顿法是梯度法的进一步发展，梯度法利用目标函数一阶偏导数信息、以负梯度方向作为搜索方向，只考虑目标函数在迭代点的局部性质；而牛顿法不仅使用目标函数一阶偏导数，还进一步利用目标函数二阶偏导数，这样就考虑了梯度变化的趋势，因而能更全面地确定合适的搜索方向以加快收敛速度。牛顿法具二次收敛性，对于正定二次函数，应用牛顿法只要一次迭代即可达到极小点。对于目标函数性态较好或当初始点取在极值点附近时，收敛速度很快。但牛顿法主要存在以下两个缺点：

　　1. 对目标函数有较严格的要求。函数必须具有连续的一、二阶偏导数，赫森矩阵必

须正定且非奇异。

2. 计算相当复杂。除需计算梯度而外,还需计算二阶偏导数矩阵和它的逆矩阵。计算量、存储量均很大,且均以维数平方比例增加,维数高时这个问题更加突出。

# §5-7  变尺度法

## 一、变尺度法的基本思想

变尺度法是在牛顿法的基础上发展起来的,它和梯度法亦有密切联系。我们观察一下梯度法和阻尼牛顿法的迭代公式,即

式(5-11)    $X^{(k+1)} = X^{(k)} - \alpha^{(k)} \nabla f(X^{(k)})$

和式(5-17)    $X^{(k+1)} = X^{(k)} - \alpha^{(k)} [H(X^{(k)})]^{-1} \nabla f(X^{(k)})$

分析比较这两种方法可知:梯度法的搜索方向为 $-\nabla f(X^{(k)})$,只需计算函数的一阶偏导数,计算工作量小,当迭代点远离最优点时对突破函数的非二次性极为有利,函数值下降很快,但是当迭代点接近最优点时收敛速度很慢。牛顿法的搜索方向为 $-[H(X^{(k)})]^{-1} \nabla f(X^{(k)})$,不仅需要计算一阶偏导数而且要计算二阶偏导数矩阵及其逆矩阵,计算工作量很大,但牛顿法具有二次收敛性,当迭代点接近最优点时收敛速度很快。对这两种方法取其优,去其劣,迭代过程先用梯度法,后用牛顿法并避开牛顿法的赫森矩阵的逆矩阵的繁琐计算,这就是萌生建立"变尺度法"的基本构想。下面对变尺度法的基本思想进行阐述。

变尺度法所构成的迭代公式为

$$X^{(k+1)} = X^{(k)} - \alpha^{(k)} A^{(k)} \nabla f(X^{(k)}) \qquad (5-18)$$

式中,$\alpha^{(k)}$ 为最优步长因子,由一维搜索 $f(X^{(k)} - \alpha^{(k)} A^{(k)} \nabla f(X^{(k)})) = \min\limits_{\alpha} f(X^{(k)} - \alpha A^{(k)} \nabla f(X^{(k)}))$ 而得;对照无约束优化迭代通式(3-21),变尺度法的搜索方向应为 $S^{(k)} = -A^{(k)} \nabla f(X^{(k)})$;$A^{(k)}$ 是根据需要人为构造的一个 $n \times n$ 阶对称矩阵,它在迭代过程中随迭代点的位置变化而变化。若在初始点 $X^{(0)}$ 取 $A^{(k)}$ 为单位矩阵I,则式(5-18)就成为式(5-11)表示的梯度法迭代公式,搜索方向为负梯度方向。以后随着迭代过程不断地修正构造矩阵 $A^{(k)}$,使它在整个迭代过程中逐步地逼近目标函数在极小点处的赫森矩阵的逆矩阵。当 $A^{(k)} = [H(X^{(k)})]^{-1}$ 时,式(5-18)就成为式(5-17)表示的阻尼牛顿法迭代公式。这样,当迭代点逼近最优点时,搜索方向就趋于牛顿方向。如能实现这样构想,那就综合了梯度法和牛顿法的优点,不直接计算 $[H(X^{(k)})]^{-1}$,而是用变化的构造矩阵 $A^{(k)}$ 去逼近它,使算法更为有效。构造矩阵 $A^{(k)}$ 在迭代过程中是变化的,称为变尺度矩阵。由于变尺度法的迭代形式与牛顿法类似,不同的是在迭代公式中用 $A^{(k)}$ 来逼近 $[H(X^{(k)})]^{-1}$,所以又称为"拟牛顿法",变尺度法的搜索方向 $S^{(k)} = -A^{(k)} \nabla f(X^{(k)})$,最

终要逼近牛顿方向 $S^{(k)} = -[H(X^{(k)})]^{-1}\nabla f(X^{(k)})$，故又称为拟牛顿方向。

实现上述变尺度法的基本思想，关键在于如何产生这一合乎要求的变尺度矩阵 $A^{(k)}$，下面对此进行重点讨论。

### 二、构造变尺度矩阵 $A^{(k)}$ 的基本要求

1. 为了使拟牛顿搜索方向 $S^{(k)} = -A^{(k)}\nabla f(X^{(k)})$ 朝着目标函数值下降的方向，$A^{(k)}$ 必须为对称正定矩阵。证明如下：

若有目标函数 $f(X)$ 由 $X^{(k)}$ 点沿 $S^{(k)}$ 方向具有下降的性质，即 $f(X^{(k+1)}) < f(X^{(k)})$，根据梯度的性质，可知搜索方向 $S^{(k)}$ 与负梯度方向 $-\nabla f(X^{(k)})$ 之间的夹角应成锐角，即两者的点积应大于零

$$S^{(k)} \cdot [-\nabla f(X^{(k)})] > 0$$

将 $S^{(k)} = -A^{(k)}\nabla f(X^{(k)})$ 代入上式，则有

$$[-A^{(k)}\nabla f(X^{(k)})] \cdot [-\nabla f(X^{(k)})] > 0$$

用矩阵表示为 $\quad [A^{(k)}\nabla f(X^{(k)})]^T \cdot \nabla f(X^{(k)}) > 0$

或 $\quad [\nabla f(X^{(k)})]^T \cdot A^{(k)}\nabla f(X^{(k)}) > 0$

这表明变尺度矩阵 $A^{(k)}$ 必须是对称正定矩阵才能保证变尺度算法拟牛顿搜索方向是函数值下降方向。

2. 要求构造的变尺度矩阵 $A^{(k)}$ 具有简单的迭代形式，能利用本次迭代信息以固定的格式构造下一次迭代的变尺度矩阵 $A^{(k+1)}$。

可以写成

$$A^{(k+1)} = A^{(k)} + \Delta A^{(k)} \tag{5-19}$$

式中，$\Delta A^{(k)}$ 称为校正矩阵。从上式可知，若确定了初始变尺度矩阵 $A^{(0)}$（通常取 $A^{(0)}$ 为单位矩阵 I），若再确定 $\Delta A^{(0)}$，则可得 $A^{(1)}$；确定 $\Delta A^{(1)}$，又可得 $A^{(2)}\cdots$，式（5-19）就是产生变尺度矩阵序列 $\{A^{(k)}(k = 0,1,2,\cdots)\}$ 的基本迭代公式。

3. 为使逐次构造的变尺度矩阵 $A^{(k)}$ 最终能逼近赫森矩阵的逆矩阵 $[H(X^{(k)})]^{-1}$，$A^{(k)}$ 必须满足拟牛顿条件。

所谓拟牛顿条件，可由下面导出：

设 $f(X)$ 为具有连续的一、二阶偏导数的一般形式的目标函数，为使构造的变尺度矩阵仅使用梯度和其他一些易于获得的信息而最终逼近计算繁琐的赫森矩阵之逆矩阵，可先分析一下赫森矩阵 $H(X)$ 与函数梯度 $g = \nabla f(X)$ 之间的关系。

由式（3-6）知，当 $f(X)$ 展开成泰勒级数并仅取到二次项时

$$f(X) \approx f(X^{(k)}) + [\nabla f(X^{(k)})]^T[X - X^{(k)}] + \frac{1}{2}[X - X^{(k)}]^T H(X^{(k)})[X - X^{(k)}]$$

该近似二次函数的梯度是

78

$$g = \nabla f(X) = \nabla f(X^{(k)}) + H(X^{(k)})[X - X^{(k)}] = g^{(k)} + H(X^{(k)})[X - X^{(k)}]$$

如果取 $X = X^{(k+1)}$ 为极值点附近第 $k+1$ 次迭代点,则有

$$g^{(k+1)} = g^{(k)} + H(X^{(k)})[X^{(k+1)} - X^{(k)}]$$

即
$$g^{(k+1)} - g^{(k)} + H(X^{(k)})[X^{(k+1)} - X^{(k)}]$$

若矩阵 $H(X^{(k)})$ 为可逆矩阵,则用 $[H(X^{(k)})]^{-1}$ 左乘上式两边,得

$$[H(X^{(k)})]^{-1}(g^{(k+1)} - g^{(k)}) = X^{(k+1)} - X^{(k)} \tag{5-20}$$

上式表明了 $[H(X^{(k)})]^{-1}$ 与前后两个迭代点的向量差 $(X^{(k+1)} - X^{(k)})$ 以及梯度向量差 $(g^{(k+1)} - g^{(k)})$ 之间的基本关系。

设迭代过程已进行到第 $k+1$ 步,$X^{(k+1)}$、$X^{(k)}$ 和 $g^{(k+1)}$、$g^{(k)}$ 均已在此之前求得,根据期望能借助于前一次迭代的某些结果来构造下一次的变尺度矩阵以及最终逼近赫森矩阵的逆矩阵,则应迫使第 $k+1$ 次变尺度矩阵 $A^{(k+1)}$ 代替式(5-20)中的 $[H(X^{(k)})]^{-1}$,即满足

$$A^{(k+1)}(g^{(k+1)} - g^{(k)}) = X^{(k+1)} - X^{(k)} \tag{5-21}$$

式(5-21)是构造变尺度矩阵应满足的一个重要条件,通常称为拟牛顿条件或拟牛顿方程。为简便起见,记 $\Delta g^{(k)} = g^{(k+1)} - g^{(k)}$,$\Delta X^{(k)} = X^{(k+1)} - X^{(k)}$,则拟牛顿条件可写成

$$A^{(k+1)}\Delta g^{(k)} = \Delta X^{(k)} \tag{5-22}$$

### 三、DFP 法变尺度矩阵递推公式

前已述及,产生变尺度矩阵序列 $\{A^{(k)}(k = 0,1,\cdots)\}$ 采用式(5-19)的形式,即

$$A^{(k+1)} = A^{(k)} + \Delta A^{(k)}$$

可见,在前一次变尺度矩阵 $A^{(k)}$ 给定后,若能确定校正矩阵 $\Delta A^{(k)}$,则下一个变尺度矩阵 $A^{(k+1)}$ 就可以确定,而建立校正矩阵 $\Delta A^{(k)}$ 的计算公式时又必须使 $A^{(k+1)}$ 满足式(5-22)的拟牛顿条件

$$A^{(k+1)}\Delta g^{(k)} = \Delta X^{(k)}$$

联立式(5-19)和式(5-22),则有

$$(A^{(k)} + \Delta A^{(k)})\Delta g^{(k)} = \Delta X^{(k)}$$

亦即
$$\Delta A^{(k)}\Delta g^{(k)} = \Delta X^{(k)} - A^{(k)}\Delta g^{(k)} \tag{5-23}$$

在上式中要直接求解 $\Delta A^{(k)}$ 还有困难,因满足上式的 $\Delta A^{(k)}$ 有无穷多个,实际上建立 $\Delta A^{(k)}$ 的计算公式构成一族算法,校正矩阵 $\Delta A^{(k)}$ 取不同的计算公式,就形成各自的变尺度法。这里介绍 W. C. Davidon 提出并经过 R. Fletcher 和 M. J. D. Powell 修改的求校正矩阵 $\Delta A^{(k)}$ 的公式,即所谓 DFP 公式。

由于 $A^{(k)}$ 和 $A^{(k+1)}$ 都是 $n \times n$ 阶对称矩阵,所以 $\Delta A^{(k)} = A^{(k+1)} - A^{(k)}$ 也一定是 $n \times n$ 阶对称矩阵。DFP 算法取 $\Delta A^{(k)}$ 为如下形式:

$$\Delta A^{(k)} = a^{(k)}U^{(k)}[U^{(k)}]^T + b^{(k)}V^{(k)}[V^{(k)}] \tag{5-24}$$

式中，$a^{(k)}$，$b^{(k)}$ 为待定常数；$U^{(k)}$，$V^{(k)}$ 为 $n$ 维待定向量，将上式代入式(5-23)，则有

$$\left[a^{(k)}U^{(k)}\left[U^{(k)}\right]^T + b^{(k)}V^{(k)}\left[V^{(k)}\right]^T\right]\Delta g^{(k)} = \Delta X^{(k)} - A^{(k)}\Delta g^{(k)}$$

即

$$a^{(k)}U^{(k)}\left[U^{(k)}\right]^T\Delta g^{(k)} + b^{(k)}V^{(k)}\left[V^{(k)}\right]^T\Delta g^{(k)} = \Delta X^{(k)} - A^{(k)}\Delta g^{(k)} \tag{5-25}$$

满足上式的待定向量 $U^{(k)}$，$V^{(k)}$ 有多种取法，现令

$$a^{(k)}U^{(k)}\left[U^{(k)}\right]^T\Delta g^{(k)} = \Delta X^{(k)} \tag{5-26}$$

$$b^{(k)}V^{(k)}\left[V^{(k)}\right]^T\Delta g^{(k)} = -A^{(k)}\Delta g^{(k)} \tag{5-27}$$

注意到 $\left[U^{(k)}\right]^T\Delta g^{(k)}$ 和 $\left[V^{(k)}\right]^T\Delta g^{(k)}$ 都是数量，故可取

$$U^{(k)} = \Delta X^{(k)} \tag{5-28}$$

$$V^{(k)} = A^{(k)}\Delta g^{(k)} \tag{5-29}$$

由式(5-26)及式(5-27)可以定出

$$a^{(k)} = \frac{1}{\left[\Delta X^{(k)}\right]^T\Delta g^{(k)}} \tag{5-30}$$

$$b^{(k)} = \frac{-1}{\left[\Delta g^{(k)}\right]^TA^{(k)}\Delta g^{(k)}} \tag{5-31}$$

将式(5-28)到式(5-31)代回到式(5-24)，得 DFP 法校正矩阵 $\Delta A^{(k)}$ 的计算公式

$$\Delta A^{(k)} = \frac{\Delta X^{(k)}\left[\Delta X^{(k)}\right]^T}{\left[\Delta X^{(k)}\right]^T\Delta g^{(k)}} - \frac{A^{(k)}\Delta g^{(k)}\left[\Delta g^{(k)}\right]^TA^{(k)}}{\left[\Delta g^{(k)}\right]^TA^{(k)}\Delta g^{(k)}} \tag{5-32}$$

将式(5-32)代入式(5-19)，得

$$A^{(k+1)} = A^{(k)} + \frac{\Delta X^{(k)}\left[\Delta X^{(k)}\right]^T}{\left[\Delta X^{(k)}\right]^T\Delta g^{(k)}} - \frac{A^{(k)}\Delta g^{(k)}\left[\Delta g^{(k)}\right]^TA^{(k)}}{\left[\Delta g^{(k)}\right]^TA^{(k)}\Delta g^{(k)}} \tag{5-33}$$

此式通常称为 DFP 法变尺度矩阵递推公式。

### 四、DFP 法迭代过程及算法框图

DFP 法的具体迭代步骤如下：

(1) 给定初始点 $X^{(0)} \in R^n$，迭代精度 $\varepsilon$，维数 $n$。

(2) 置 $0 \Rightarrow k$，单位矩阵 $I \Rightarrow A^{(0)}$，计算 $\nabla f(X^{(0)}) \Rightarrow g^{(0)}$。

(3) 计算搜索方向 $-A^{(k)}g^{(k)} \Rightarrow S^{(k)}$。

(4) 进行一维搜索求 $\alpha^{(k)}$，使

$$f(X^{(k)} + \alpha^{(k)}S^{(k)}) = \min_{\alpha}f(X^{(k)} + \alpha S^{(k)})$$

得迭代新点 $\qquad\qquad\qquad X^{(k)} + \alpha^{(k)}S^{(k)} \Rightarrow X^{(k+1)}$

(5) 检验是否满足迭代终止条件 $\|\nabla f(X^{(k+1)})\| \leqslant \varepsilon$?若满足，停止迭代，输出最优解：$X^{(k+1)} \Rightarrow X^*$，$f(X^{(k+1)}) \Rightarrow f(X^*)$；否则进行下一步。

(6) 检查迭代次数，若 $k = n$，则置 $X^{(k+1)} \Rightarrow X^{(0)}$，转向步骤(2)；若 $k < n$，则进行下一步。

(7) 计算：$X^{(k+1)} - X^{(k)} \Rightarrow \Delta X^{(k)}$，$\nabla f(X^{(k+1)}) \Rightarrow g^{(k+1)}$，$g^{(k+1)} - g^{(k)} \Rightarrow \Delta g^{(k)}$，

$$\frac{\Delta X^{(k)}[\Delta X^{(k)}]^T}{[\Delta X^{(k)}]^T \Delta g^{(k)}} - \frac{A^{(k)} \Delta g^{(k)}[\Delta g^{(k)}]^T A^{(k)}}{[\Delta g^{(k)}]^T A^{(k)} \Delta g^{(k)}} \Rightarrow \Delta A^{(k)}, A^{(k)} + \Delta A^{(k)} \Rightarrow A^{(k+1)} \text{。然后，置 } k +$$

$1 \Rightarrow k$，转向步骤(3)。

DFP 变尺度法的算法框图如图 5-20 所示。

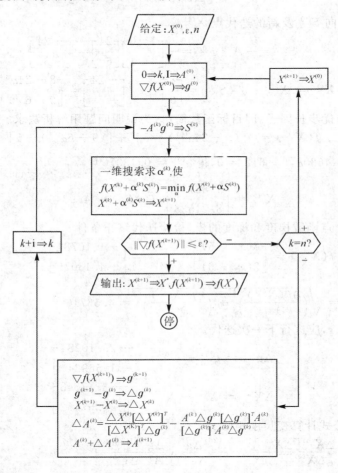

图 5-20

例题 5-7　试用 DFP 变尺度法求解目标函数 $f(X) = A(x_1 - 5)^2 + (x_2 - 6)^2$ 的极小点和极小值。设初始点 $X^{(0)} = [8,9]^T$，梯度精度 $\varepsilon = 0.01$。

解：初始点 $X^{(0)} = [8,9]^T$，$f(X^{(0)}) = 45$

函数 $f(X)$ 的梯度 $\nabla f(X) = \begin{bmatrix} 8(x_1 - 5) \\ 2(x_2 - 6) \end{bmatrix}$

取 $A^{(0)} = I = \begin{bmatrix} 1 & 0 \\ 0 & 1 \end{bmatrix}$，计算 $X^{(0)}$ 点函数梯度

$$\nabla f(X^{(0)}) = \begin{bmatrix} 8(x_1 - 5) \\ 2(x_2 - 6) \end{bmatrix}_{\substack{x_1 = 8 \\ x_2 = 9}} = \begin{bmatrix} 24 \\ 6 \end{bmatrix} = g^{(0)}$$

求搜索方向 $S^{(0)}$ 及新的迭代点 $X^{(1)}$

$$S^{(0)} = -A^{(0)} g^{(0)} = -\begin{bmatrix} 1 & 0 \\ 0 & 1 \end{bmatrix}\begin{bmatrix} 24 \\ 6 \end{bmatrix} = \begin{bmatrix} -24 \\ -6 \end{bmatrix}$$

$$X^{(1)} = X^{(0)} + \alpha^{(0)} S^{(0)} = \begin{bmatrix} 8 \\ 9 \end{bmatrix} + \alpha^{(0)}\begin{bmatrix} -24 \\ -6 \end{bmatrix} = \begin{bmatrix} 8 - 24\alpha^{(0)} \\ 9 - 6\alpha^{(0)} \end{bmatrix}$$

式中：$\alpha^{(0)}$ 为最优步长因子。因目标函数简单，为说明问题用解析法求。

$$f(X^{(1)}) = 4[(8 - 24\alpha^{(0)}) - 5]^2 + [(9 - 6\alpha^{(0)}) - 6]^2$$

令 $\dfrac{\mathrm{d}f(X^{(1)})}{\mathrm{d}\alpha^{(0)}} = 4680\alpha^{(0)} - 612 = 0$，得 $\alpha^{(0)} = 0.130769$

于是 $$X^{(1)} = \begin{bmatrix} 4.86152 \\ 8.21538 \end{bmatrix}, f(X^{(1)}) = 4.9846$$

计算 $X^{(1)}$ 点函数梯度和梯度的模，检验迭代终止条件

$$g^{(1)} = \nabla f(X^{(1)}) = \begin{bmatrix} 8(x_1 - 5) \\ 2(x_2 - 6) \end{bmatrix}_{\substack{x_1 = 4.86152 \\ x_2 = 8.21538}} = \begin{bmatrix} -1.10784 \\ 4.43076 \end{bmatrix}$$

$$\| g^{(1)} \| = \sqrt{\left(\frac{\partial f(X^{(1)})}{\partial x_1}\right)^2 + \left(\frac{\partial f(X^{(1)})}{\partial x_2}\right)^2} = 4.56716$$

因 $\| g^{(1)} \| > \varepsilon$，应进行下一次迭代。

$$\Delta g^{(0)} = g^{(1)} - g^{(0)} = \begin{bmatrix} -25.10784 \\ -1.56924 \end{bmatrix}$$

$$\Delta X^{(0)} = X^{(1)} - X^{(0)} = \begin{bmatrix} -3.13848 \\ -0.67462 \end{bmatrix}$$

按 DFP 公式计算变尺度矩阵 $A^{(1)}$

$$A^{(1)} = A^{(0)} + \frac{\Delta X^{(0)} [\Delta X^{(0)}]^T}{[\Delta X^{(0)}]^T \Delta g^{(0)}} - \frac{A^{(0)} \Delta g^{(0)} [\Delta g^{(0)}]^T A^{(0)}}{[\Delta g^{(0)}]^T A^{(0)} \Delta g^{(0)}}$$

$$= \begin{bmatrix} 1 & 0 \\ 0 & 1 \end{bmatrix} + \frac{\begin{bmatrix} -3.13848 \\ -0.78462 \end{bmatrix}[-3.13848, -0.78462]}{[-3.13848, -0.78462]\begin{bmatrix} -25.10784 \\ -1.56924 \end{bmatrix}}$$

$$- \frac{\begin{bmatrix} 1 & 0 \\ 0 & 1 \end{bmatrix}\begin{bmatrix} -25.10784 \\ -1.56924 \end{bmatrix}[-25.10784, -1.56924]\begin{bmatrix} 1 & 0 \\ 0 & 1 \end{bmatrix}}{[-25.10784, -1.56924]\begin{bmatrix} 1 & 0 \\ 0 & 1 \end{bmatrix}\begin{bmatrix} -25.10784 \\ -1.56924 \end{bmatrix}}$$

$$= \begin{bmatrix} 0.12697 & -0.031487 \\ -0.031487 & 1.003801 \end{bmatrix}$$

求搜索方向 $S^{(1)}$ 及新的迭代点 $X^{(2)}$

$$S^{(1)} = -A^{(1)}g^{(1)} = -\begin{bmatrix} 0.12697 & -0.031487 \\ -0.031487 & 1.003801 \end{bmatrix}\begin{bmatrix} -1.10784 \\ 4.43076 \end{bmatrix} = \begin{bmatrix} 0.28017 \\ -4.48248 \end{bmatrix}$$

同上述,沿 $S^{(1)}$ 方向进行一维搜索求得最优步长 $\alpha^{(1)} = 0.4942$。于是

$$X^{(2)} = X^{(1)} + \alpha^{(1)}S^{(1)} = \begin{bmatrix} 4.99998 \\ 6.00014 \end{bmatrix}, f(X^{(2)}) = 2.1 \times 10^{-8}$$

计算 $X^{(2)}$ 点函数梯度和梯度的模,检验迭代终止条件

$$g^{(2)} = \nabla f(X^{(2)}) = \begin{bmatrix} 8(x_1 - 5) \\ 2(x_2 - 6) \end{bmatrix}_{\substack{x_1 = 4.9998 \\ x_2 = 6.00014}} = \begin{bmatrix} -0.00016 \\ 0.00028 \end{bmatrix}$$

$$\| g^{(2)} \| = \sqrt{\left(\frac{\partial f(X^{(2)})}{\partial x_1}\right)^2 + \left(\frac{\partial f(X^{(2)})}{\partial x_2}\right)^2} = 0.00032$$

此时,$\| g^{(2)} \| < \varepsilon$,迭代可结束,输出:极小点 $X^* = X^{(2)} = \begin{bmatrix} 4.99998 \\ 6.00014 \end{bmatrix}$,极小值 $f(X^*)$

$= f(X^{(2)}) = 2.1 \times 10^{-8}$。

为了观察变尺度矩阵序列 $A^{(0)}, A^{(1)}, \cdots$ 如何逐步逼近理论极小点赫森矩阵的逆矩阵,我们再进行一些计算。

用解析法求出本例理论极小点。

令 $\nabla f(X) = \begin{bmatrix} 8(x_1 - 5) \\ 2(x_2 - 6) \end{bmatrix} = \begin{bmatrix} 0 \\ 0 \end{bmatrix}$,求得 $X^* = \begin{bmatrix} 5 \\ 6 \end{bmatrix}$,$f(X^*) = 0$。求该点的赫森矩

阵 $H(X^*) = \begin{bmatrix} 8 & 0 \\ 0 & 2 \end{bmatrix}$,由于 $H(X^*)$ 正定,可见 $X^* = \begin{bmatrix} 5 \\ 6 \end{bmatrix}$、$f(X^*) = 0$ 确为本例目标函

数理论极小点和极小值,这和 $X^{(2)}$、$f(X^{(2)})$ 是十分接近的。

用解析法求出理论极小点赫森矩阵的逆矩阵 $[H(X^*)]^{-1}$

$$[H(X^*)]^{-1} = \frac{1}{\begin{vmatrix} 8 & 0 \\ 0 & 2 \end{vmatrix}}\begin{bmatrix} 2 & 0 \\ 0 & 8 \end{bmatrix} = \frac{1}{16}\begin{bmatrix} 2 & 0 \\ 0 & 8 \end{bmatrix} = \begin{bmatrix} 0.125 & 0 \\ 0 & 0.5 \end{bmatrix}$$

$A^{(0)} = \begin{bmatrix} 1 & 0 \\ 0 & 1 \end{bmatrix}$,$A^{(1)} = \begin{bmatrix} 0.12697 & -0.031487 \\ -0.031487 & 1.003801 \end{bmatrix}$ 和 $[H(X^*)]^{-1}$ 都有相当差

距,我们再用 DFP 公式计算 $A^{(2)}$

$$\Delta g^{(2)} = g^{(2)} - g^{(1)} = \begin{bmatrix} -0.00016 \\ 0.00028 \end{bmatrix} - \begin{bmatrix} -1.10784 \\ 4.43076 \end{bmatrix} = \begin{bmatrix} 1.10768 \\ -4.43048 \end{bmatrix}$$

83

$$\Delta X^{(1)} = X^{(2)} - X^{(1)} = \begin{bmatrix} 4.99998 \\ 6.00014 \end{bmatrix} - \begin{bmatrix} 4.86152 \\ 8.21538 \end{bmatrix} = \begin{bmatrix} 0.13846 \\ -2.21524 \end{bmatrix}$$

将数据代入 DFP 公式计算 $A^{(2)}$,得

$$A^{(2)} = A^{(1)} + \frac{\Delta X^{(1)} [\Delta X^{(1)}]^T}{[\Delta X^{(1)}]^T \Delta g^{(1)}} - \frac{A^{(1)} \Delta g^{(1)} [\Delta g^{(1)}]^T A^{(1)}}{[\Delta g^{(1)}]^T \Delta g^{(1)}}$$

$$= \begin{bmatrix} 0.125002034 & 0.000000509 \\ 0.000000509 & 0.500000155 \end{bmatrix}$$

实际即等于 $[H(X^*)]^{-1}$。由本例亦可看出,变尺度矩阵序列逐步向赫森矩阵逆矩阵逼近。如再迭代一次,算得

$$S^{(2)} = -A^{(2)} g^{(2)} = \begin{bmatrix} -0.00002 \\ 0.00014 \end{bmatrix}$$

沿 $S^{(2)}$ 一维搜索得最优步长 $\alpha^{(2)} = -1$,新的迭代点

$$X^{(3)} = X^{(2)} + \alpha^{(2)} S^{(2)} = \begin{bmatrix} 5 \\ 6 \end{bmatrix}, f(X^{(3)}) = 0$$

### 五、DFP 法的效能特点

DFP 变尺度法综合了梯度法、牛顿法的优点而又避弃它们各自的缺点,只需计算一阶偏导数,无需计算二阶偏导数及其逆矩阵,对目标函数的初始点选择均无严格要求,收敛速度快,这些良好的性能已作阐述。对于高维(维数大于 50)问题被认为是无约束极值问题最好的优化方法之一。下面对其效能特点再作一些补充说明。

1. DFP 公式恒有确切解

分析 DFP 公式

$$A^{(k+1)} = A^{(k)} + \frac{\Delta X^{(k)} [\Delta X^{(k)}]^T}{[\Delta X^{(k)}]^T \Delta g^{(k)}} - \frac{A^{(k)} \Delta g^{(k)} [\Delta g^{(k)}]^T A^{(k)}}{[\Delta g^{(k)}]^T \Delta g^{(k)}}$$

为使变尺度矩阵 $A^{(k+1)}$ 恒有确定的解,必须保证该式右端第二项和第三项的分母为异于零的数,文献[3]证明了这两项的分母均为正数。

2. DFP 法搜索方向的共轭性

文献[3]经过证明可以确认:对于 $n$ 维二次目标函数 $f(X)$,由 DFP 法所产生的搜索方向 $S^{(0)}, S^{(1)}, \cdots, S^{(k)}(k \leqslant n-1)$ 为一组关于常量赫森矩阵相共轭的向量。因此 DFP 变尺度法也是共轭方向法之一,它具有有限步收敛的性质。在任何情况下,DFP 法对于 $n$ 维二次目标函数在理论上都将在 $n$ 步内搜索到目标函数的最优点,而且第 $n+1$ 次变尺度矩阵 $A^{(n)}$ 必等于常量赫森矩阵的逆矩阵。

3. DFP 算法的稳定性

优化算法的稳定性是指每次迭代都能使目标函数值逐次下降。在阐述构造变尺度

矩阵 $A^{(k)}$ 的基本要求中,已经证明为保证拟牛顿方向目标函数值下降,$A^{(k)}$ 必须是对称正定矩阵。文献[3]证明了对于 $f(X)$ 的一切非极小点 $X^{(k)}$ 处,只要矩阵 $A^{(k)}$ 对称正定,则按 DFP 公式产生的矩阵 $A^{(k+1)}$ 亦为对称正定。通常我们取初始变尺度矩阵 $A^{(0)}$ 为对称正定的单位矩阵 I,因此随后构造的变尺度矩阵序列 $\{A^{(k)}(k=1,2,\cdots)\}$ 必为对称正定矩阵序列,这就从理论上保证 DFP 法使目标函数值稳定地下降。但实际上由于一维最优搜索不可能绝对准确,而且计算机也不可避免地有舍入误差,仍有可能使变尺度矩阵的正定性遭到破坏或导致奇异。

为提高实际计算的稳定性,除提高一维搜索的精度外,通常还将进行 $n$ 次($n$ 为目标函数的维数)迭代作为一个循环,将变尺度矩阵重置为单位矩阵 I,并以上一循环的终点作为起点继续进行循环迭代,这已反映在迭代过程和算法框图之中。

### 六、BFGS 变尺度法

为进一步改善 DFP 变尺度法在实际计算中存在的算法稳定性问题,在 70 年代初 C. G. Broyden,R. Fletcher,D. Goldfarb 和 D. F. Shanno 提出改进的算法——BFGS 变尺度法。

BFGS 变尺度法的基本思想和迭代步骤均与 DFP 法完全相同,也是通过式(5-19)由校正矩阵 $\Delta A^{(k)}$ 求下一次迭代的变尺度矩阵,即 $A^{(k+1)} = A^{(k)} + \Delta A^{(k)}$,只是式中的校正矩阵 $\Delta A^{(k)}$ 的计算公式不同于式(5-32)所示的 DFP 法。BFGS 法导得的校正矩阵公式为

$$\Delta A^{(k)} = \frac{1}{[\Delta X^{(k)}]^T \Delta g^{(k)}} \left\{ \left(1 + \frac{[\Delta g^{(k)}]^T A^{(k)} \Delta g^{(k)}}{[\Delta X^{(k)}]^T \Delta g^{(k)}}\right) \Delta X^{(k)} [\Delta X^{(k)}]^T - A^{(k)} \Delta g^{(k)} [\Delta X^{(k)}]^T \right.$$
$$\left. - \Delta X^{(k)} [\Delta g^{(k)}]^T A^{(k)} \right\} \tag{5-34}$$

式中符号的涵义与式(5-32)相同。虽然计算更复杂一些,但其构造的变尺度矩阵不易变奇异,因而它比 DFP 法在实际计算中有更好的数值下降稳定性。

# 第六章　约束最优化方法

## §6-1　概　　述

约束最优化问题是：求 $n$ 维设计变量 $X = [x_1, x_2, \cdots, x_n]^T$，受约束于 $g_u(X) \geqslant 0 (u = 1, 2, \cdots, m)$，$h_v(X) = 0 (v = 1, 2, \cdots, p < n)$，使目标函数为 $\min f(X) = f(X^*)$，则称 $X^*$ 为最优点，$f(X^*)$ 为最优值。

机械优化设计问题和一般工程实际优化问题绝大多数属于约束非线性规划问题。目前对约束最优化问题的解法很多，归纳起来可分为两大类。一类是直接方法，即直接用原来的目标函数限定在可行域内进行搜索，且在搜索过程中一步一步地降低目标函数值，直到求出在可行域内的一个最优解，属于直接方法的有约束变量轮换法、随机试验法、随机方向搜索法、复合形法、可行方向法等。另一类是间接方法，即将约束最优化问题，通过变换转成为无约束最优化问题，然后采用无约束最优化方法得出最优解，属于间接方法的有消元法、拉格朗日乘子法、惩罚函数法等。目前约束最优化问题算法收敛速率的判断比无约束最优化问题困难，约束最优化问题的研究和进展情况远不如无约束最优化问题。本章将介绍几种常用的约束优化方法，在直接法中介绍随机方向搜索法、复合形法，在间接法中介绍应用最广的惩罚函数法。

## §6-2　约束随机方向搜索法

### 一、基本原理

约束随机方向搜索法是解决小型约束最优化问题的一种较为流行的直接求解方法。它是很典型的"瞎子爬山"式的数值迭代解法，其基本原理可用图 6-1 所示二维最优化问题进行说明。

在约束可行域 $\mathscr{D}$ 内，任意选择一个初始点 $X^{(0)}$，以给定的初始步长 $\alpha = \alpha_0$ 沿着按某种方法产生的随机方向 $S^{(1)}$ 取得探索点 $X = X^{(0)} + \alpha S^{(1)}$，若该点同时符合下降性（即 $f(X) < f(X^{(0)})$）和可行性（即 $X \in \mathscr{D}$）要求，则表示 $X$ 点探索成功。并以它作为新的起始点，即 $X \Rightarrow X^{(0)}$，继续按上面的迭代公式在 $S^{(1)}$ 方向上获取新的探索成功点。重复上述步骤，迭代点可沿 $S^{(1)}$ 方向前进，直至到达某搜索点不能同时符合下降性和可行性

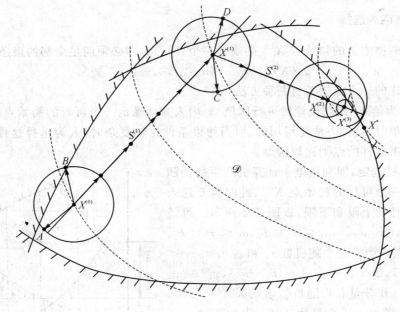

图 6-1

要求时停止。此时废弃该搜索点并退回到前一个搜索成功点作为 $S^{(1)}$ 方向搜索中的最终成功点，记作 $X^{(1)}$。此后，将 $X^{(1)}$ 点作为新的始点 $X^{(1)} \Rightarrow X^{(0)}$，再产生另一随机方向 $S^{(2)}$，以步长 $\alpha$ 重复以上过程，得到沿 $S^{(2)}$ 方向的最终成功点 $X^{(2)}$。经若干循环，点列 $\{X^{(k)}(k=1,2,\cdots)\}$ 必最后逼近约束最优点 $X^*$。

若在初始点 $X^{(0)}$ 或某个换向转折点处（如图中的 $X^{(1)}$ 点），沿某随机方向的探索点目标函数值增大（如图中的 $A$ 点、$C$ 点）或者越出可行域（如图中的 $B$ 点、$D$ 点），则应相应弃去该随机方向，重新产生另一随机方向进行探索。探索成功继续前进，探索失败再重新产生随机方向。

当在某个转折点处（如图中的 $X^{(2)}$ 点），沿 $N_{max}$（预先限定在某个转折点处产生随机方向所允许的最大数目）个随机方向以步长 $\alpha$ 进行探索均失败，可以反映以此点为中心、$\alpha$ 为半径的圆周上各点均难同时符合下降性和可行性条件。此时可将步长 $\alpha$ 缩半后继续试探，直到 $\alpha$ 已缩减到预定精度 $\varepsilon$ 以下（即 $\alpha \leqslant \varepsilon$），且沿 $N_{max}$ 个随机方向都探索失败时，则以最后一个成功点（如图中的 $X^{(3)}$ 点）作为达到预定精度要求的约束最优点，结束迭代。$N_{max}$ 一般可在 $50 \sim 500$ 范围内选取，对目标函数性态不好的应取较大的值，以提高解题成功率。

## 二、初始点的选择

随机方向搜索法的初始点 $X^{(0)}$ 必须是一个可行点，即必须满足全部约束条件

$$g_u(X) \geqslant 0 \qquad (u=1,2,\cdots,m)$$

确定这样的一个点通常有两种方法：

（一）人为给定：即在设计的可行区域 $\mathscr{D}$ 内人为地确定一个可行的初始点。当约束条件比较简单时，这种方法是可用的。但当约束条件比较复杂时，人为选择这样一个能满足全部约束条件的点则比较困难。

（二）随机选定：即利用电子计算机产生的伪随机数来选择一个可行的初始点 $X^{(0)}$。此时需要送入设计变量估计的上限和下限，以图 6-2 所示二维情况为例，$X=[x_1,x_2]^T$，$a_1 \leqslant x_1 \leqslant b_1$，$a_2 \leqslant x_2 \leqslant b_2$。在 $[0,1]$ 区间内产生两个随机数 $r_1$ 和 $r_2$，$0<r_1<1$，$0<r_2<1$，以 $x_1^{(0)}=a_1+r_1(b_1-a_1)$，$x_2^{(0)}=a_2+r_2(b_2-a_2)$ 作分量获得随机初始点 $X^{(0)}=[x_1^{(0)},x_2^{(0)}]^T$。同理，若对 $n$ 维变量估计其上限和下限：

$$a_i \leqslant x_i \leqslant b_i \quad (i=1,2,\cdots,n) \tag{6-1}$$

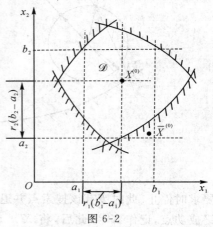

图 6-2

在 $[0,1]$ 区间内产生 $n$ 个随机数 $r_i$，$0<r_i<1(i=1,2,\cdots,n)$，这样随机产生的初始点 $X^{(0)}$ 的各分量为

$$x_i^{(0)}=a_i+r_i(b_i-a_i) \quad (i=1,2,3\cdots,n) \tag{6-2}$$

式中，$r_i$ 为在 $[0,1]$ 区间内服从均匀分布的伪随机数列。许多计算机本身就有发生随机数的功能，可直接调用。如 BASIC 语言即可调用随机函数 $RND(x)$，在程序运行过程中产生一组 0 到 1 之间均匀分布的随机数。RND 后的圆括号内的 $x$ 是一个虚设变量，填入任意一个数值对随机数的产生不受影响，通常可以在括号内填零，即 $RND(0)$。

需要指出，这样产生的初始点 $X^{(0)}=[x_1^{(0)},x_2^{(0)},\cdots,x_n^{(0)}]^T$ 虽能满足设计变量的边界条件，但不一定能满足所有约束条件（如 $\overline{X}^{(0)}$ 点）。因此这样产生的初始点还须经过可行性条件的检验，如能满足，才可作为一个可行的初始点。否则，应重新随机选初始点，直到满足所有的约束条件。

## 三、随机搜索方向的产生

现以图 6-3 所示二维情况说明随机向量的产生。

设 $y_1,y_2$ 是在区间 $(-1,+1)$ 上的两个随机数。将它们分别作为 $x_1,x_2$ 坐标轴上的分量所构成的向量即为相应的二维随机向量，其单位向量 $S=\dfrac{1}{\sqrt{y_1^2+y_2^2}}[y_1,y_2]^T$。如

$y'_1, y'_2$ 为区间 $(-1, +1)$ 上的另外两个随机数,同样相应构成另一个二维随机向量,其单位向量为 $S'$。这些二维随机单位向量的端点分布于半径为单位长的圆周上。

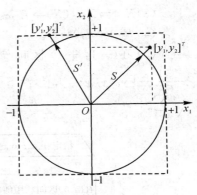

图 6-3

同理类推,对于一个 $n$ 维优化问题,随机方向单位向量可按下式计算:

$$S = \frac{1}{\sqrt{\sum_{i=1}^{n} y_i^2}} [y_1, y_2, \cdots, y_n]^T \qquad (6-3)$$

式中,$y_i (i = 1, 2, \cdots, n)$ 是在 $n$ 个坐标轴上随机向量的分量,它由规定在 $(-1, +1)$ 区间的随机数取得。有些计算机具有直接调用的功能,但有些计算机则无此功能,需要另编程序。如可获得 $(0, 1)$ 区间内服从均匀分布的随机数数列 $r_i (i = 1, 2, \cdots, n)$,则可通过下式

$$y_i = a_i + r_i (b_i - a_i) \quad (i = 1, 2, \cdots, n) \qquad (6-4)$$

转化成在 $(a_i, b_i)$ 区间内服从均匀分布的随机数数列。

以 $a_i = -1, b_i = 1$ 代入上式,可得 $(-1, +1)$ 区间内服从均匀分布的随机数数列

$$y_i = 2r_i - 1 \qquad (6-5)$$

由于 $y_i$ 在区间 $(-1, +1)$ 内产生,因此所构成的随机方向单位向量端点一定位于 $n$ 维的超球面上。

过一点要构成 $N$ 个 $n$ 维随机方向单位向量,可按下式计算:

$$S^{(j)} = \frac{1}{\sqrt{\sum_{i=1}^{n} y_i^{(j)}}} [y_1^{(j)}, y_2^{(j)}, \cdots, y_n^{(j)}]^T$$

$$(i = 1, 2, \cdots, n; j = 1, 2, \cdots, N) \qquad (6-6)$$

式中,$y_1^{(j)}, y_2^{(j)}, \cdots, y_n^{(j)}$ 为形成第 $j$ 个随机单位向量在 $(-1, +1)$ 区间内的 $n$ 个随机数。

### 四、迭代过程及算法框图

随机方向搜索法的具体迭代步骤如下:

(1) 给定设计变量数目 $n$,初始变量估计的上下限 $a_i, b_i (i = 1, 2, \cdots, n)$,初始步长 $\alpha_0$,步长收敛精度 $\varepsilon$,产生随机方向最大次数 $N_{max}$。

(2) 随机产生初始点。在 $(a_i, b_i)$ 区间利用产生的随机数 $r_i$ 按式(6-2)产生随机初始点 $X^{(0)}$ 的分量:$x_i^{(0)} = a_i + r_i (b_i - a_i)$ 得 $X^{(0)} = [x_1^{(0)}, x_2^{(0)}, \cdots, x_n^{(0)}]^T$。检验 $X^{(0)}$ 可行性条件,若满足 $g_u(X^{(0)}) \geq 0 (u = 1, 2, \cdots, m)$,则进行下一步;否则重新随机产生初始点 $X^{(0)}$,直到 $X^{(0)}$ 成为可行初始点。

（3）$X^{(0)} \Rightarrow X, f(X) \Rightarrow f_0, \alpha_0 \Rightarrow \alpha$。

（4）置 $1 \Rightarrow k, 0 \Rightarrow jj$。

（5）在 $(-1, +1)$ 区间产生随机数 $y_i (i = 1, 2, \cdots, n)$，获得单位随机向量 $S = \dfrac{1}{\sqrt{\sum\limits_{i=1}^{n} y_i^2}} [y_1, y_2, \cdots, y_n]^T$，沿 $S$ 方向迭代得迭代新点 $X = X^{(0)} + \alpha S$。

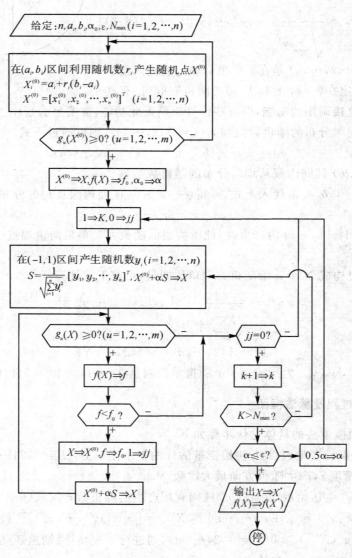

图 6-4

（6）检验新点 $X$ 的可行性。若满足 $g_u(X) \geqslant 0(u = 1, 2, \cdots, m)$，则进行第（7）步；否则转向第（9）步。

（7）检验新点 $X$ 的下降性。计算 $f(X) \Rightarrow f$，若 $f < f_0$，则进行第（8）步；否则转向第（9）步。

（8）$X \Rightarrow X^{(0)}$，$f \Rightarrow f_0$，置 $jj = 1$，继续沿 $S$ 方向迭代得迭代新点 $X = X^{(0)} + \alpha S$，返回第（6）步。

（9）若 $jj = 0$，则置 $k + 1 \Rightarrow k$，进行第（10）步；否则返回第（4）步。

（10）若 $k > N_{\max}$，则进行第（11）步；否则返回第（5）步。

（11）若 $\alpha \leqslant \varepsilon$，则输出最优解：$X \Rightarrow X^*$，$f(X) \Rightarrow f(X^*)$，可终止迭代；否则，将步长减半，即 $0.5\alpha \Rightarrow \alpha$，返回第（4）步，继续迭代。

随机方向搜索法的算法框图如图 6-4 所示。

# §6-3　复合形法

## 一、基本原理

复合形法的基本思路是在 $n$ 维空间的可行域中选取 $K$ 个设计点（通常取 $n+1 \leqslant K \leqslant 2n$）作为初始复合形（多面体）的顶点。然后比较复合形各顶点目标函数值的大小，其中目标函数值最大的点称为坏点，以坏点之外其余各点的中心为映射中心，寻找坏点的映射点，一般说来此映射点的目标函数值总是小于坏点的，也就是说映射点优于坏点。这时，以映射点替换坏点与原复合形除坏点之外其余各点构成 $K$ 个顶点的新的复合形。如此反复迭代计算，在可行域中不断以目标函数值低的新点代替目标函数值最大的坏点，从而构成新复合形，使复合形不断向最优点移动和收缩，直至收缩到复合形的各顶点与其形心非常接近、满足迭代精度要求时为止。最后输出复合形各顶点中的目标函数值最小的顶点作为近似最优点。

现以图 6-5 所示二维不等式约束优化问题来作进一步说明。其数学模型为

$$\min_{X \in \mathscr{D} \subset R^2} f(X)$$

$$\mathscr{D}: g_1(X) \geqslant 0$$

$$g_2(X) \geqslant 0$$

$$a_1 \leqslant x_1 \leqslant b_1$$

$$a_2 \leqslant x_2 \leqslant b_2$$

其中，$g_1(X) \geqslant 0, g_2(X) \geqslant 0$ 可称为隐式约束条件，而边界约束 $a_1 \leqslant x_1 \leqslant b_1, a_2 \leqslant x_2 \leqslant b_2$ 可称为显式约束条件。

在可行域内先选定 $X^{(1)}$、$X^{(2)}$、$X^{(3)}$、$X^{(4)}$ 四个点(这里取 $K = 2n = 2 \times 2 = 4$)作为初始复合形的顶点,计算这四个点的目标函数值,并作比较,得出坏点 $X^{(H)}$ 和好点 $X^{(L)}$:

$$X^{(H)}: f(X^{(H)}) = \max\{f(X^{(j)})\} \quad (j = 1, 2, \cdots, K) \tag{6-7}$$

$$X^{(L)}: f(X^{(L)}) = \min\{f(X^{(j)})\} \quad (j = 1, 2, \cdots, K) \tag{6-8}$$

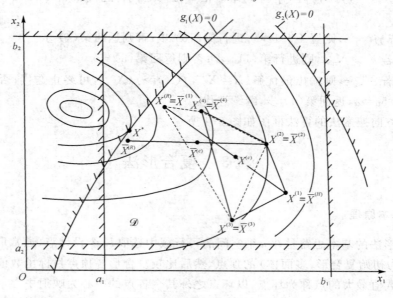

图 6-5

由图 6-5 可以看出,点 $X^{(4)}$ 为好点,点 $X^{(1)}$ 为坏点,即 $X^{(4)} \Rightarrow X^{(L)}$,$X^{(1)} \Rightarrow X^{(H)}$。以 $X^{(2)}$、$X^{(3)}$、$X^{(4)}$ 三点的中心 $X^{(c)}$ 为映射中心,寻找坏点 $X^{(H)}$ 的映射点 $X^{(R)}$:

$$X^{(R)} = X^{(c)} + \alpha(X^{(c)} - X^{(H)}) \tag{6-9}$$

式中,$\alpha$ 为映射系数,一般 $\alpha \geqslant 1$,通常取 $\alpha = 1.3$。然后计算映射点 $X^{(R)}$ 处目标函数 $f(X^{(R)})$ 与坏点目标函数值 $f(X^{(H)})$ 相比是否下降,并同时检查 $X^{(R)}$ 是否在可行域内。如果下降性、可行性这两方面都得到满足,则以 $X^{(R)}$ 点替换 $X^{(H)}$ 点,由 $X^{(R)}$ 与 $X^{(2)}$、$X^{(3)}$、$X^{(4)}$ 共四个点构成一个新复合形(如图 6-5 中虚线所示),这个新复合形肯定优于原复合形;如果上述两个条件不能同时满足,则可将映射系数缩半,即 $0.5\alpha \Rightarrow \alpha$,仍按式(6-9)迭代,重新取得新的映射点 $X^{(R)}$,使其同时满足下降性、可行性条件。有时甚至要经过多次缩减映射系数才能使回缩的映射点 $X^{(R)}$ 最后满足这两个条件。这时以回缩成功的映射点 $X^{(R)}$ 和 $X^{(2)}$、$X^{(3)}$、$X^{(4)}$ 构成新复合形。构成新复合形就完成了一轮迭代。以后再按上述方法进行迭代搜索,不断地使复合形向着目标函数减小的方向移动和收缩,

92

直到逼近最优解。

通过以上说明,复合型寻优可以归为两大步骤:第一步是在可行域内构成初始复合形,第二步是通过复合形的收缩和移动不断调优,逐步逼近最优点。

## 二、初始复合形的产生

初始复合形的全部 $K$ 个顶点都必须在可行域内。对于维数较低、不很复杂的优化问题,可以人为地预先按实际情况决定 $K$ 个可行设计点作为初始复合形的顶点;对于维数较高的优化问题,则多采用随机方法产生初始复合形。现将随机方法产生初始复合形的过程阐述如下:

(一)确定一个可行点 $X^{(1)}$ 作为初始复合形的第一个顶点

在 $(a_i, b_i)$ 区间给定一点 $X^{(1)} = [x_1^{(1)}, x_2^{(1)}, \cdots, x_n^{(1)}]^T$ 或调用 $(0,1)$ 区间内服从均匀分布的随机数列 $r_i^{(j)}$ 在 $(a_i, b_i)$ 区间产生第一个随机点 $X^{(1)}$ 的分量

$$x_i^{(j)} = a_i + r_i^{(j)}(b_i - a_i) \quad (j=1; i=1,2,\cdots,n) \tag{6-10}$$

检验 $X^{(1)}$ 是否可行。若非可行点,则调用随机数,重新产生随机点 $X^{(1)}$,直到 $X^{(1)}$ 为可行点为止。

(二)产生其他 $(K-1)$ 个随机点

继续调用随机数 $r_i^{(j)}$,在 $(a_i, b_i)$ 区间产生其他 $(K-1)$ 个随机点:$X^{(2)} = [x_1^{(2)}, x_2^{(2)}, \cdots, x_n^{(2)}]^T$,$X^{(3)} = [x_1^{(3)}, x_2^{(3)}, \cdots, x_n^{(3)}]^T$,$\cdots$,$X^{(K)} = [x_1^{(K)}, x_2^{(K)}, \cdots, x_n^{(K)}]^T$,其分量为

$$x_i^{(j)} = a_i + r_i^{(j)}(b_i - a_i) \quad (j=2,3,\cdots,K; i=1,2,\cdots,n) \tag{6-11}$$

(三)将非可行点调入可行域构成初始复合形

用上述方法产生的 $K$ 个点,除第一点 $X^{(1)}$ 已在可行域内,其他 $(K-1)$ 个随机点未必都在可行域内。因此应设法将不在可行域的所有随机点逐一调入可行域。这就需要依次检查 $X^{(2)}, X^{(3)}, \cdots, X^{(K)}$ 是否在可行域内。检查过程中如 $X^{(2)}, X^{(3)}, \cdots, X^{(q)}$ 依次都在可行域内,它们均作为初始复合形的顶点;至第 $X^{(q+1)}$ 点不在可行域内,则应首先将 $X^{(q+1)}$ 点调入可行域,其步骤为:

1. 求出已在可行域的 $q$ 个点的点集的中心 $X^{(D)}$

$$X^{(D)} = \frac{1}{q} \sum_{j=1}^{q} X^{(j)} \tag{6-12}$$

2. 将点 $X^{(q+1)}$ 向 $X^{(D)}$ 点的方向推进,移到 $X^{(q+1)}$ 与 $X^{(D)}$ 的中点,即按下式产生新的 $X^{(q+1)}$ 点

$$X^{(q+1)} = X^{(D)} + 0.5(X^{(q+1)} - X^{(D)}) \tag{6-13}$$

如果推移后的 $X^{(q+1)}$ 点已进入可行域,如图 6-6(a)所示,即 $\overline{X}^{(q+1)}$ 点,则此点可作为初始复合形的第 $q+1$ 个顶点;如果仍不满足可行性条件,如图 6-6(b)所示,则仍按上式再次推移产生新的 $X^{(q+1)}$ 点,即 $\overline{X}^{(q+1)}$ 点,使之更向 $X^{(D)}$ 推移。如此重复迭代推移,直到

新点 $X^{(q+1)}$ 成为可行点为止。

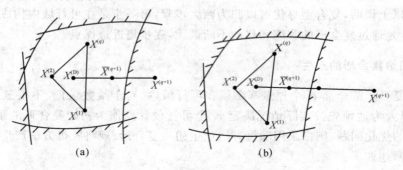

(a)        (b)

图 6-6

3. 继续依次检查 $X^{(q+2)},\cdots,X^{(K)}$，一旦遇到可行点，即作为初始复合形的顶点；一遇到不可行点，则按上述方法处理，使之调入可行域。直到全部成为可行点，从而构成了可行域内的初始复合形。

### 三、迭代过程及算法框图

对于 $n$ 个设计变量、仅有不等式约束的非线性最优化问题，采用复合形法的具体迭代步骤如下：

(1) 给定设计变量数目 $n$，变量界限范围 $a_i,b_i(i=1,2,\cdots,n)$，复合形顶点数目 $K$，精度要求 $\varepsilon$、$\delta$。

(2) 产生初始复合形

如前所述得初始复合形 $K$ 个顶点 $X^{(j)}(j=1,2,\cdots,K)$。

(3) 计算复合形各顶点的目标函数值 $f(X^{(j)}),j=1,2,\cdots,K$。在各顶点中找出最坏点 $X^{(H)}$ 和最好点 $X^{(L)}$

$$X^{(H)}:f(X^{(H)})=\max\{f(X^{(j)}) \quad (j=1,2,\cdots,K)\}$$
$$X^{(L)}:f(X^{(L)})=\min\{f(X^{(j)}) \quad (j=1,2,\cdots,K)\}$$

转入第(8)步。

(4) 计算除坏点 $X^{(H)}$ 外其余各顶点的中心 $X^{(c)}$

$$X^{(c)}=\frac{1}{K-1}\sum_{\substack{j=1}}^{K}X^{(j)} \quad (j\neq H) \tag{6-14}$$

(5) 检查 $X^{(c)}$ 点的可行性。若 $X^{(c)}$ 不在可行域 $\mathscr{D}$ 内，则 $\mathscr{D}$ 域可能是一个非凸集，如图 6-7 所示。这时可在以 $X^{(L)}$ 点为起点、$X^{(c)}$ 点为端点的超立方体中(二维则为长方形)利用随机数产生新复合形的各个顶点，即以 $x_i^{(L)}\Rightarrow a_i,x_i^{(c)}\Rightarrow b_i,i=1,2,\cdots,n$，然后转回第(2)步；若 $X^{(c)}$ 在可行域，则进行下一步。

94

（6）寻求映射点 $X^{(R)}$

$$X^{(R)} = X^{(c)} + \alpha(X^{(c)} + X^{(H)})$$

式中映射系数 $\alpha$ 通常取 1.3。亦须检查 $X^{(R)}$ 点是否在可行域内。若在可行域内，则进行第（7）步；否则将映射系数 $\alpha$ 减半，即 $0.5\alpha \Rightarrow \alpha$，再按上式计算新的映射点使其向可行域方向靠拢；若新的映射点仍在可行域外，则将 $\alpha$ 再次减半继续重复迭代直到映射点 $X^{(R)}$ 进入可行域为止。而后进行下一步。

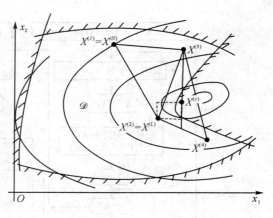

图 6-7

（7）比较映射点 $X^{(R)}$ 与最坏点 $X^{(H)}$ 的目标函数值，构成新复合形。

计算映射点 $X^{(R)}$ 的目标函数值 $f(X^{(R)})$ 并与最坏点的目标函数值 $f(X^{(H)})$ 相比较。若 $f(X^{(R)}) < f(X^{(H)})$，则用 $X^{(R)}$ 替换 $X^{(H)}$ 点，即 $X^{(R)} \Rightarrow X^{(H)}$，构成一个新复合形，返回第（3）步；否则将步长减半，即 $0.5\alpha \Rightarrow \alpha$，返回第（6）步，重新计算新的回缩的映射点 $X^{(R)}$，循环迭代，直至 $f(X^{(R)}) < f(X^{(H)})$，则以新的 $X^{(R)}$ 替换 $X^{(H)}$ 构成新复合形，返回第（3）步。

如果经过若干次的减半映射系数 $\alpha$，直到 $\alpha$ 值小于一个预先给定的很小正数 $\delta$（通常取 $\delta = 10^{-5}$），仍不能使映射点优于最坏点，这说明该映射方向不利。为了改变映射方向，找出复合形各顶点中的次坏点 $X^{(SH)}$，即

$$X^{(SH)} : f(X^{(SH)}) = \max\{f(X^{(j)}) \quad (j = 1, 2, \cdots, K; j \neq H)\} \tag{6-15}$$

并以次坏点 $X^{(SH)}$ 替换最坏点 $X^{(H)}$，即 $X^{(SH)} \Rightarrow X^{(H)}$，返回第（4）步。

（8）检验是否满足迭代终止条件

反复执行上述过程，复合形随之收缩。在每一个新复合形构成之时，均应检验终止条件以判别是否结束迭代。当复合形缩得很小时，各顶点的目标函数值必然近于相等。复合形法寻优常用各顶点与好点的目标函数值之差的均方根值小于误差限作为终止迭代条件，即

$$\left\{ \frac{1}{K} \sum_{j=1}^{K} \left[ f(X^{(j)}) - f(X^{(L)}) \right]^2 \right\}^{\frac{1}{2}} \leqslant \varepsilon \tag{6-16}$$

如满足迭代终止条件，可将最后复合形的好点 $X^{(L)} \Rightarrow X^*$，$f(X^{(L)}) \Rightarrow f(X^*)$，输出最优解，结束迭代；否则返回步骤（3），继续进行下一次迭代。

复合形法的算法框图如图 6-8 所示。

例题 6-1 用复合形法求解例题 3-3 的约束最优化问题，迭代精度 $\varepsilon = 0.01$。

$$\min_{X \in \mathscr{D} \subset R^2} f(X) = (x_1 - 3)^2 + x_2^2$$

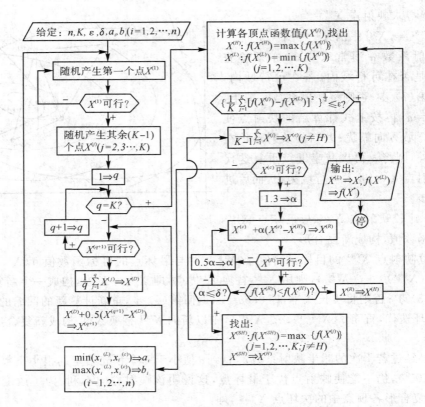

图 6-8

$$\mathscr{D}: g_1(X) = 4 - x_1^2 - x_2 \geqslant 0$$

$$g_2(X) = x_2 \geqslant 0$$

$$g_3(X) = x_1 - 0.5 \geqslant 0$$

解：取复合形的顶点数 $K = 2n = 2 \times 2 = 4$。

（1）获得初始复合形

本例采用人为给定四个点

$$X^{(1)} = \begin{bmatrix} 0.5 \\ 2 \end{bmatrix}, X^{(2)} = \begin{bmatrix} 1 \\ 2 \end{bmatrix}, X^{(3)} = \begin{bmatrix} 0.6 \\ 3 \end{bmatrix}, X^{(4)} = \begin{bmatrix} 0.9 \\ 2.6 \end{bmatrix}$$

检验各点是否可行：将各点的坐标值代入以上三个约束方程，均满足约束要求，这四个点为可行点，用作初始复合形的四个顶点。

（2）迭代计算获得新复合形

计算复合形各顶点目标函数值

96

$f(X^{(1)}) = 10.25, f(X^{(2)}) = 8, f(X^{(3)}) = 14.76, f(X^{(4)}) = 11.17$

定出最坏点 $X^{(H)} = X^{(3)}$，最好点 $X^{(L)} = X^{(2)}$

计算除坏点 $X^{(H)}$ 外其余各顶点的中心 $X^{(c)}$

$$X^{(c)} = \frac{1}{K-1}(X^{(1)} + X^{(2)} + X^{(4)}) = \frac{1}{4-1}\left\{ \begin{bmatrix} 0.5 \\ 2 \end{bmatrix} + \begin{bmatrix} 1 \\ 2 \end{bmatrix} + \begin{bmatrix} 0.9 \\ 2.6 \end{bmatrix} \right\} = \begin{bmatrix} 0.8 \\ 2.2 \end{bmatrix}$$

将 $X^{(c)}$ 代入诸约束条件均满足，可知 $X^{(c)}$ 在可行域内。

取 $\alpha = 1.3$，按式(6-9)求坏点 $X^{(H)}$ 的映射点 $X^{(R)}$

$$X^{(R)} = X^{(c)} + \alpha(X^{(c)} - X^{(H)})$$

$$= \begin{bmatrix} 0.8 \\ 2.2 \end{bmatrix} + 1.3\left( \begin{bmatrix} 0.8 \\ 2.2 \end{bmatrix} - \begin{bmatrix} 0.6 \\ 3 \end{bmatrix} \right) = \begin{bmatrix} 1.06 \\ 1.16 \end{bmatrix}$$

将 $X^{(R)}$ 代入诸约束条件均满足，可知 $X^{(R)}$ 在可行域内。

计算 $f(X^{(R)})$ 并与 $f(X^{(H)})$ 比较：

$f(X^{(R)}) = 5.1092 < f(X^{(H)})$，用 $X^{(R)}$ 替换 $X^{(H)}$，亦即替换 $X^{(3)}$ 构成新的复合形：

$$X^{(1)} = \begin{bmatrix} 0.5 \\ 2 \end{bmatrix}, X^{(2)} = \begin{bmatrix} 1 \\ 2 \end{bmatrix}, X^{(3)} = \begin{bmatrix} 1.06 \\ 1.16 \end{bmatrix}, X^{(4)} = \begin{bmatrix} 0.9 \\ 2.6 \end{bmatrix}$$

比较各点目标函数值，定出最坏点 $X^{(H)} = X^{(4)}$，最好点 $X^{(L)} = X^{(3)}$。

(3) 检验迭代终止条件

按式(6-16)

$$\left\{ \frac{1}{K} \sum_{j=1}^{K} \left[ f(X^{(j)}) - f(X^{(L)}) \right]^2 \right\}^{\frac{1}{2}}$$

$$= \left\{ \frac{1}{4} \left[ (f(X^{(1)}) - f(X^{(3)}))^2 + (f(X^{(2)}) - f(X^{(3)}))^2 + (f(X^{(3)}) - f(X^{(3)}))^2 + \right. \right.$$

$$(f(X^{(4)}) - f(X^{(3)}))^2 \right] \Big\}^{\frac{1}{2}}$$

$$= \left\{ \frac{1}{4} \left[ (10.25 - 5.1092)^2 + (8 - 5.1092)^2 + (5.1092 - 5.1092)^2 - (11.17 - \right. \right.$$

$$5.1092)^2 \right] \Big\}^{\frac{1}{2}} = 4.2284 > \varepsilon$$

应求 $X^{(1)}$、$X^{(2)}$、$X^{(4)}$ 的中心 $X^{(c)}$ 和 $X^{(4)}$ 的映射点 $X^{(R)}$ 进行下一次迭代计算获得新复合形，再检验迭代终止条件，直至满足迭代终止条件，现将各次迭代计算所得复合形顶点及其函数值，$X^{(c)}$ 点、$X^{(R)}$ 及其函数值，以及式(6-16)终止判别值摘列于表 6-1，以助理解复合形向最优点移动和收缩调优直至逼近最优点。

由表 6-1 可见迭代至第 21 次有

$$\left\{ \frac{1}{K} \sum_{j=1}^{K} \left[ f(X^{(j)}) - f(X^{(L)}) \right]^2 \right\}^{\frac{1}{2}} = \left\{ \frac{1}{4} \left[ (1.018692 - 1.018692)^2 + (1.033286 - \right. \right.$$

$$1.018692)^2 + (1.019143 - 1.018692)^2 + (1.02866 - 1.018692)^2 \right] \Big\}^{\frac{1}{2}} = 0.0088 < \varepsilon$$

于是取好点 $\begin{bmatrix} 1.990846 \\ 0.017348 \end{bmatrix}$ 为近似极小点 $X^*$，极小值 $f(X^*) = 1.018692$，这与例题

3-3 求得的理论极小点 $\begin{bmatrix} 2 \\ 0 \end{bmatrix}$、极小值 1 是接近的。

**表 6-1　例题 6-1 的复合形法迭代各次数据**

| 次数 | 复合形各顶点及其目标函数值 | | | | $X^{(c)}$ | $X^{(R)}$ 及其目标函数值 | 终止判别值 |
| :---: | :---: | :---: | :---: | :---: | :---: | :---: | :---: |
| | $X^{(1)}$ | $X^{(2)}$ | $X^{(3)}$ | $X^{(4)}$ | | | |
| 初始 | $\begin{bmatrix} 0.5 \\ 2 \end{bmatrix}$ 10.25 | $\begin{bmatrix} 1 \\ 2 \end{bmatrix}$ 8 * | $\begin{bmatrix} 0.6 \\ 3 \end{bmatrix}$ 14.76 × | $\begin{bmatrix} 0.8 \\ 2.6 \end{bmatrix}$ 11.17 | $\begin{bmatrix} 0.8 \\ 2.2 \end{bmatrix}$ | $\begin{bmatrix} 1.06 \\ 1.16 \end{bmatrix}$ 5.1092 | |
| 1 | $\begin{bmatrix} 0.5 \\ 2 \end{bmatrix}$ 10.25 | $\begin{bmatrix} 1 \\ 2 \end{bmatrix}$ 8 | $\begin{bmatrix} 1.06 \\ 1.16 \end{bmatrix}$ 5.1092 * | $\begin{bmatrix} 0.9 \\ 2.6 \end{bmatrix}$ 11.17 × | $\begin{bmatrix} 0.853333 \\ 1.72 \end{bmatrix}$ | $\begin{bmatrix} 0.914 \\ 0.578 \end{bmatrix}$ 4.68548 | 4.228 |
| 2 | $\begin{bmatrix} 0.5 \\ 2 \end{bmatrix}$ 10.25 × | $\begin{bmatrix} 1 \\ 2 \end{bmatrix}$ 8 | $\begin{bmatrix} 1.06 \\ 1.16 \end{bmatrix}$ 5.1092 | $\begin{bmatrix} 0.914 \\ 0.578 \end{bmatrix}$ 4.68548 * | $\begin{bmatrix} 0.991333 \\ 1.246 \end{bmatrix}$ | $\begin{bmatrix} 1.630067 \\ 0.2658 \end{bmatrix}$ 1.947367 | 3.245 |
| ⋮ | ⋮ | ⋮ | ⋮ | ⋮ | ⋮ | ⋮ | ⋮ |
| 20 | $\begin{bmatrix} 1.983405 \\ 0.003249 \end{bmatrix}$ 1.033476 × | $\begin{bmatrix} 1.983507 \\ 0.005389 \end{bmatrix}$ 1.033286 | $\begin{bmatrix} 1.990486 \\ 0.0049 \end{bmatrix}$ 1.019143 * | $\begin{bmatrix} 1.985928 \\ 0.017849 \end{bmatrix}$ 1.02866 | $\begin{bmatrix} 1.98664 \\ 0.009379 \end{bmatrix}$ | $\begin{bmatrix} 1.990846 \\ 0.017348 \end{bmatrix}$ 1.108692 | 0.0109 |
| 21 | $\begin{bmatrix} 1.990846 \\ 0.017348 \end{bmatrix}$ 1.018692 * | $\begin{bmatrix} 1.983507 \\ 0.005389 \end{bmatrix}$ 1.033286 × | $\begin{bmatrix} 1.990486 \\ 0.0049 \end{bmatrix}$ 1.019143 | $\begin{bmatrix} 1.9859928 \\ 0.017849 \end{bmatrix}$ 1.02866 | | | 0.0088 |

表中函数值右面标 * 号、× 号分别表示该复合形好点与坏点函数值

# §6-4　惩罚函数法

## 一、基本原理

目前人们对无约束问题的最优化方法要比对约束优化方法研究得更深入和成熟，而且形成了许多有效的、可靠的无约束优化方法。因此在求解约束最优化问题时，自然会联想到是否可以用某种方法将约束优化问题转化为无约束最优化问题来解决。显然这种转化必须在一定的前题条件下进行，那就是这种转化不能破坏原约束问题的约束条件，同时又必须使它归结到原约束问题的同一最优解上去。这种将约束问题转化成无约束问题，然后用无约束方法进行求优的途径就是约束问题求优的间接方法。

惩罚函数法是将约束最优化问题通过变换、转换成为一系列无约束最优化问题来处理的一种间接解法，它是在原无约束最优化问题的目标函数中，引进约束影响的附加

项,从而构成一个新的无约束最优化问题的目标函数,通过合理选择这些附加项,可以使这个新目标函数的无约束最优点的序列收敛到原问题的最优点。现将惩罚函数法的基本原理阐述如下:

将一个约束最优化问题 $\min\limits_{X \in \mathscr{D} \subset R^n} f(X)$

$$\mathscr{D}: g_u(X) \geqslant 0 \quad (u = 1, 2, \cdots, m)$$
$$h_v(X) = 0 \quad (v = 1, 2, \cdots, p < n)$$

转化成形如

$$\min\limits_{X \in R^n} \varphi(X, r_1^{(k)}, r_2^{(k)}) =$$

$$\min\limits_{X \in R^n} \{ f(X) + r_1^{(k)} \sum_{u=1}^{m} G[g_u(X)] + r_2^{(k)} \sum_{v=1}^{p} H[h_v(X)] \} \tag{6-17}$$

的无约束最优化问题。其中,$\varphi(X, r_1^{(k)}, r_2^{(k)})$ 是一个人为构造的参数型的新目标函数,称为增广目标函数或惩罚函数(简称罚函数);$f(X)$ 为原目标函数,$G[g_u(X)]$、$H[h_v(X)]$ 分别为不等式约束函数 $g_u(X)$ 和等式约束函数 $h_v(X)$ 以某种方式构成的复合函数,或称为关于 $g_u(X)$、$h_v(X)$ 的泛函,$G[g_u(X)]$、$H[h_v(X)]$ 在全域内定义为非负;$r_1^{(k)}$、$r_2^{(k)}$ 为在优化过程中随迭代次数 $k$ 的增大不断进行调整的参数,称为罚因子或罚参数,定义为一个正实数,根据不同情况,它可以是一个递降或递增的数列。这样就在新目标函数 $\varphi(X, r_1^{(k)}, r_2^{(k)})$ 中既包含了原目标函数又引入了约束条件的影响。

$r_1^{(k)} \sum\limits_{u=1}^{m} G[g_u(X)]$ 和 $r_2^{(k)} \sum\limits_{v=1}^{p} H[h_v(X)]$ 称为惩罚项,惩罚项的值恒为非负。由此可见,惩罚函数 $\varphi(X, r_1^{(k)}, r_2^{(k)})$ 的值在一般情况下总是大于原目标函数 $f(X)$ 的值,亦即

$$\varphi(X, r_1^{(k)}, r_2^{(k)}) \geqslant f(X) \tag{6-18}$$

这就是所谓惩罚项对新目标函数的"惩罚作用"。显然要求随着迭代次数 $k$ 的增大,惩罚项的影响越来越小和趋于消失。亦即随着 $k$ 的增大,$\varphi(X, r_1^{(k)}, r_2^{(k)})$ 和 $f(X)$ 的差值越来越小,最后趋于相等。此时所得的 $X^*$ 既是无约束目标函数 $\varphi(X, r_1^{(k)}, r_2^{(k)})$ 的最优点,又是约束目标函数 $f(X)$ 的最优点。

不难理解,为了使新目标函数最后总能收敛到原目标函数的同一最优解上去,惩罚项必须具有以下的极限性质:

$$\lim\limits_{k \to \infty} r_1^{(k)} \sum_{u=1}^{m} G[g_u(X)] = 0 \tag{6-19}$$

$$\lim\limits_{k \to \infty} r_2^{(k)} \sum_{v=1}^{p} H[h_v(X)] = 0 \tag{6-20}$$

从而有

$$\lim\limits_{k \to \infty} | \varphi(X^{(k)}, r_1^{(k)}, r_2^{(k)}) - f(X^{(k)}) | = 0 \tag{6-21}$$

这样就保证了罚函数收敛到原函数的同一最优解上去。由此表明罚函数法是用罚函数

$\varphi(X, r_1^{(k)}, r_2^{(k)})$ 去逼近原目标函数 $f(X)$ 的一种函数逼近过程。其总体求解过程为：确定 $G[g_u(X)]$ 和 $H[h_v(X)]$ 的形式，选择不同的罚因子 $r_1^{(k)}$ 和 $r_2^{(k)}$ 的值，每调整一次罚因子值，即对式(6-17)作一次无约束优化，可得一个无约束最优点 $X^{*(k)}$，随着罚因子不断调整，无约束最优点序列 $\{X^{*(k)}(k=1,2,\cdots,)\}$ 不断逼近有约束的原目标函数 $f(X)$ 的最优点 $X^*$。因此，惩罚函数法又称序列无约束最小化方法(Sequential Unconstrained Minimization Technique)，简称为 SUMT 法。

根据惩罚项的函数形式不同，惩罚函数法又分为外点惩罚函数法、内点惩罚函数法和混合型惩罚函数法三种。

## 二、外点惩罚函数法

### (一) 基本原理

设原目标函数为 $f(X)$，在不等式约束 $g_u(X) \geqslant 0 (u=1,2,\cdots,m)$ 条件下用外点惩罚函数法求极小。外点法常采用如下形式的泛函：

$$G[g_u(X)] = \{\min[0, g_u(X)]\}^2 \tag{6-22}$$

由此，外点法所构造的相应的惩罚函数形式为

$$\varphi(X, r^{(k)}) = f(X) + r^{(k)} \sum_{u=1}^{m} \{\min[0, g_u(X)]\}^2 \tag{6-23}$$

式中，惩罚因子 $r^{(k)}$ 是一个递增的正值数列，即

$$0 < r^{(1)} < r^{(2)} < \cdots < r^{(k)} < \cdots$$
$$\lim_{k \to \infty} r^{(k)} = +\infty$$

惩罚项中：

$$\min[0, g_u(X)] = \frac{g_u(X) - |g_u(X)|}{2} = \begin{cases} g_u(X), \text{若 } g_u(X) < 0 \\ 0, \quad\quad \text{若 } g_n(X) \geqslant 0 \end{cases} \tag{6-24}$$

由此可见，当迭代点 $X$ 位于可行域内满足约束条件时，惩罚项为零，这时不管 $r^{(k)}$ 取多大，新目标函数就是原目标函数，亦即满足约束条件时不受"惩罚"，此时求式(6-23)的无约束极小，等价于求原目标函数 $f(X)$ 在已满足全部约束条件下的极小；而当点 $X$ 位于可行域外不满足约束条件时，惩罚项 $r^{(k)} \sum_{u=1}^{m} \{\min[0, g_u(X)]\}^2$ 为正值，惩罚函数的值较原目标函数的值增大了，这就构成对不满足约束条件时的一种"惩罚"。

由式(6-23)可知，每一次对罚函数 $\varphi(X, r^{(k)})$ 求无约束的极值，其结果将随该次所给定的罚因子 $r^{(k)}$ 值而异。在可行域外，离约束边界越近的地方，约束函数 $g_u(X)$ 的值越大，$G[g_u(X)]$ 的值也就越小，惩罚项的作用也就越弱，随着罚因子 $r^{(k)}$ 逐次调整增大，有增大惩罚项的趋势，但一般说来泛函值下降得更快一些。此时尽管 $r^{(k)}$ 值增大，但泛函值亦趋于零，满足式(6-19)。最后当 $k \to \infty$，$r^{(k)} \to \infty$，泛函值和惩罚项值均趋近于

零。外点法在寻优过程中,随着罚因子的逐次调整增大,即取 $0 < r^{(1)} < r^{(2)} < \cdots r^{(k)} < \cdots$,所得的最优点序列 $X^{*(1)}, X^{*(2)}, \cdots, X^{*(k)}$ 可以看作是 $r^{(k)}$ 为参数的一条轨迹,当 $\lim\limits_{k \to \infty} r^{(k)} \to +\infty$ 时,最优点点列 $\{X^{*(k)}(k=1,2,\cdots)\}$ 从可行域的外部一步步地沿着这条轨迹接近可行域,所得的最优点列 $X^{*(k)}$ 逼近原问题的约束最优点 $X^*$。这样,将原约束最优化问题转换成为序列无约束最优化问题。外点法就是因从可行域的外部逼近最优解而得名。下面用一个简单的例子来说明外点法的上述一些几何概念。

例题 6-2　用外点法求解

$$\min_{X \in \mathscr{D} \subset R^1} f(X) = x$$
$$\mathscr{D} : g(X) = x - 1 \geqslant 0$$

的约束最优化问题。

解:如图 6-9 所示,约束最优解不难看出是 $X^* = 1, f(X^*) = 1$。

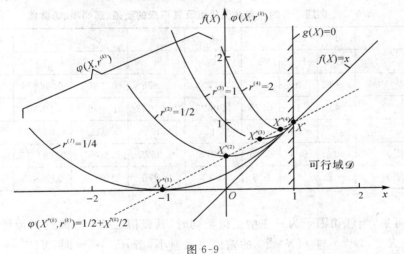

图 6-9

若用外点法求解此约束最优化问题,由式(6-23)知惩罚函数为

$$\varphi(X, r^{(k)}) = x + r^{(k)} \{\min[0, (x-1)]\}^2$$

式中,$r^{(k)}$ 为递增正值数列的外点法罚因子。这样把原约束最优化问题变为 $\min \varphi(X, r^{(k)})$ 的序列无约束极小化问题。

将 $\varphi(X, r^{(k)})$ 写成如下形式

$$\varphi(X, r^{(k)}) = \begin{cases} x + r^{(k)}(x-1)^2 & (\text{当 } x < 1 \text{ 时}) \\ x & (\text{当 } x \geqslant 1 \text{ 时}) \end{cases}$$

为便于说明和分析,用一阶导数为零的必要条件来代替计算机无约束搜索求优。

将函数 $\varphi(X, r^{(k)})$ 对 $x$ 求导,得

$$\frac{\mathrm{d}\varphi}{\mathrm{d}x} = \begin{cases} 1 + 2r^{(k)}(x-1) & (\text{当 } x < 1 \text{ 时}) \\ 1 & (\text{当 } x \geqslant 1 \text{ 时}) \end{cases}$$

令 $\dfrac{\mathrm{d}\varphi}{\mathrm{d}x} = 0$，解得 $\varphi(X, r^{(k)})$ 无约束极小值的点列为

$$X^{*(k)} = 1 - \frac{1}{2r^{(k)}}$$

$\varphi(X, r^{(k)})$ 无约束极小值点列相应的惩罚函数值为

$$\varphi(X^{*(k)}, r^{(k)}) = \left(1 - \frac{1}{2r^{(k)}}\right) + r^{(k)}\left(1 - \frac{1}{2r^{(k)}} - 1\right)^2 = 1 - \frac{1}{4r^{(k)}}$$

在表 6-2 中列出了本例当惩罚因子赋予不同值时迭代的点 $X^{*(k)}$、泛函 $G[g(X^{*(k)})]$、惩罚项 $r^{(k)}G[g(X^{*(k)})]$ 和函数值 $\varphi(X^{*(k)})$、$f(X^{*(k)})$。$f(X)$ 和 $\varphi(X, r^{(k)})$ 的图形绘于图 6-9。

表 6-2　　例题 6-2 的外点法迭代点及其相应的泛函、惩罚项、函数值

| $k$ | 1 | 2 | 3 | 4 | 5 | 6 | 7 | $\cdots$ | $\infty$ |
|---|---|---|---|---|---|---|---|---|---|
| $r^{(k)}$ | 1/4 | 1/2 | 1 | 2 | 4 | 8 | 16 | $\cdots$ | $\infty$ |
| $X^{*(k)}$ | $-1$ | 0 | 0.5 | 0.75 | 0.875 | 0.9375 | 0.96875 | $\cdots$ | 1 |
| $G[g(X^{*(k)})]$ | 4 | 1 | 0.25 | 0.0625 | 0.01562 | 0.003906 | 0.000977 | $\cdots$ | 0 |
| $r^{(k)}G[g(X^{*(k)})]$ | 1 | 0.5 | 0.25 | 0.125 | 0.0625 | 0.03125 | 0.015625 | $\cdots$ | 0 |
| $\varphi(X^{*(k)})$ | 0 | 0.5 | 0.75 | 0.875 | 0.9375 | 0.96875 | 0.984375 | $\cdots$ | 1 |
| $f(X^{*(k)})$ | $-1$ | 0 | 0.5 | 0.75 | 0.875 | 0.9375 | 0.96875 | $\cdots$ | 1 |

由此可见，当惩罚因子为一递增正值数列时，其极值点 $X^{*(k)}$ 离约束最优点 $X^*$ 愈来愈近，$\varphi(X^{*(k)}, r^{(k)})$ 与 $f(X^{*(k)})$ 的差值愈来愈小。当 $r^{(k)} \to \infty$ 时，$X^{*(k)} \to X^* = 1$，$\varphi(X^{*(k)}, r^{(k)}) \to f(X^*) = 1$，亦即逼近于真正的约束最优解。本例 $\varphi(X, r^{(k)})$ 无约束极值点列 $X^{*(k)}$ 随 $r^{(k)}$ 值递增而沿直线 $\varphi(X^{*(k)}, r^{(k)}) = \dfrac{1}{2} + \dfrac{X^{*(k)}}{2}$ 从可行域外向最优点 $X^*$ 收敛。

通过本例的分析，可以更加形象地理解外点惩罚函数法是通过调整一系列递增的正值罚因子 $\{r^{(k)}(k=1,2,\cdots)\}$ 相应地求罚函数 $\varphi(X, r^{(k)})$ 的无约束极值来逼近约束问题最优解的一种方法。这一系列的极值点 $X^{*(k)}$ 沿从约束可行域外向约束边界运动，实际上，随着惩罚因子的增加，在由求一个罚函数进入求另一个罚函数的极小化中，迫使惩罚项 $r^{(k)}\sum\limits_{u=1}^{m}G[g_u(X)]$ 的值逐渐减小，从而使无约束极值点 $X^{*(k)}$ 沿着某一运动轨迹

逐渐接近起作用的约束面上的最优点 $X^*$。

由于外点惩罚函数法具有这种搜索特点,所以也很适用于求解如下等式约束条件下的最优化问题。

$$\min_{X \in \mathscr{D} \subset R^*} f(X)$$
$$\mathscr{D}:h_v(X) = 0,(v = 1,2,\cdots,p < n)$$

因为在这种情况下,对于任意不满足等式约束条件的设计点,均是外点。根据外点罚函数的基本思想,常用如下形式的泛函:

$$H[h_v(X)] = [h_v(X)]^2 \tag{6-25}$$

其相应的惩罚函数为

$$\varphi(X,r^{(k)}) = f(X) + r^{(k)} \sum_{v=1}^{p} [h_v(X)]^2 \tag{6-26}$$

式中,罚因子 $r^{(k)}$ 与式(6-23)中一样,为递增的正值数列。

（二）迭代过程及算法框图

外点惩罚函数法的具体迭代步骤如下:

(1) 给定初始点 $X^{(0)} \in R^n$,初始惩罚因子 $r^{(1)} > 0$,迭代精度 $\varepsilon$,递增系数 $c > 1$,维数 $n$。置 $1 \Rightarrow k$。

(2) 以 $X^{(k-1)}$ 为初始点,用无约束最优化方法求解惩罚函数 $\varphi(X,r^{(k)})$ 的极小点 $X^{(k)}$,即

$$\varphi(X^{(k)},r^{(k)}) = \min\varphi(X,r^{(k)}) \tag{6-27}$$

(3) 检验是否满足迭代终止条件:

$$\| X^{(k)} - X^{(k-1)} \| \leqslant \varepsilon$$

或 　　　　$| f(X^{(k)}) - f(X^{(k-1)}) | \leqslant \varepsilon$ 　（若 $| f(X^{(k)}) | \leqslant 1$）

或 　　　　$\left| \dfrac{f(X^{(k)}) - f(X^{(k-1)})}{f(X^{(k)})} \right| \leqslant \varepsilon$ 　（若 $| f(X^{(k)}) | > 1$）

若不满足,则进行第(4)步;否则转第(5)步。

(4) 令 $cr^{(k)} \Rightarrow r^{(k+1)}$,置 $k + 1 \Rightarrow k$,返回进行第(2)步。

(5) 输出最优解:$X^{(k)} \Rightarrow X^*$,$f(X^{(k)}) \Rightarrow f(X^*)$,停止迭代。

外点惩罚函数法的算法框图如图 6-10 所示。

（三）几点说明

(1) 外点惩罚函数法的初始点 $X^{(0)} \in R^n$,可以在可行域内也可以在可行域外任意选取,这对实际计算是很方便的。

(2) 初始罚因子 $r^{(1)}$ 和递增系数 $c$ 的选择是否恰当,对方法的有效性与收敛速度都有影响。若 $r^{(1)}$ 与 $c$ 取值过小,则序列求解函数 $\varphi(X,r^{(k)})$ 的无约束最优化次数增多,计算时间增加。但若 $r^{(k)}$ 与 $c$ 取值过大,惩罚函数 $\varphi(X,r^{(k)})$ 的性态变坏,导致求解无约束

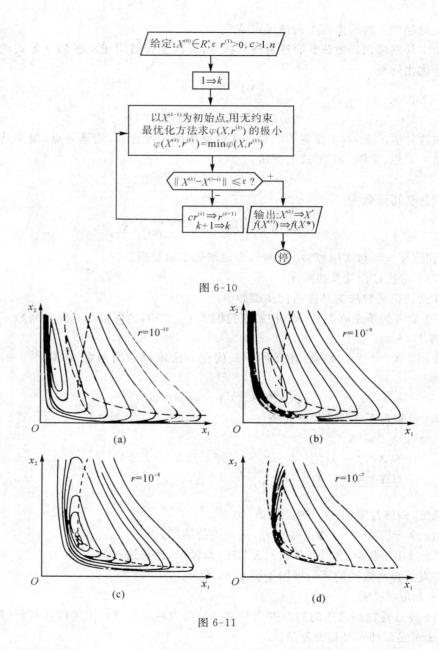

图 6-10

图 6-11

优化问题的困难。图 6-11 反映引例 1-2 人字架杆优化当 $r = 10^{-10}, 10^{-9}, 10^{-8}, 10^{-7}$ 时罚函数 $\varphi(X, r^{(k)})$ 的等值线。图中用虚线表示约束边界（略去边界约束）。在约束面的右边

（即可行域内），其等值线就是原目标函数 $f(X)$ 的等值线，左边为惩罚函数的等值线。由图可见当 $r = 10^{-10}$ 时，函数的等值线是相当光滑的连续曲线，其极值点 $X^{*(k)}$ 在可行域外处于很好的位置，但当 $r$ 值逐渐增大时，随着极值点向约束边界移动，函数的等值线形状显出愈益严重的扭曲或偏心，当 $r = 10^{-7}$ 时，等值线在约束面附近已变得非常密集，使得该函数求极小化越来越困难，甚至得不到正确的最优解。至于 $r^{(1)}$ 与 $c$ 的具体数值应是多少为宜，目前主要是根据题目的情况与试算结果不断进行调整而取得。J. Weisman 建议按如下公式求每个约束的初始罚因子 $r^{(1)}$

$$r^{(1)} = \frac{0.02}{mg_u(X^{(0)})f(X^{(0)})} \quad (u = 1, 2, \cdots, m) \tag{6-28}$$

罚因子递增系数 $c$ 一般取 $5 \sim 10$。

（3）外点惩罚函数法通常求到的最优点 $X^*$ 是无限接近约束边界的一个位于非可行域的外点，显然，这就不能严格满足约束条件。为了解决这个问题，可对那些必须严格满足的约束（如强度、刚度等性能约束）引入约束裕量 $\delta$，如图 6-12 所示，意即将这些约束边界向可行域内紧缩移动一个微量，也就是新定义的约束条件为

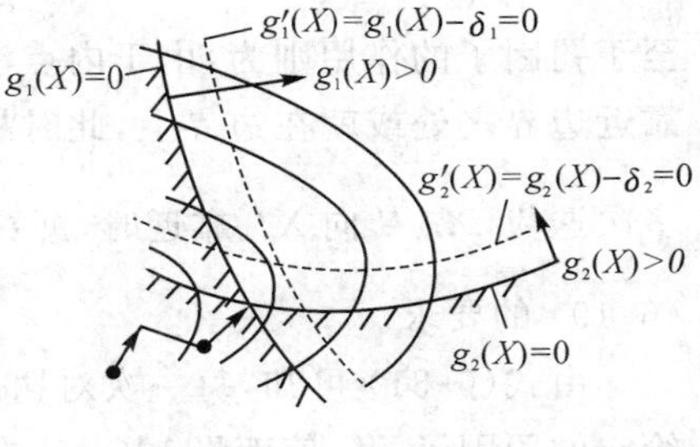

$$g'_u(X) = g_u(X) - \delta_u \geqslant 0 (u = 1, 2, \cdots, m) \tag{6-29}$$

图 6-12

这样可以用新定义的约束函数构成的惩罚函数来求它的极小化，取得最优设计方案 $X^*$。它虽在紧缩后的约束边界之外，但已在原来的约束边界之内，这就可以使原不等式约束条件能够严格的满足 $g_u(X) \geqslant 0$。当然，$\delta_u$ 值不宜选取过大，以避免所得结果与最优点相差过远，一般取 $\delta_u = 10^{-3} \sim 10^{-4}$。

### 三、内点惩罚函数法

（一）基本原理

内点法是从可行域内某一初始内点出发，在可行域内进行迭代的序列极小化方法。它仅用于求解不等式约束优化问题。

设原目标函数为 $f(X)$，在不等式约束 $g_u(X) \geqslant 0 (u = 1, 2, \cdots, m)$ 条件下用内点惩罚函数法求极小。内点法常采用如下形式的泛函：

$$G[g_u(X)] = \frac{1}{g_u(X)} \tag{6-30}$$

由此，内点法所构造的相应的惩罚函数形式为

$$\varphi(X, r^{(k)}) = f(X) + r^{(k)} \sum_{u=1}^{m} \frac{1}{g_u(X)} \tag{6-31}$$

式中,惩罚因子 $r^{(k)}$ 是一个递减的正值数列,即

$$r^{(1)} > r^{(2)} > \cdots > r^{(k)} > \cdots > 0$$

$$\lim_{k \to \infty} r^{(k)} = 0$$

式(6-30)所示的泛函具有如下的性质:

当迭代点 $X$ 在可行域内离约束边界较远的地方,泛函是不大的正值;$X$ 由可行域内靠近任一约束边界时,泛函具有很大的正值;越靠近边界,其值趋向于正无穷大。它像围墙一样阻止迭代点越出约束边界,所以又称围墙函数。围墙函数不一定只限于上述形式,下式(6-32)所示的函数亦具围墙函数的性质,计算不复杂,亦可用作内点罚函数法的泛函。

$$G[g_u(X)] = -\ln g_u(X) \tag{6-32}$$

至于罚因子的作用则为:由于内点法只能在可行域内迭代,而最优点很可能在可行域内靠近边界之处或就在边界上,此时尽管泛函的值很大,但罚因子是不断递减的正值,经多次迭代,$X^{*(k)}$ 向 $X^*$ 靠近时,惩罚项 $r^{(k)} \sum\limits_{u=1}^{m} \dfrac{1}{g_u(X)}$ 已是很小的正值,因而仍能满足式(6-19)的要求。

由式(6-31)可知,每一次对罚函数 $\varphi(X, r^{(k)})$ 求无约束的极值,其结果将随该次所给定的罚因子 $r^{(k)}$ 值而异。内点法在寻优过程中,随着罚因子的逐次调整减小,即取 $r^{(1)} > r^{(2)} > \cdots > r^{(k)} > \cdots > 0$,所得的最优点序列 $X^{*(1)}, X^{*(2)}, \cdots, x^{*(k)}$ 可以看作是以 $r^{(k)}$ 为参数的一条轨迹,在可行域内部一步一步地沿着这条轨迹向原问题约束最优点 $X^*$ 逼近;当 $\lim\limits_{k \to \infty} r^{(k)} \to 0$ 时,所得的最优点 $X^{*(k)}$ 逼近原问题的约束最优点 $X^*$。这样,将原约束最优化问题转换成为序列无约束最优化问题。内点法就是因从可行域的内部逼近最优解而得名。下面再用和上述外点法同一个简单的例子来说明内点法的上述一些几何概念。

例题 6-3　用内点法求解

$$\min_{X \in \mathscr{D} \subset R^1} f(X) = x$$

$$\mathscr{D}: g(X) = x - 1 \geqslant 0$$

的约束最优化问题。

解:若用内点法求解此约束最优化问题,由式(6-31)知惩罚函数为

$$\varphi(X, r^{(k)}) = x + r^{(k)} \frac{1}{x - 1}$$

式中,$r^{(k)}$ 为递减正值数列的内点法罚因子。

同样,为便于说明和分析,用一阶导数为零的必要条件来代替计算机无约束搜索求优。

106

将函数 $\varphi(X, r^{(k)})$ 对 $x$ 求导,得

$$\frac{\mathrm{d}\varphi}{\mathrm{d}x} = 1 - \frac{r^{(k)}}{(x-1)^2}$$

令 $\dfrac{\mathrm{d}\varphi}{\mathrm{d}x} = 0$,解得 $\varphi(X, r^{(k)})$ 无约束极小值的点列为

$$X^{*(k)} = 1 + \sqrt{r^{(k)}}$$

$\varphi(X, r^{(k)})$ 无约束极小值点列相应的惩罚函数值为

$$\varphi(X^{*(k)}, r^{(k)}) = 1 + 2\sqrt{r^{(k)}}$$

在表 6-3 中列出了本例当惩罚因子赋予不同值时迭代的点 $X^{*(k)}$、泛函 $G[g(X^{*(k)})]$、惩罚项 $r^{(k)}G[g(X^{*(k)})]$ 和函数值 $\varphi(X^{*(k)})$、$f(X^{*(k)})$。$f(X)$ 和 $\varphi(X, r^{(k)})$ 的图形绘于图 6-13。

表 6-3　例题 6-3 的内点法迭代点及其相应的泛函、惩罚项、函数值

| $k$ | 1 | 2 | 3 | 4 | 5 | 6 | 7 | $\cdots$ | $\infty$ |
|---|---|---|---|---|---|---|---|---|---|
| $r^{(k)}$ | 1 | 0.1 | 0.01 | 0.001 | 0.0001 | 0.00001 | 0.000001 | $\cdots$ | 0 |
| $X^{*(k)}$ | 2 | 1.3162 | 1.1 | 1.03162 | 1.01 | 1.003162 | 1.001 | $\cdots$ | 1 |
| $G[g(X^{*(k)})]$ | 1 | 3.1626 | 10 | 31.63 | 100 | 316.255 | 1000 | $\cdots$ | $\infty$ |
| $r^{(k)}G[g(X^{*(k)})]$ | 1 | 0.3163 | 0.1 | 0.03163 | 0.01 | 0.003163 | 0.001 | $\cdots$ | 0 |
| $\varphi(X^{*(k)})$ | 3 | 1.6325 | 1.2 | 1.06325 | 1.02 | 1.006325 | 1.002 | $\cdots$ | 1 |
| $f(X^{*(k)})$ | 2 | 1.3162 | 1.1 | 1.03162 | 1.01 | 1.003162 | 1.001 | $\cdots$ | 1 |

由此可见,当惩罚因子为一递减正值数列时,其极值点 $X^{*(k)}$ 离约束最优点 $X^*$ 愈来愈近,$\varphi(X^{*(k)}, r^{(k)})$ 与 $f(X^{*(k)})$ 的差值愈来愈小,当 $r^{(k)} \to 0$ 时,$X^{*(k)} \to X^* = 1$,$\varphi(X^{*(k)}, r^{(k)}) \to f(X^{*(k)}) = 1$,亦即逼近于真正的约束最优解。本例 $\varphi(X, r^{(k)})$ 无约束极值点列 $X^{*(k)}$ 随 $r^{(k)}$ 值递减而沿直线 $\varphi(X^{*(k)}, r^{(k)}) = 2X^{*(k)} - 1$ 从可行域内部向最优点 $X^*$ 收敛。

(二)迭代过程及算法框图

内点惩罚函数法具体迭代步骤如下:

(1)给定初始罚因子 $r^{(1)} > 0$,迭代精度 $\varepsilon$,递减系数 $e$,$0 < e < 1$,维数 $n$。

(2)求约束集合 $\mathscr{D}$ 的一个内点 $X^{(0)} \in \mathscr{D}^0$

$$\mathscr{D}^0 = \{X \mid_{g_u(X) > 0 \ (u = 1, 2, \cdots, m)}\}$$

置 $1 \Rightarrow k$。

(3)以 $X^{(k-1)} \in \mathscr{D}^0$ 为初始点,对于惩罚函数 $\varphi(X, r^{(k)})$ 在保证可行性的情况下,使

用无约束最优化方法求解惩罚函数 $\varphi(X, r^{(k)})$ 的极小点 $X^{(k)}$,即

$$\varphi(X^{(k)}, r^{(k)}) = \min\varphi(X, r^{(k)})$$

（4）检验是否满足迭代终止条件。终止条件与外点法相同。若不满足,则进行第（5）步;否则转第（6）步。

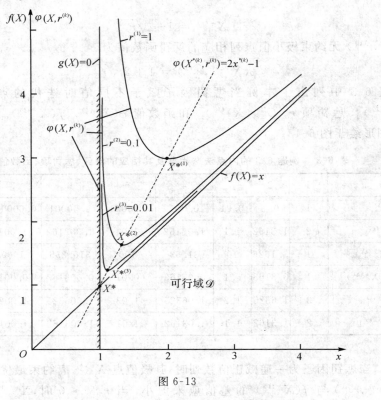

图 6-13

（5）令 $er^{(k)} \Rightarrow r^{(k+1)}$,置 $k+1 \Rightarrow k$,返回进行第（3）步。

（6）输出最优解:$X^{(k)} \Rightarrow X^*$,$f(X^{(k)}) \Rightarrow f(X^*)$,停止迭代。

内点惩罚函数法的算法框图如图 6-14 所示。

（三）初始内点的求法

内点惩罚函数法的初始内点 $X^{(0)}$ 必须是约束可行域 $\mathscr{D}$ 中的内点,即 $X^{(0)} \in \mathscr{D}^0$,$\mathscr{D} = \{X \mid_{g_u(X)>0, \ (u=1,2,\cdots,m)}\}$。在机械设计中,其实只要以增加目标函数 $f(X)$ 的值为代价就不难找到可行域内的设计点。例如,在齿轮传动啮合参数的优化设计中,若以中心距最小作为追求的目标,那么为了满足强度条件,设计人员在选择初始点时,只要有意识地选取较大的模数、齿宽和较多的齿数等等,强度约束肯定就能得到满足。又如我们打算对某机械产品进行改进设计,那么原设计虽然不是最优方案,但极大多数是可行的。

108

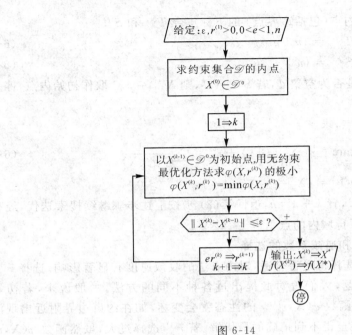

图 6-14

总之,比较有经验的机械设计人员在进行一项优化设计时,直接地找到一个可行内点,并不会存在过大的困难。当然,有些设计问题由于相互制约关系很复杂,难以直接观察可行设计内点,此时除可按 § 6-2 所述随机选一初始点 $X^{(0)}$,并检验严格满足 $g_u(X) > 0 (u = 1, 2, \cdots, m)$ 来获得初始内点外,还可采用下述对约束不满足程度逐次调整的搜索方法求出初始内点:

任选一个设计点 $X^{(0)} \in R^n$,计算该点的诸约束函数值 $g_u(X^{(0)})(u = 1, 2, \cdots, m)$。若在 $m$ 个约束条件中有 $q$ 个约束条件得到严格满足,余下 $(m - q)$ 个约束条件未得严格满足,即

$$g_u(X^{(0)}) > 0 \qquad (u = 1, 2, \cdots, q)$$
$$g_u(X^{(0)}) \leqslant 0 \qquad (u = q + 1, q + 2, \cdots, m)$$

我们则以 $X^{(0)}$ 为初始点,暂时将没有被严格满足的那些约束条件的负值作为目标函数,将它在已被严格满足的那些约束条件所构成的可行域中极小化,这时我们仍可采用内点惩罚函数法进行迭代,最终就可求得一个满足所有约束条件的可行点(证明从略)。这种用搜索方法求初始点的迭代步骤如下:

(1) 任取 $X^{(0)} \in R^n$ 及初始惩罚因子 $r^{(1)} > 0$(例如 $r^{(1)} = 1$),递减系数 $e, 0 < e < 1$,置 $0 \Rightarrow k$。

109

（2）定出内点与非内点（包括边界点）的下标集合 $T^{(k)}$ 和 $S^{(k)}$

$$T^{(k)} = \{u \mid g_{u(X^{(k)})>0} \quad (u=1,2,\cdots,q)\} \tag{6-33}$$

$$S^{(k)} = \{u \mid g_{u(X^{(k)})\leqslant 0} \quad (u=q+1,q+2,\cdots,m)\} \tag{6-34}$$

（3）检验集合 $S^{(k)}$ 是否为空集 $\Phi$，若 $S^{(k)} = \Phi$，则 $X^{(k)} \in \mathscr{D}^0$ 取作初始内点，停止迭代；否则进行第（4）步。

（4）以 $X^{(k)}$ 为初始点，求

$$\min_{X \in \mathscr{D}^{(k)}} \left(-\sum_{u \in S^{(k)}} g_u(X) + r^{(k+1)} \sum_{u \in T^{(k)}} \frac{1}{g_u(X)}\right) \tag{6-35}$$

的极小点 $X^{(k+1)}$，其中 $\mathscr{D}^{(k)} = \{X \mid g_{u(X)>0,u \in T^{(k)}}\}$，$r^{(k+1)} > 0$。

（5）令 $er^{(k+1)} \Rightarrow r^{(k+2)}$，置 $k+1 \Rightarrow k$，返回第（2）步按上述步骤继续搜索迭代，经有限步迭代后，必可求得在可行域内的点 $X^{(k)} \in \mathscr{D}^0$。

（四）惩罚因子初值和递减系数的选择

惩罚因子初值 $r^{(1)}$ 选择得是否合适，对内点法的收敛速度有显著影响。选择 $r^{(1)}$ 在一定程度上是个技巧问题，人们曾对此提出过各种不同的方法。一般说来，若初始值 $r^{(1)}$ 选择得过小，则惩罚函数 $\varphi(X,r^{(1)})$ 的性态就会变坏，如在约束边界附近出现深沟谷地，使迭代发生困难甚至得不到正确的最优解。若 $r^{(1)}$ 选择过大，虽然函数 $\varphi(X,r^{(1)})$ 容易极小化，但函数 $\varphi(X,r^{(1)})$ 的最优点离函数 $f(X)$ 的约束最优点很远，甚至有可能使取得的一些无约束最优点，比初始点 $X^{(0)}$ 更远离约束最优点，这将使计算效率降低。因此 $r^{(1)}$ 的取值应按函数 $\varphi(X,r^{(1)})$ 最小化不发生困难的前提下尽可能取得小一些。在实际计算中，$r^{(1)}$ 值范围大约 $1 \sim 50$。但不少情况是取 $r^{(1)} = 1$。如果初始点 $X^{(0)}$ 是一个远离边界的内点，推荐 $r^{(1)}$ 值按下式近似求出

$$r^{(1)} = \left| \frac{f(X^{(0)})}{\sum\limits_{u=1}^{m} \frac{1}{g_u(X^{(0)})}} \right| \tag{6-36}$$

但当初始点 $X^{(0)}$ 与任何一个或几个约束边界接近时，按上式求出的 $r^{(1)}$ 值一般总是太小，此时必须另选一个适当大的 $r^{(1)}$ 值。考虑到 $r^{(1)}$ 取值过大时，会发生函数 $\varphi(X,r^{(1)})$ 的最优点比初始点 $X^{(0)}$ 离约束最优点更远的弊病，在选择相当大的 $r^{(1)}$ 值时，可在所求的约束最优化问题中，附加一个新的约束条件为

$$g_{m+1}(X) = [f(X^{(0)}) + \varepsilon'] - f(X) > 0 \tag{6-37}$$

式中，$\varepsilon'$ 是第一次极小化时为保持初始点在可行域内允许 $f(X)$ 和 $f(X^{(0)})$ 稍有增加的某个微小增量。此时，内点惩罚函数为

$$\varphi(X,r^{(k)}) = f(X) + r^{(k)} \sum_{u=1}^{m+1} \frac{1}{g_u(X)} \tag{6-38}$$

关于递减系数 $e$ 的取值，一般认为不是一个决定性的因素。如果选的值小，罚因子

110

递减快,可减少无约束优化次数,但前后两次无约束最优解之间距离较远,故在后一次求无约束最优化的迭代次数可能要多一些;如 $e$ 选的值大,情况恰好相反。通常 $e$ 值对总的迭代次数相差不多。一般可取 $e = 0.1 \sim 0.02$。

以上推荐的 $r^{(1)}$ 值与 $e$ 值,也不能认为对一切问题都是有效的。在有些情况下,需要针对目标函数 $f(X)$ 与约束函数 $g_u(X)$ 的性态通过几次试算才能解决。

(五)一维搜索问题

内点惩罚函数法在求无约束最优点时,原则上对各种无约束极值的迭代方法都可以使用,但应注意在迭代过程中始终都要在满足 $g_u(X) > 0$ 的条件下求极小。当无约束极小点还没有接近约束边界时,一般是不会出现迭代点越出可行域边界。但当无约束极小点越来越接近约束边界时,如果此时搜索步长大了一些,则就可能使迭代点越出可行域之外。

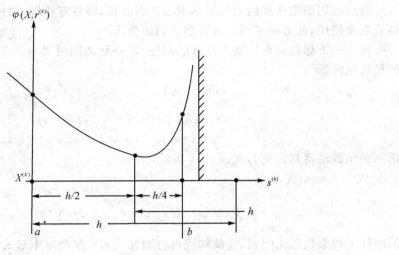

图 6-15

图 6-15 表示在一维搜索中,从点 $X^{(k)}$ 出发,沿 $S^{(k)}$ 方向搜索,求寻查区间 $[a, b]$ 的情况。若所取的初始步长 $h$ 太大,则寻查区间就会越出约束边界,破坏了整个算法。为了解决这个问题,可在程序中设置一个检查环节,如果搜索步长太大越出约束边界时,程序作出反映,将步长缩短,如缩短一半后重新搜索。此时若仍越出约束边界,则步长再缩小一半,如此继续下去,最后在可行域内可获得新试点,找出函数两头大、中间小的区间 $[a, b]$,或者当步长不断缩小到足够小(如步长为 $10^{-6}$)时,就可以近似地把 $X^{(k)}$ 作为在 $S^{(k)}$ 方向上的极小点。

(六)内点法与外点法的比较

内点法要在约束集合 $\mathscr{D}$ 内进行,所以必须事先求出初始内点,而外点法则无此要求，可以在整个 $R^n$ 中选初始点。内点法对具有等式约束的最优化问题不适用，外点法则可以应用。但外点法只适用最优点在约束边界上，亦不适用于目标函数在可行域外没有定义或性质很复杂的情况。特别是外点法无法观察优化过程中在可行域内的设计点所对应的目标函数值的变化情况，而这往往却是工程设计人员所关心的。内点法在给定一个可行的初始方案以后，它将产生一系列根据追求的目标而逐步得到改进的可接受的设计方案。因为任何一个惩罚函数的极值点都在可行域内，所以只要设计要求允许，可以选用次优设计方案或再次优设计方案，而不用处于约束边界的最优设计方案。这样一种设计方案，若是受强度、刚度等约束所限制的，则它具有超载及应付不合理操作的储备能力，因此内点惩罚函数法是设计人员常常愿意使用的一种机械优化设计方法。

### 四、混合型惩罚函数法

外点惩罚函数法和内点惩罚函数法各有所长，亦各有所短，取长补短将这两种方法结合起来使用，便形成了所谓混合型惩罚函数法。

回顾一下惩罚函数法基本原理的阐述，对一般的同时具有不等式约束和等式约束的最优化问题

$$\min_{X \in \mathscr{D} \subset R^n} f(X)$$
$$\mathscr{D}: g_u(X) \geqslant 0 \quad (u = 1, 2, \cdots, m)$$
$$h_v(X) = 0 \quad (v = 1, 2 \cdots, p < n)$$

用惩罚函数法将其转化为式(6-17)所示

$$\min_{X \in R^n} (X, r_1^{(k)}, r_2^{(k)})$$
$$= \min_{X \in R^n} \{ f(X) + r_1^{(k)} \sum_{u=1}^{m} G[g_u(X)] + r_2^{(k)} \sum_{v=1}^{p} H[h_v(X)] \}$$

的序列无约束最优化问题。这就构成混合型惩罚函数法的基本形式。

由于该问题的约束条件包含不等式约束和等式约束两部分，其惩罚项也应由与之对应的两部分所组成。对应等式约束部分的 $r_2^{(k)} \sum_{v=1}^{p} H[h_v(X)]$ 只有外点法一种处理形式，而对应不等式约束部分的 $r_1^{(k)} \sum_{u=1}^{m} G[g_u(X)]$ 则有内点法和外点法两种不同的处理形式。于是按照对不等式约束处理的方式不同，混合型罚函数法可有两种形式。

（一）内点形式的混合型惩罚函数法

不等式约束部分按内点惩罚函数法形式处理，其惩罚函数形式为

$$\varphi(X, r_1^{(k)}, r_2^{(k)}) = f(X) + r_1^{(k)} \sum_{u=1}^{m} \frac{1}{g_u(X)} + r_2^{(k)} \sum_{v=1}^{p} [h_v(X)]^2 \qquad (6-39)$$

式中，惩罚因子 $r_1^{(k)}, r_2^{(k)}$ 应分别为递减和递增的正值数列，为了统一用一个内点法惩罚

112

因子 $r^{(k)}$，可将式(6-39)写成如下形式

$$\varphi(X,r^{(k)}) = f(X) + r^{(k)} \sum_{u=1}^{m} \frac{1}{g_u(X)} + \frac{1}{\sqrt{r^{(k)}}} \sum_{v=1}^{p} [h_v(X)]^2 \qquad (6-40)$$

式中 $r^{(k)}$ 和内点法一样，为一个递减的正值数列，即

$$r^{(1)} > r^{(2)} > \cdots > r^{(k)} > \cdots > 0$$

$$\min_{k \to \infty} r^{(k)} = 0$$

内点形式的混合型惩罚函数法的迭代过程及算法框图均与内点惩罚函数法相同。初始点 $X^{(0)}$ 必须是严格满足诸不等式约束条件的内点，初始惩罚因子 $r^{(1)}$、递减系数 $e$ 均应参照内点惩罚函数法进行选取。

（二）外点形式的混合型惩罚函数法

不等式约束部分按外点惩罚函数法形式处理，其惩罚函数形式为

$$\varphi(X,r^{(k)}) = f(X) + r^{(k)} \left\{ \sum_{u=1}^{m} [\min\{0, g_u(X)\}]^2 + \sum_{v=1}^{p} [h_v(X)]^2 \right\} \qquad (6-41)$$

式中，惩罚因子 $r^{(k)}$ 和外点法一样，为一个递增的正值数列，即

$$0 < r^{(1)} < r^{(2)} < \cdots < r^{(k)} < \cdots$$

$$\min_{k \to \infty} r^{(k)} = +\infty$$

外点形式的混合型惩罚函数法的迭代过程及算法框图均与外点惩罚函数法相同。初始点 $X^{(0)}$ 可在 $R^n$ 空间任选，初始惩罚因子 $r^{(1)}$、递增系数 $c$ 均应参照外点惩罚函数法进行选取。

例题 6-4　已知约束优化问题的数学模型

$$\min_{X \in \mathcal{D} \subset R^2} f(X) = (x_1 - 3)^2 - (x_2 - 4)^2$$

$$\mathcal{D}: g_1(X) = 5 - x_1 - x_2 \geqslant 0$$

$$g_2(X) = 2.5 - x_1 + x_2 \geqslant 0$$

$$g_3(X) = x_1 \geqslant 0$$

$$g_4(X) = x_2 \geqslant 0$$

$$h(X) = x_1 - x_2 = 0$$

试写出内点形式及外点形式的混合型罚函数。

解：内点形式的混合型惩罚函数按式(6-40)

$$\varphi(X,r^{(k)}) = f(X) + r^{(k)} \sum_{u=1}^{m} \frac{1}{g_u(X)} + \frac{1}{\sqrt{r^{(k)}}} \sum_{v=1}^{p} [h_v(X)]^2 = (x_1 - 3)^2 + (x_2 - 4)^2$$

$$+ r^{(k)} \left( \frac{1}{5 - x_1 - x_2} + \frac{1}{2.5 - x_1 + x_2} + \frac{1}{x_1} + \frac{1}{x_2} \right) + \frac{1}{\sqrt{r^{(k)}}} (x_1 - x_2)^2$$

其中，$r^{(k)}$ 为内点法惩罚因子，是递减的正值数列。

外点形式的混合型惩罚函数按式(6-41)

$$\varphi(X,r^{(k)}) = f(X) + r^{(k)}\{\sum_{u=1}^{m}[\min\{0,g_u(X)\}]^2 + \sum_{v=1}^{p}[h_v(X)]^2\}$$

$$= (x_1 - 3)^2 + (x_2 - 4)^2 + r^{(k)}\{[\min\{0,(5 - x_1 - x_2)\}]^2$$

$$+ [\min\{0,(2.5 - x_1 + x_2)\}]^2 + [\min\{0,x_1\}]^2$$

$$+ [\min\{0,x_2\}]^2 + (x_1 - x_2)^2\}$$

其中,$r^{(k)}$ 为外点法惩罚因子,是递增的正值数列。

综上所述,惩罚函数法具有许多优点:对函数 $f(X)$,$g_u(X)$,$h_v(X)$ 不要求具有特别的性质,对于非线性不等式与等式约束都能较好处理。罚函数法的使用也很方便,因为它把约束问题转化为无约束问题,只要有求解无约束最优化的有效方法(如鲍威尔法,DFP 变尺度法等)与程序,就能很方便地采用。在机械优化设计中惩罚函数法日益受到重视和广泛应用。但由于是通过求一系列无约束极值点来收敛到约束最优点,工作量很大,而且罚因子 $r^{(k)}$ 的选取对方法的收敛速度有较大影响,特别当惩罚函数病态将使求无约束极小变得很困难。人们构想:能否通过一次无约束极小化就能找到约束最优点?这就是近期发展起来的"恰当惩罚函数法"。恰当惩罚函数法是具有一个恰当的罚因子,用其去对恰当罚函数求一个无约束问题,便可求出原约束问题的最优解。由于目前此法实践经验还很少,本章仅给一点信息启迪,不作进一步介绍。

# 第七章　　多目标函数的优化设计方法

## §7-1　概　　述

在机械优化设计中，某个设计往往并非只有一项设计指标要求最优化。例如设计一台齿轮变速箱，常常同时希望它的重量尽可能轻，寿命尽可能长，运转噪声尽可能小，制造成本尽可能低。这种同时要求几项设计指标达到最优的问题，就称为多目标优化设计问题。按照要求优化的各项指标可分别建立目标函数 $f_1(X), f_2(X), f_3(X), f_4(X)$，…，这些目标函数称为分目标函数。为区别于单目标最优化问题，将由 $t$ 个分目标函数 $f_1(X), f_2(X), \cdots f_t(X)$ 构成的多目标最优化问题的数学模型一般表达为

$$\begin{cases} V: \min_{X \in \mathscr{D} \subset R^n} \left[ f_1(X), f_2(X), \cdots, f_t(X) \right]^T \\ \mathscr{D}: g_u(X) \geqslant 0 \qquad (u = 1, 2, \cdots, m) \\ \quad\; h_v(X) = 0 \qquad (v = 1, 2, \cdots, p < n) \end{cases} \tag{7-1}$$

多目标优化问题的求解与单目标优化问题的求解有根本区别。对于单目标优化问题，任何两个解都可以用其目标函数值比较方案优劣；但对于多目标优化问题，任何两个解不一定可以评判出其优劣。设 $X^{(0)}$、$X^{(1)}$ 为满足多目标最优化问题约束条件的两个设计方案（或设计点），判别这两个方案的优劣需分别计算各自对应的分目标函数值 $f_1(X^{(0)}), f_2(X^{(0)}), \cdots, f_t(X^{(0)})$ 和 $f_1(X^{(1)}), f_2(X^{(1)}), \cdots, f_t(X^{(1)})$，再进行对照，若

$$f_j(X^{(1)}) \leqslant f_j(X^{(0)}) \qquad (j = 1, 2, \cdots, t)$$

则方案 $X^{(1)}$ 肯定比方案 $X^{(0)}$ 好。然而绝大多数情况是 $X^{(1)}$ 所对应的某些 $f_j(X^{(0)})$ 小于 $X^{(0)}$ 所对应的某些 $f_j(X^{(0)})$，而另一些则刚好相反，这时 $X^{(1)}$ 与 $X^{(0)}$ 两个方案的优劣一般就难以绝对比较了，这是多目标优化问题的特点。在多目标优化设计中，使几项分目标同时都达到最优的解叫做绝对最优解，如果能获得这样的结果，当然是十分理想的，但一般来说是难以实现的。在多目标优化设计中，如果一个解使每个分目标函数值都比另一个解为劣，则这个解称为劣解。显然多目标优化问题只有当找到的解是非劣解时才具有意义。实际上往往是一个分目标的极小化会引起另一个或一些分目标的变化，有时各个分目标的优化还互相矛盾，甚至完全对立，例如机械优化设计中技术性能的要求与经济性的要求往往是相互矛盾的。因此，就需要在各分目标函数 $f_1(X), f_2(X), \cdots$，$f_t(X)$ 的最优值之间进行协调，互相作出些"让步"，以便取得对各分目标函数值来说都

算是比较好的方案。自从 1896 年法国经济学家 V. Pareto 提出多目标最优化问题以来，多目标最优化的理论和计算方法均得到很大发展，特别是本世纪 70 年代，多目标问题的研究更得到越来越多的重视，提出了许多解决的方法，但比起单目标优化设计问题来，在理论上和算法上还很不完善，很不系统。在这里仅介绍多目标优化设计算法中的统一目标函数法、主要目标法和协调曲线法的基本概念及其处理方法。

# §7-2　统一目标函数法

统一目标函数法就是设法将各分目标函数 $f_1(X), f_2(X), \cdots, f_t(X)$ 统一到一个新构成的总的目标函数 $f(X) = f\{f_1(X), f_2(X), \cdots, f_t(X)\}$ 中，这样就把原来的多目标问题转化为具有一个统一目标函数的单目标问题来求解。

在求统一目标函数极小化过程中，可以按照不同的方法来构成不同的统一目标函数，其中较常用的有线性加权组合法、目标规划法、功效系数法和乘除法。

## 一、线性加权组合法

线性加权组合法的基本思想是在多目标最优化问题中，将其各个分目标函数 $f_1(X), f_2(X), \cdots, f_t(X)$ 依其数量级和在整体设计中的重要程度相应地给出一组加权因子 $w_1, w_2, \cdots w_t$，取 $f_j(X)$ 与 $w_j(j = 1, 2, \cdots, t)$ 的线性组合，人为地构成一个新的统一的目标函数，即

$$f(X) = \sum_{j=1}^{t} w_j f_j(X) \tag{7-2}$$

以 $f(X)$ 作为单目标优化问题求解。

式(7-2)中加权因子 $w_j$ 是一组大于零的数，其值决定于各项分目标的数量级及其重要程度。选择加权因子对计算结果的正确性影响较大。确定加权因子 $w_j$ 的方法是多种多样的，主要有下列几种处理方法。

（一）将各分目标转化后加权

在采用线性加权组合法时，为了消除各个分目标函数值在量级上较大的差别，可以先将各分目标函数 $f_j(X)$ 转换为无量纲且等量级的目标函数 $\bar{f}_j(X)(j = 1, 2, \cdots, t)$，然后用转换后的分目标函数 $\bar{f}_j(X)$ 来组成一个统一目标函数

$$f(X) = \sum_{j=1}^{t} w_j \bar{f}_j(X) \tag{7-3}$$

式中加权因子 $w_j(j = 1, 2, \cdots, t)$ 是根据各项分目标在最优化设计中所占的重要程度来确定。当各项分目标有相同的重要性时，取 $w_j = 1(j = 1, 2, \cdots, t)$，并称为均匀计权；否则各项分目标的加权因子不等，可取 $\sum_{j=1}^{t} w_j = 1$ 或其他值。

116

分目标函数 $f_j(X)$ 可选择合适的函数使其转换为无量纲等量级目标函数 $\overline{f}_j(X)$。例如,若能预计各分目标函数值的变动范围为

$$\alpha_j \leqslant f_j(X) \leqslant \beta_j$$
$$(j = 1, 2, \cdots, t) \tag{7-4}$$

则可用如图 7-1 所示的正弦函数

$$y = \frac{x}{2\pi} - \sin x \quad (0 \leqslant x \leqslant 2\pi) \tag{7-5}$$

实现将各分目标函数都转换为在 $0 \sim 1$ 的范围内取值。

令目标函数的下界值 $\alpha_j$ 和上界值 $\beta_j$ 分别与式 (7-5) 正弦转换函数自变量的下界值 0 和上界值 $2\pi$ 相对应,则相应于 $f_j(X)$ 值的转换函数的自变量值 $x_j$ 为

$$x_j = \frac{f_j(X) - \alpha_j}{\beta_j - \alpha_j} \cdot 2\pi$$
$$(j = 1, 2, \cdots, t) \tag{7-6}$$

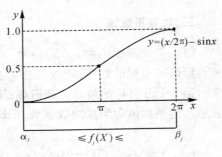

图 7-1

转换后的目标函数

$$\overline{f}_j(X) = \frac{x_j}{2\pi} - \sin x_j \quad (j = 1, 2, \cdots, t) \tag{7-7}$$

(二) 直接加权

把加权因子分为两部分,即第 $j$ 项分目标函数的加权因子 $w_j$ 为

$$w_j = w_{1j} \cdot w_{2j} \quad (j = 1, 2, \cdots t) \tag{7-8}$$

式中, $w_{1j}$——反映第 $j$ 项分目标相对重要性的加权因子,称本征权,其取值与前述相同;

$w_{2j}$——第 $j$ 项分目标的校正权因子,用于调整各分目标间在量级差别方面的影响,并在迭代过程中逐步加以校正。

考虑到设计变量对各分目标函数值随设计变量变化而不同,若用目标函数的梯度 $\nabla f_j(X)$ 来刻画这种差别,其校正权因子值相应可取

$$w_{2j} = 1 / \| \nabla f_j(X) \|^2 \quad (j = 1, 2, \cdots, t) \tag{7-9}$$

这意味着一个分目标函数 $f_j(X)$ 的变化愈快,即 $\| \nabla f_j(X) \|^2$ 值愈大,则加权因子 $w_{2j}$ 愈小;反之,其加权因子应取大些。这样可使变化快慢不同的目标函数一起调整好。

## 二、目标规划法

目标规划法的基本思想是先定出各个分目标函数的最优值,根据多目标优化设计

的总体要求对这些最优值作适当调整,定出各个分目标的最合理值 $f_j^0(j=1,2,\cdots,t)$,然后按如下的平方和法来构造统一目标函数

$$f(X) = \sum_{j=1}^{t} \left\{ \frac{f_j(X) - f_j^0}{f_j^0} \right\}^2 \tag{7-10}$$

这意味着当各项分目标函数分别达到各自最合理值 $f_j^0$ 时,统一目标函数 $f(X)$ 为最小。式中除以 $f_j^0$ 是使之无量纲化。

在目标规划法中,关键是如何制定恰当的合理值 $f_j^0$。

### 三、功效系数法

将每个分目标函数 $f_j(X)(j=1,2,\cdots,t)$ 都用一个称为功效系数 $\eta_j(j=1,2,\cdots,t)$ 来表示该项指标的好坏。功效系数 $\eta_j$ 是一个定义于 $0 \leqslant \eta_j \leqslant 1$ 之间的函数,当 $\eta_j=1$ 时表示第 $j$ 个分目标的效果达到最好;当 $\eta_j=0$ 时表示第 $j$ 个分目标的效果最坏。这些系数的几何平均值称为总功效系数 $\eta$,即

$$\eta = \sqrt[t]{\eta_1 \cdot \eta_2 \cdots \eta_t} \tag{7-11}$$

$\eta$ 的大小可表示该设计方案的好坏,显然,最优设计方案应是

$$\eta = \sqrt[t]{\eta_1 \cdot \eta_2 \cdots \eta_t} \quad \longrightarrow \max \tag{7-12}$$

当 $\eta=1$ 时表示取得最理想方案;当 $\eta=0$ 时表明这个方案不能接受,此时必有某项分目标函数的功效系数 $\eta_j=0$。

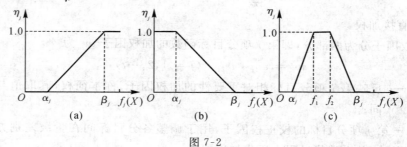

图 7-2

图 7-2 给出了几种功效系数函数曲线,其中图(a)表示与 $f_j(X)$ 值成正比的功效系数 $\eta_j$ 的函数,图(b)表示与 $f_j(X)$ 值成反比的功效系数 $\eta_j$ 的函数,图(c)表示 $f_j(X)$ 值过大和过小都不行的功效系数函数。在具体使用这些功效系数函数时应作出相应的规定。例如规定 $\eta_j=0.3$ 为可接受方案的功效系数下限;$0.3 < \eta_j \leqslant 0.4$ 为较差情况;$0.4 < \eta_j \leqslant 0.7$ 为效果稍差但可接受的情况;$0.7 \leqslant \eta_j \leqslant 1$ 为效果最好的情况。

用总功效系数 $\eta$ 作为统一目标函数 $f(X)$

$$f(X) = \eta = \sqrt[t]{\eta_1 \cdot \eta_2 \cdots \eta_t} \quad \longrightarrow \max \tag{7-13}$$

118

比较直观且易调整,同时由于各个分目标最终都化为 $0 \sim 1$ 间的数值,各个分目标函数的量纲不会互相影响,而且一旦有一项分目标函数不理想($\eta_j = 0$),其总功效系数必为零,表示该设计方案不能接受。另外,这种方法易于处理有的目标函数既不是愈大愈好,也不是愈小愈好的情况。因而虽然计算较繁,但仍不失为一种有效的多目标优化方法。

### 四、乘除法

乘除法是在全部 $t$ 个分目标函数中,有 $s$ 项函数值希望愈小愈好(如材料、成本、工时、重量等),其余 $(t-s)$ 项函数值希望愈大愈好(如产值、效率、利润等),则统一目标函数可取为

$$f(X) = \frac{\sum\limits_{j=1}^{s} w_j f_j(X)}{\sum\limits_{j=s+1}^{t} w_j f_j(X)} \longrightarrow \max \tag{7-14}$$

这就是乘除法求解多目标优化问题。

# §7-3 主要目标法

主要目标法的基本思想是根据总体技术条件,在求最优解的各分目标函数 $f_1(X)$,$f_2(X)$,$\cdots$,$f_t(X)$ 中选定其中一个作为主要目标函数,而将其余 $(t-1)$ 个分目标函数分别给一限制值后,使其转化为新的约束条件。这样抓住主要目标,同时兼顾其他目标,从而构成一个新的单目标最优化问题进行求优。

为简明起见,我们先以式(7-15)所示 $X$ 为二维的具有两个分目标函数的多目标最优化问题为例,对主要目标法进行说明。

$$\begin{cases} V \underset{X \in \mathscr{D} \subset R^n}{\longrightarrow \min} [f_1(X), f_2(X)]^T \\ \mathscr{D}: \quad g_u(X) \geqslant 0 \quad (u = 1, 2, \cdots, m) \end{cases} \tag{7-15}$$

假定经分析后 $f_1(X)$ 取作主要目标函数,$f_2(X)$ 则为次要目标函数,把次要目标函数加上一个约束 $f_2^0$:

$$f_2(X) \leqslant f_2^0 \tag{7-16}$$

$f_2^0$ 为一事先给定的限制值(显然它不能小于 $f_2(X)$ 的最小值)。这样就把式(7-15)表示的原多目标最优化问题转化为求以下的单目标最优化问题:

$$\begin{cases} \underset{X \in \mathscr{D} \subset R^n}{\min} f_1(X) \\ \overline{\mathscr{D}}: \quad g_u(X) \geqslant 0 \quad (u = 1, 2, \cdots, m) \\ \quad g_{m+1}(X) = f_2^0 - f_2(X) \geqslant 0 \end{cases} \tag{7-17}$$

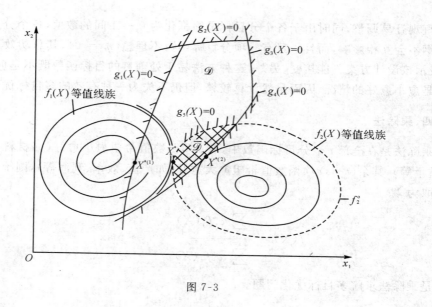

图 7-3

用图 7-3 表明其几何意义：$\mathscr{D}$ 为 $g_u(X) \geqslant 0 (u = 1, 2, 3, 4)$ 构成的多目标优化问题的可行域。$X^{*(1)}$、$X^{*(2)}$ 分别为 $\min\limits_{X \in \mathscr{D} \subset R^n} f_1(X)$、$\min\limits_{X \in \mathscr{D} \subset R^n} f_2(X)$ 的最优点。现将 $f_2(X)$ 转化为 $g_5(X) = f_2^0 - f_2(X) \geqslant 0$ 新的约束条件，这样原多目标优化问题可视为 $f_1(X)$ 在由 $g_u(X) \geqslant 0 (u = 1, 2, 3, 4, 5)$ 构成的新的可行域 $\overline{\mathscr{D}}$（阴影所示）中的单目标优化问题。显然 $X^*$ 即为原目标优化问题最优点。

对一般情况，可把多目标最优化问题转为如下的单目标最优化问题：

$$
\begin{cases}
\min\limits_{X \in \mathscr{D} \subset R^n} f_1(X) \\
\mathscr{D}: \quad g_u(X) \geqslant 0 \quad (u = 1, 2, \cdots, m) \\
\quad\quad h_v(X) = 0 \quad (v = 1, 2, \cdots, p < n) \\
\quad\quad g_{m+j-1}(X) = f_j^0 - f_j(X) \geqslant 0 \quad (j = 2, 3, \cdots, t)
\end{cases}
\tag{7-18}
$$

其中 $f_1(X)$ 为主要目标函数。

# §7-4　协调曲线法

在一个多目标优化问题中，会出现当一个分目标函数的优化将导致另一些分目标函数的劣化，即所谓目标函数相互矛盾的情况。为了使某个较差的分目标也达到合理值，需要以增加其他几个分目标函数值为代价，也就是说各分目标函数值之间需要进行协调，互相作出一些让步，以便得出一个较合理的方案。

120

这种矛盾关系可以通过协调曲线法来形象化地说明。

以无约束二维双目标函数 $f_1(X)$、$f_2(X)$ 的极小化为例,图 7-4 给出了各自的等值线图,可以看到它们各自极小化的趋势和相互关系。图上的任意一点代表着一个具体的双目标函数的设计方案。其中 $A$、$B$ 分别代表 $f_1(X)$ 及 $f_2(X)$ 的极小值点。

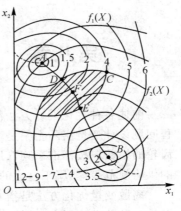

图 7-4

$C$ 点为某一设计方案,该处 $f_1(X) = 4$,$f_2(X) = 9$。当取定 $f_2(X) = 9$ 时,极小化 $f_1(X)$,得 $D$ 点($f_1(X) = 1.5$)为最佳设计方案。同样,当取定 $f_1(X) = 4$ 时,极小化 $f_2(X)$,可得到 $E$ 点为最佳设计方案。显然 $D$、$E$ 两点的设计方案均优于 $C$ 点,实际上在阴影区内的任一点的设计方案均优于 $C$ 点。

线段 $DE$ 的延长线 $AB$ 即协调曲线,设计方案点在该线段上移动,出现一个函数值减小必然导致另一函数值增大、两目标函数相互矛盾的现象。$AB$ 线段形象地表达了两目标函数极小化过程中的协调关系,其上任一点都可实现在一个目标函数值给定时,获得另一目标函数的相对极小化值,该值即可用作确定 $x_1$、$x_2$ 的参考。

图 7-5 是在 $f_1(X)$——$f_2(X)$ 坐标系内用图 7-4 $AB$ 线段上各点所对应函数值作出的关系曲线,这是协调曲线的另一种表现形式,在这里可以更清楚地看出两目标函数极小化过程中的相互矛盾关系。

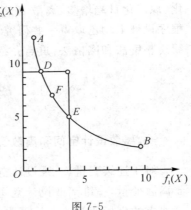

图 7-5

可将协调曲线作为使相互矛盾的目标函数取得相对优化解的主要依据。至于要从协调曲线上选出最优方案,还需要根据两个目标恰当的匹配要求、实验数据、其他目标的好坏以及设计者的经验综合确定。

对于两个以上的目标函数,不难想象可以构成协调曲面。

121

# 第八章 离散变量的优化设计方法

前述各种优化设计方法都是将设计变量作为连续变量进行求优,但很多情况下,工程问题设计变量实际上不是连续变化的。例如,齿轮的齿数只能是正整数,是整型变量;齿轮的模数应按标准系列取用;钢丝直径、钢板厚度、型钢的型号也都应符合金属材料的供应规范等等,属于这样的一些必须取离散数值的设计变量均称为离散变量。

离散变量优化方法是指专门研究变量集合中的某些或全部变量只定义在离散值域上的一种数学规划方法,具体有凑整解法、网格法、随机格点搜索法、离散惩罚函数法、离散复合形法等等。与连续变量优化方法相比,它们更具自身的特点。机械设计中标准化、规范化日趋增多,离散变量优化方法显得十分重要,其在理论上、方法上以及计算机程序设计上均已取得一些研究成果。本章将阐述离散变量优化的一些基本概念,概略介绍凑整解法和网格法,重点介绍工程实用的离散复合形法。

## §8-1 离散变量优化的若干基本概念

### 一、离散设计空间和离散值域

对于连续变量,一维设计空间就是一条表示该变量的坐标轴上的所有点的集合;对于离散变量,一维离散设计空间则是一条表示该变量的坐标轴上的一些间隔点的集合,这些点的坐标值是该变量可取的离散值,这些点称为一维离散设计空间的离散点。二维连续设计变量的设计空间是代表该两个变量的两条坐标轴形成的平面;二维离散设计空间则是上述平面上的某些点的集合,这些点的坐标值分别是各离散变量可取的离散值,这些点称为二维离散设计空间的离散点。图 8-1 所示的 $x_1 o x_2$ 平面上形成的网格节点即为二维离散设计空间的离散点。对于三维离散变量,过每个变量离散值作该变量坐标轴的垂直面,这些平面的交点的集合就是三维离散设计空间,这些交点就是三维离散设计空间中的离散点,如图 8-2 所示。

同样,对于 $p$ 维离散变量,过每个变量离散值作该变量坐标轴的垂直面,这些超平面的交点的集合就是 $p$ 维离散设计空间,用 $R^D$ 表示。而这些交点就是 $p$

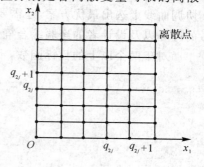

图 8-1

维离散设计空间中的离散点,用 $X^D$ 表示。显然 $X^D \in R^D$。

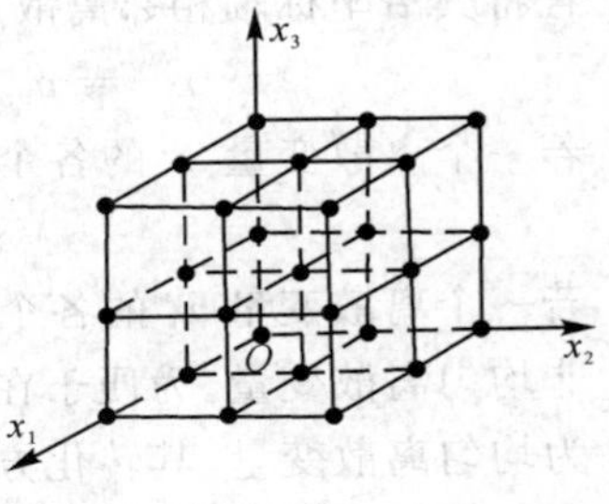

设 $p$ 个离散设计变量中,第 $i(i = 1, 2, \cdots, p)$ 个离散设计变量 $x_i$ 可取 $l_i$ 个离散值,其可取的离散值 $q_{ij}(j = 1, 2, \cdots, l_i)$ 的集合称为第 $i$ 个离散设计变量的离散值域。

为便于计算,通常将每个离散设计变量 $x_i$ 可取的离散值的个数 $l_i$ 均取为 $L$ 个,$L$ 为各离散设计变量可取离散值个数中的最大值,即

$$l_1 = l_2 = \cdots l_p = L$$

图 8-2

当某维离散变量离散值的个数不足 $L$ 时,可用其最后一个离散值来补足。例如第 $i$ 个设计变量只有 $r$ 个可取离散值,$r < L$,则可令其余 $L - r$ 个离散值为

$$q_{i\,r+1} = q_{i\,r+2} = \cdots = q_{iL} = q_{ir}$$

这样,$p$ 个离散变量全部可取的离散值 $q_{ij}(i = 1, 2, \cdots, p; j = 1, 2, \cdots, L)$ 的集合称为 $p$ 维离散变量值域,可用一个 $p \times L$ 阶矩阵 $Q$ 来表示,即

$$Q = \begin{bmatrix} q_{11} & q_{12} & \cdots & q_{1L} \\ q_{21} & q_{22} & \cdots & q_{2L} \\ \cdots\cdots\cdots\cdots\cdots\cdots \\ q_{p1} & q_{p2} & \cdots & q_{pL} \end{bmatrix} \tag{8-1}$$

式中,$Q$ 称为离散值域矩阵。

在机械优化设计中,常见的约束非线性离散变量最优化问题的数学模型,可表达为

$$\min_{X \in \mathscr{D}} f(x)$$
$$\mathscr{D} = \{ X \mid_{g_u(X)} \geqslant 0 \quad (u = 1, 2, \cdots, m) \}$$
$$X = \begin{Bmatrix} X^D \\ X^C \end{Bmatrix} \quad \begin{aligned} X^D = [x_1, x_2, \cdots, x_p]^T \in R^D \\ X^C = [x_{p+1}, x_{p+2}, \cdots, x_n]^T \in R^C \end{aligned} \tag{8-2}$$
$$R^n = R^D \cup R^C$$

式中,$n$ 为设计变量维数;$m$ 为不等式约束条件的个数;$p$ 为离散变量的个数;$X^D$ 为离散子空间 $R^D$ 的离散变量子集;$X^C$ 为连续子空间 $R^C$ 的连续变量子集。若 $R^D$ 是空集,即为一般全连续变量最优化问题;若 $R^C$ 是空集,则为全离散变量最优化问题;若两者都不是空集,则称为混合离散变量最优化问题。

## 二、非均匀离散变量和连续变量的均匀离散化处理

在计算中,规定一个离散变量 $x_i$ 的离散值按大小顺序排列,即

$$q_{i1} < q_{i2} < \cdots < q_{iL} \quad (i = 1, 2, \cdots, p)$$

123

且将其沿坐标轴相邻离散点的离散值之差称为离散值增量,记为 $\Delta_{ij}$,则

$$\Delta_{ij} = q_{ij+1} - q_{ij} \quad (i = 1, 2, \cdots, p; j = 1, 2, \cdots, L-1) \tag{8-3}$$

若一个离散变量 $x_i$ 的各个离散值间的增量 $\Delta_{ij}$ 完全相等,则称其为均匀离散变量,即

$$\Delta_{i1} = \Delta_{i2} = \cdots = \Delta_{iL-1} = \Delta_i$$

若一个离散变量 $x_i$ 的各个离散值间的增量 $\Delta_{ij}$ 只有部分相等或全部不相等,则统称为非均匀离散变量。为便于在计算中查找离散值,在优化设计中常将非均匀离散变量转化为均匀离散变量,其转化方法如下:

假设在 $p$ 个离散变量中,前面的 $t$ 个变量为非均匀离散变量,且每个离散变量可取的离散值个数均为 $L$ 个,其离散值域可以用矩阵表示为

$$Q = [q_{ij}]_{i \times L} \quad (i = 1, 2, \cdots, t; j = 1, 2, \cdots, L) \tag{8-4}$$

在计算机上计算时,先将离散值域的所有离散值用一个二维数组 $Q(t, L)$ 存贮起来,即

$$Q(i, j) = q_{ij} \quad (i = 1, 2, \cdots, t; \quad j = 1, 2, \cdots, L) \tag{8-5}$$

令设计变量 $x_i (i = 1, 2, \cdots, t)$ 代表第 $i$ 个离散变量的离散值序号 $j$,例如 $x_2 = 4$ 则表示第 2 个变量的第 4 个离散值。此时 $x_i$ 不再表示离散值具体数据,而令 $Rx_i (i = 1, 2, \cdots, t)$ 表示离散值。

在计算中令 $x_i$ 为整型变量,并限定其取值范围为 $1 \leqslant i \leqslant L$,这样处理后 $x_i$ 就能转化为离散值增量为 $\Delta_i = 1$ 的均匀离散变量了。显然

$$Rx_i = q_{ij} = Q(i, j) = Q(j, x_i) \tag{8-6}$$

需要指出:计算目标函数值或约束函数值时,应采用代表离散值本身的 $Rx_i$ 值,而不采用代表离散值序号的 $x_i$。

在工程设计中,真正把设计参数取为连续变量的情形是不多的。如长度、流速似乎都是连续变量,但由于在制造、精度检测等方面的限制以及工程实际的需要,将这些设计参数分别看成是以 $1\text{mm}(0.1\text{mm})$、$1\text{cm/s}(1\text{mm/s})$ 的具有很小均匀间隔变化的量,显得更有实际意义。我们可将混合离散变量最优化问题中理论上是连续的变量转化为均匀离散变量,其转化方法如下:

假定在 $n$ 维优化问题中,有 $n - p$ 个连续变量。对这些连续变量进行离散化,可以先根据连续变量 $x_i$ 在设计、工艺、测量等方面的具体要求,规定出在其离散化后的离散值之间的间距 $\varepsilon_i (i = p + 1, p + 2, \cdots, n)$,$\varepsilon_i$ 称拟离散增量。定出连续变量的上限值 $x_i^U$ 和下限值 $x_i^L$,即

$$x_i^L \leqslant x_i \leqslant x_i^U \quad (i = p + 1, p + 2, \cdots, n)$$

则各连续变量离散化后的离散值的个数 $L_i$ 分别为

$$L_i = \text{INT}(\frac{x_i^U - x_i^L}{\varepsilon_i}) + 1 \quad (i = p + 1, p + 2, \cdots, n) \tag{8-7}$$

式中 INT 为取整函数。经以上处理,连续变量 $x_i$ 就转变为有 $L_i$ 个离散值的均匀离散变

124

量了。$x_i$ 可取的离散值为

$$x_{ij} = x_i^L + J\varepsilon_i \quad (j = p+1, p+2, \cdots, n; J = 0, 1, 2, \cdots, L_{i-1}) \tag{8-8}$$

非均匀离散变量及连续变量的均匀离散化处理,可使混合离散变量最优化问题转化为均匀全离散变量最优化问题来求解。这对提高计算效率通常是有利的。

### 三、离散最优解

由于离散设计空间的不连续性,离散变量最优点与连续变量最优点不是同一概念,必须重新定义。

1. 离散单位邻域

在设计空间中,离散点 $X$ 的单位邻域 $UN(X)$ 是指如下定义的集合:

$$UN(X) = \left\{ \begin{array}{l} X \left| x_i - \Delta_i, x_i, x_i + \Delta_i, \ i = 1, 2, \cdots, p \right. \\ X \left| x_i - \varepsilon_i, x_i, x_i + \varepsilon_i, \ i = p+1, p+2, \cdots, n \right. \end{array} \right\} \tag{8-9}$$

图 8-3 表示了二维设计空间中离散点 $X$ 的离散单位邻域

$$UN(X) = \{A, B, C, D, E, F, G, H, X\}$$

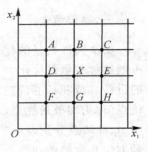

一般情况下,设离散变量的维数为 $p$,则 $UN(X)$ 内的离散点总数为 $N = 3^p$。

2. 离散坐标邻域

在设计空间中离散点 $X$ 的离散坐标邻域 $UC(X)$ 是指以 $X$ 点为原点的坐标轴线和离散单位邻域 $UN(X)$ 的交点的集合。在图 8-3 中,离散点 $X$ 的离散坐标邻域为

$$UC(X) = \{B, D, E, G, X\}$$

图 8-3

一般在 $p$ 维离散变量情况下离散坐标邻域的离散点总数为 $N = 2p+1$。

3. 离散局部最优解

若 $X^* \in \mathscr{D}$;对所有 $X \in UN(X^*) \bigcap \mathscr{D}$;恒有

$$f(X^*) \leqslant f(X)$$

则称 $X^*$ 是离散局部最优点。

4. 拟离散局部最优解

若 $\overline{X}^* \in \mathscr{D}$,且对所有 $X \in UC(\overline{X}^*) \bigcap \mathscr{D}$,恒有

$$f(\overline{X}^*) \leqslant f(X)$$

则称 $\overline{X}^*$ 是拟离散局部最优点。

5. 离散全域最优解

若 $X^{**} \in \mathscr{D}$,且对所有 $X \in \mathscr{D}$,恒有

$$f(X^{**}) \leqslant f(X)$$

则称 $X^{**}$ 为离散全域最优点。

125

严格来说，离散优化问题的最优解应是指离散全域最优点而言，但它与一般的非线性优化问题一样，离散优化方法所求得的最优点一般是局部最优点，这样通常所说的最优解均指局部最优解。

由于设计空间的离散性，离散最优点将不是唯一的。为了判断 $X$ 点是否是最优点，应从 $UN(X)$ 内所有离散点进行比较，得到局部最优点 $X^*$。但由于在 $UN(X)$ 中离散点的总数目 $N = 3^p$，若维数 $p$ 很大，则判断离散局部最优点 $X^*$ 的计算工作量太大，故也可仅在 $UC(X)$ 中进行比较，$UC(X)$ 的离散点总数仅有 $2p+1$ 个，计算工作量相对来说少一些。但这样判断得到的是拟离散局部最优点 $\overline{X}^*$，它可能是离散局部最优点 $X^*$，也可能不是，因而以此作为离散最优点，其可靠程度会低一些。

# §8-2  凑整解法与网格法

## 一、凑整解法

解决离散变量的优化问题很容易考虑为：将离散变量全都权宜地视为连续变量，用一般连续变量最优化方法求得最优点（称为连续最优点），然后再把该点的坐标按相应的设计规范和标准调整为与其最接近的整数值或离散值，作为离散变量优化问题的最优点（称为离散最优点）的坐标，这便构成离散变量最优化问题的凑整解法。图 8-4(a) 中 $A$、$B$ 两点分别表示二维离散变量优化问题凑整法中的连续最优点与离散最优点。这种方法非常简单和受人欢迎，但可能出现两个问题：

1. 与连续最优点 $A$ 最接近的离散点 $B$ 落在可行域外；如图 8-4(b) 所示。一般来说，这是工程实际所不能接受的。

2. 与连续最优点 $A$ 最接近的离散点 $B$ 并非离散最优点 $C$，如图 8-4(c) 所示，点 $B$ 仅是一个工程实际可能接受的较好的设计方案。

针对上述问题可作些改进，即在求得连续最优点 $A$ 并调整到最接近的离散点 $B$ 以后，在 $B$ 的离散单位邻域 $UN(B)$ 或离散坐标邻域 $UC(B)$ 内找出所有的离散点，逐个判断其可行性并比较其函数值的大小，从中找到离散局部最优点或拟离散局部最优点。

其实凑整解或改进的凑整解都是基于离散最优点就在连续最优点的附近，但由于实际问题的复杂性有时并非如此，如图 8-4(d) 中真正的离散最优点 $C$ 离连续最优点 $A$ 很远。

## 二、网格法

网格法是解离散变量优化问题的一种最原始的遍数法。现以图 8-5 所示的二维问题来进行说明。在离散变量的值域内，先按各变量的可取离散值在设计空间内构成全部

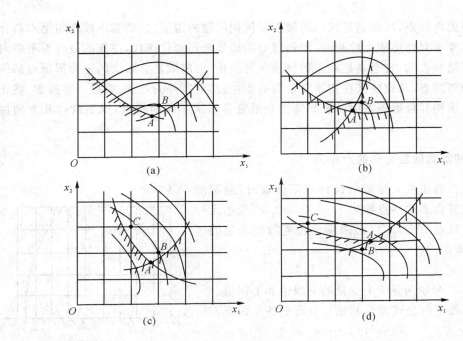

图 8-4

离散网格点,全域最优点 $X^{**}$ 应是可行域 $\mathscr{D}$ 中诸网格点目标函数值最小者。这就需要逐个检查网格点是否可行和择其最优。对 $X^{(k)}$ 点若不可行则予摒弃;如可行则计算它的目标函数 $f(X^{(k)})$ 并与以前计算取得的可行最好点 $X^{(L)}$ 作比较:若 $f(X^{(k)}) < f(X^{(L)})$,则将 $X^{(k)} \Rightarrow X^{(L)}$ 存贮作为当前取得的可行最好点,否则亦予摒弃,继续检查下一个离散点。待全部离散点都检查一遍后,其最好点就是该优化问题的全域最优点 $X^{**}$。这种方法原理简单,不难编制其算法框图和计算机程序;但是当设计变量维数 $n$ 以及每个变量离散值数目 $L$ 很多时,需检查的离散点数 $N$ 很多

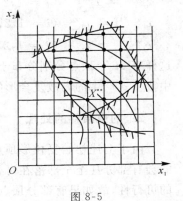

图 8-5

$(N = L^n)$。占机时数巨大,除现有用分层网格计算加以改进外,人们在努力寻求其他更为有效的离散变量优化方法。

## §8-3  离散复合形法

离散复合形法是在求解连续变量复合形法的基础上进行改造,使之能在离散空间

127

中直接搜索离散点,从而满足求解离散变量优化问题的需要。它的基本原理与第六章介绍的连续变量复合形法大致相同,即通过对初始复合形调优迭代,使新的复合形不断向最优点移动和收缩,直至满足一定的终止条件为止。但离散复合形法的复合形顶点必须是可行的离散点,这就使其在初始复合形的产生、约束条件的处理、离散一维搜索、终止准则以及重构复合形等方面具有与连续变量复合形法不同的特点,以下就这几方面加以介绍。

### 一、初始离散复合形的产生

用复合形法在 $n$ 维离散设计空间搜索时,通常取初始离散复合形的顶点数为 $K = 2n + 1$ 个。先给定一个初始离散点 $X^{(0)}$,$X^{(0)}$ 必须满足各离散变量值的边界条件,即:

$$x_i^L \leqslant x_i^{(0)} \leqslant x_i^U \quad (i = 1, 2, \cdots, n)$$

式中 $x_i^L$、$x_i^U$ 分别为第 $i$ 个变量的下限值和上限值。

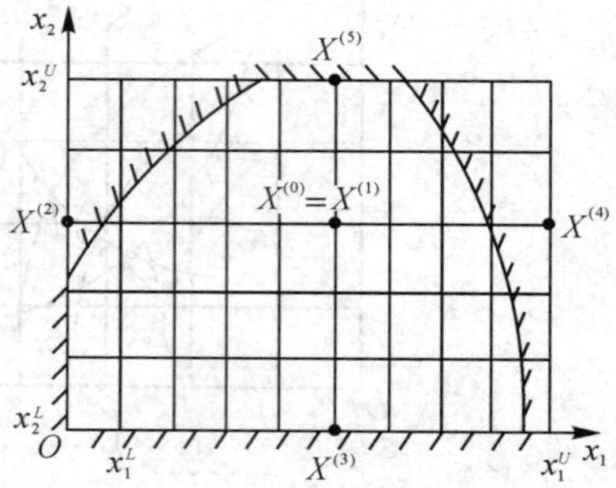

然后按下列公式产生初始复合形的各个顶点:

$$
\begin{aligned}
&x_i^{(1)} = x_i^{(0)} && (i = 1, 2, \cdots, n) \\
&x_i^{(j+1)} = x_i^{(0)} && (i = 1, 2, \cdots, n; i \neq j; j = 1, 2, \cdots, n) \\
&x_j^{(j+1)} = x_j^{(L)} && (j = 1, 2, \cdots, n) \\
&x_i^{(n+j+1)} = x_i^{(0)} && (i = 1, 2, \cdots, n; i \neq j; j = 1, 2, \cdots, n) \\
&x_j^{(n+j+1)} = x_i^{(U)} && (j = 1, 2, \cdots, n)
\end{aligned}
\tag{8-10}
$$

图 8-6

这样有 $2n$ 个顶点分别分布于 $n$ 个设计变量的上下限约束边界上。图 8-6 表示二维问题中按上式产生的离散复合形的五个初始顶点 $X^{(1)}$、$X^{(2)}$、$X^{(3)}$、$X^{(4)}$、$X^{(5)}$ 的分布情况。

### 二、约束条件的处理

由于上述初始复合形顶点的产生未考虑约束条件,此时产生的初始复合形顶点可能会有部分甚至全部落在可行域 $\mathscr{D}$ 的外面。在调优迭代运算中必须保持复合形各顶点的可行性,故如果有部分顶点落在可行域外面,可采用下述方法将其移入可行域之内。

定义离散复合形的有效目标函数 $\overline{f}(X)$ 为:

$$
\overline{f}(X) = \begin{cases} f(X) & X \in \mathscr{D} \\ M - \sum_{u \in l} g_u(X) & X \overline{\in} \mathscr{D} \end{cases}
\tag{8-11}
$$

式中,$f(X)$ 为原目标函数;$M$ 为一个比 $f(X)$ 值数量级大得多的常数;

$l = \{u \mid g_{u(X) < 0} \ (u = 1, 2, \cdots, m)\}$。

图 8-7 为一维变量时由式(8-11)定义的有效目标函数 $\overline{f}(X)$ 的示意图。由图可见,

128

在可行域 $\mathscr{D}$ 以外, $\overline{f}(X)$ 的曲线像一个向可行域 $\mathscr{D}$ 倾斜的"漏斗", 当部分复合形顶点在可行域之外时, 最坏的顶点 $X^{(H)}$ 一定位于可行域之外的一个离散点上。以此点为进行离散一维搜索的基点, $M$ 在有效目标函数 $\overline{f}(X) = M - \sum_{u \in l} g_u(X)$ 中保持不变, 而 $-\sum_{u \in l} g_u(X)$ 的值则随搜索点离约束面的位置而变

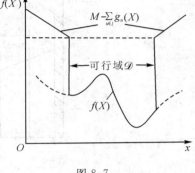

图 8-7

化。离约束面越近, 其值越小; 反之, 其值越大。这样从不可行离散顶点出发的离散一维搜索实际上是求 $-\sum_{u \in l} g_u(X)$ 的极小值, 当 $-\sum_{u \in l} g_u(X) = 0$ 时, 即进入可行域 $\mathscr{D}$, 从这时起目标函数 $\overline{f}(X) = f(X)$; 由于可行域 $\mathscr{D}$ 的边界好像是由 $M$ 筑起的一堵"高墙", 从而保证始终在可行域 $\mathscr{D}$ 内继续搜索 $f(X)$ 的极小值。按这种处理方法设计的程序可自动地将先由不可行离散点寻找可行离散点和接下来的从可行离散点寻找离散最优点这两个阶段的运算过程很好地统一起来。

### 三、离散一维搜索

离散复合形的迭代调优过程与一般复合形类似, 即以复合形顶点中的最坏点 $X^{(H)}$ 为基点, 把 $X^{(H)}$ 和其余各顶点的几何中心点 $X^{(c)}$ 的连线方向作为搜索方向 $S$, 采用映射、延伸或收缩的方法进行一维搜索, 待找到好点 $X^{(R)}$ 则以该点代替最坏点, 组成新的复合形, 重复以上步骤迭代调优。

设 $n$ 为维数, $p$ 为离散变量个数, 为保证离散一维搜索得到的新点 $X^{(R)}$ 为一离散点, 其各分量值应为

$$x_i^{(R)} = x_i^{(H)} + \alpha \cdot S_i \quad (i = 1, 2, \cdots, n)$$
$$x_i^{(R)} = \langle x_i^{(R)} \rangle \qquad (i = 1, 2, \cdots, p \leqslant n) \tag{8-12}$$

式中, $S_i$ 为离散一维搜索方向 $S = X^{(c)} - X^{(H)}$ 的各分量, 即

$$S_i = x_i^{(c)} - x_i^{(H)} \quad (i = 1, 2, \cdots, n) \tag{8-13}$$

$\alpha$ 为离散一维搜索的步长因子; $\langle X_i^{(R)} \rangle$ 表示取 $X_i^{(R)}$ 最靠近的离散值 $q_{ij}$。离散一维搜索可采用简单的进退对分法, 其步骤可参阅图 8-8 进行:

(1) 一般取初始步长 $\alpha_0 = 1.3$, 置 $\alpha_0 \Rightarrow \alpha = \alpha_1, 1 \Rightarrow kk$;

(2) 按式(8-12)求新点 $X^{(R)}$;

(3) 如 $X^{(R)}$ 比 $X^{(H)}$ 好, 则进行第(4)步; 否则, 置 $0 \Rightarrow kk$, 转第(4)步;

(4) 如 $kk = 1$, 则 $2\alpha_1 \Rightarrow \alpha_1, \alpha_1 + \alpha \Rightarrow \alpha$, 返回第(2)步; 否则, 置 $0.5\alpha_1 \Rightarrow \alpha_1, \alpha - \alpha_1 \Rightarrow \alpha$, 返回第(2)步;

129

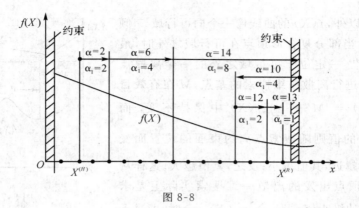

图 8-8

（5）当 $\alpha_1 < \alpha_{min}$ 时，离散一维搜索终止。$\alpha_{min}$ 称为最小有用步长因子，其值按下式求出：

$$\alpha_{min} = \min\left\{ \left|\frac{0.5}{S_i}\right|_{i=1,2,\cdots,p_i} \quad \left|\frac{\varepsilon_i}{S_i}\right|_{i=p+1,p+2,\cdots,n} \right\} \tag{8-14}$$

式中，$\varepsilon_i$ 是连续变量的拟离散增量。

还需指出：以上由 $X^{(H)}$ 点沿 $S$ 方向一维离散搜索，由于设计空间的离散点远远少于连续点，有可能沿 $X^{(H)}$ 和 $X^{(c)}$ 连线方向找不到一个比 $X^{(H)}$ 更好的点，这时需要改变一维离散搜索方向，而依次改用第 2 坏点，第 3 坏点，$\cdots$，直至第 $K-1$ 个坏点和复合形中点 $X^{(c)}$ 的连线方向作为搜索方向重新进行一维搜索。如果依次进行了上述 $K-1$ 个方向搜索后，仍找不到一个好于 $X^{(H)}$ 的点，则将离散复合形各顶点均向最好顶点 $X^{(L)}$ 方向收缩 $\frac{1}{3}$，构成新的复合形再进行一维搜索。

### 四、离散复合形算法的终止准则

当离散复合形所有顶点在各坐标轴方向上的最大距离 $d_i$ 不大于相应设计变量 $x_i$ 的离散值增量 $\Delta_i$（对连续变量为拟离散增量 $\varepsilon_i$）时，表明离散复合形各顶点的坐标值已不再可能产生有意义的变化。$d_i$ 按下式计算

$$d_i = b_i - a_i \qquad (i=1,2,\cdots,n)$$
$$a_i = \min\{x_i^{(K)} \qquad (K=1,2,\cdots,2n+1)\} \tag{8-15}$$
$$b_i = \max\{x_i^{(K)} \qquad (K=1,2,\cdots,2n+1)\}$$

如果在 $n$ 个坐标轴方向中，满足 $d_i \leqslant \Delta_i$（或 $\varepsilon_i$）关系的方向数大于一个预先给定的分量数 $EN$，可认为收敛，离散复合形迭代运算即可终止。$EN$ 取 $\left[\frac{n}{2} \sim n\right]$ 间的正整数。

### 五、重构复合形

收敛条件所求得的复合形最好顶点 $X^{(L)}$ 仅是 $\Delta_i$（或 $\varepsilon_i$）范围内的最好点。$X^{(L)}$ 并不

130

能保证是单位邻域 $UN(X^{(L)})$ 内的最好点,由图 8-3 可知,单位邻域的坐标尺寸范围是两倍的 $\Delta_i$(或 $\varepsilon_i$),因而将这种情况下的 $X^{(L)}$ 点作为最优点是不可靠的。为了避免漏掉最优点,我们再采取多次构造离散复合形进行运算,直到前后两次离散复合形运算的最好点重合为止。具体做法是以前一次满足终止条件得到的最好点 $X^{(L)}$ 作为初始点 $X^{(0)}$,重新构造初始复合形进行迭代调优计算,如果下一次满足收敛条件得到的好点 $X^{(L)}$ 与 $X^{(0)}$ 重合,即认为已求得最优解 $X^*$,否则还应再次构造初始复合形继续运算。

### 六、离散复合形法的迭代过程及算法框图

离散复合形的迭代计算过程如下:

(1) 选择并输入运算的基本参数:维数 $n$,离散变量个数 $p$,各设计变量的上、下限 $x_i^{(U)}$ 和 $x_i^{(L)}$($i=1,2,\cdots,n$),离散变量的离散值增量 $\Delta_i$($i=1,2,\cdots,p$),连续变量的拟离散增量 $\varepsilon_i$($i=p+1,p+2,\cdots,n$),判别收敛的分量数 $EN$。

(2) 选取一个满足设计变量上、下限的离散初始点 $X^{(0)}$。

(3) 由 $X^{(0)}$ 按式(8-10)产生 $K=2n+1$ 个复合形顶点。

(4) 计算各顶点的有效目标函数值。

(5) 各顶点按有效目标函数值的大小进行排队,找出最好点 $X^{(L)}$,最坏点 $X^{(H)}$。

(6) 检查复合形终止条件,若已满足则转第(13)步;否则进行下一步。

(7) 求除坏点 $X^{(H)}$ 外的顶点几何中心 $X^{(c)}$,以 $X^{(c)}$ 为基点,沿 $X^{(c)}-X^{(H)}$ 方向进行一维离散搜索。

(8) 若一维离散搜索终点的有效目标函数值比 $X^{(H)}$ 点函数值小,则一维离散搜索成功,转第(9)步;否则转第(10)步。

(9) 用一维离散搜索终点代替 $X^{(H)}$ 点,完成一轮迭代,转入第(5)步。

(10) 改变搜索方向,即以下一个坏点为基点,沿该点与 $X^{(c)}$ 的连线方向一维离散搜索。

(11) 如搜索成功,转第(9)步;否则进行下一步。

(12) 若改变搜索方向未到 $2n$ 次,则返回第(10)步;否则各顶点向最好点收缩 $\frac{1}{3}$,转第(4)步。

(13) 检查 $X^{(L)}$ 点是否与 $X^{(0)}$ 点重合,若不重合,则置 $X^{(L)} \Rightarrow X^{(0)}$,转第(3)步;若重合,则输出结果:$X^{(L)} \Rightarrow X^*$,$f(X^{(L)}) \Rightarrow f(X^*)$,结束迭代。

算法框图如图 8-9 所示。

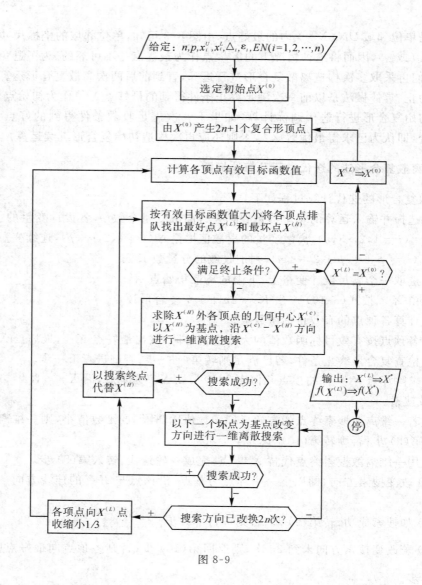

图 8-9

为进一步提高离散复合形法的效能,计算程序还可以按需要配以二次轨线加速搜索、贴边搜索、最终反射技术等等辅助功能,这里不作进一步介绍。

# 第九章 有关优化设计数学模型及其求解中的几个问题

建立正确的数学模型，是解决最优化设计问题的关键。总的说来，对数学模型的基本要求为：

1) 数学模型能正确地表达设计问题，准确可靠地保证设计问题所要达到的目的和满足所受的各种限制条件。

2) 建立的数学模型要容易处理，总的准备时间较少，计算过程稳定，计算结果可靠。

下面讨论在建立数学模型及其求解过程中的几个问题。

## §9-1 设计变量的选取

设计变量是在设计过程中需要进行选择并最终必须确定的各项独立参数。虽然凡能影响设计质量或结果的可变参数均可作为设计变量，但设计变量太多，会增加计算的难度和工作量，且会由于问题过份复杂而失去实际意义。设计变量太少，则减小了设计自由度，难以甚至无法得到较佳的优化结果。总的原则应该是在确保优化效果的前提下，尽可能地减少设计变量。

在机械优化设计中，对某一种参数是否作为设计变量，必须考察这种参数是否能够控制，实行起来是否便利，制造加工成本如何，以及允许调整范围等实际问题。要把有关参数中对优化目标影响最大的那些独立参数作为设计变量；此外，应力求选取容易控制调整的参数（如连杆机构中的杆件长度）作为设计变量。对有关材料的机械性能，由于可供选用的材料往往是有限的，而且它们的机械性能又常常需要采用试验的方法来确定，无法直接控制，所以将其作为设计常量处理较为合理。那些根据以往经验或资料可确定的参数，受工厂条件限制无法随意变动的参数，也都应取作设计常量。

对于应力、应变、压力、挠度、功率、温度等等设计者不能直接判断，而是一些具有一定函数关系式计算出的因变量；当它们在数学上易于消去时，也可不定为设计变量。但如果避免这种参数在数学上有困难时，则也可取为设计变量。

总之，对影响设计质量的各种参数要认真分析，慎重合理地选取设计变量。

## §9-2  目标函数的建立

目标函数是以设计变量表示设计所要追求的某种性能指标的解析表达式,用来评价设计方案的优劣程度。

对于不同的机械设计有不同的衡量评价标准。从使用性能出发,有要求效率最高,功率利用率最好,可靠性最好,测量或运动传递误差最小,平均速度最大或最小,加速度最大或最小,尽可能满足某动力学参数要求等等。从结构要求出发,有要求重量最轻,体积最小等等。也有从经济性考虑,有要求成本最低,工时最少,生产率最高,产值最大等等。而且往往要求同时兼顾几方面的要求。

一般说来,目标函数越多,设计结果越趋完善,但优化设计的难度也相应增加,在多目标函数优化设计一章中已予阐述。实际使用中应尽量控制目标函数的数目,抓问题的主要矛盾,针对影响机械设计的质量和使用性能最重要、最显著的问题来建立目标函数,保证重点要求的实现,其余的要求可处理成设计约束来加以保证。

## §9-3  约束条件的确定

设计约束是考虑边界和性能对设计变量取值的限制条件。

边界约束规定设计变量的取值范围,在机械优化设计中,先对每个设计变量都给出明确的上、下界限约束是完全可能的,实践证明也是很有益的。尽管其中某些约束会由于引入其他约束条件成为不起作用的消极约束,但对求解中确定计算初始点,估计可行区域,判断结果合理性等都会带来好处。

在优化设计中,对于一个性能指标,可以取为目标函数,也可以定为设计约束(或称为性能约束),例如机械设计中的强度条件、刚度条件、稳定性条件、振动稳定性条件等等。从计算角度上讲,约束函数的检验相对容易处理,因此可利用目标函数和设计约束可以相互置换的特点,根据需要灵活使用。

在确定设计约束时,一般可以比常规设计考虑更多方面的要求,例如工艺、装配、各种失效形式、费用、性能要求等等。只要某种限制能够用设计变量表示为约束函数(包括经验公式、近似表达式等),都可以确定为约束条件。

当然,不必要的限制不仅是多余的,还将使设计可行区域缩小(即限制了设计空间),进而会影响最优结果的获得。

# §9-4　数学模型的尺度变换

数学模型的尺度变换,就是指改变各个坐标的比例,从而改善数学模型性态的一种技巧。

例如目标函数

$$f(X) = 144x_1^2 + 4x_2^2 - 8x_1x_2$$

其等值线如图 9-1(a) 所示;若令 $\overline{x}_1 = 12x_1, \overline{x}_2 = 2x_2$ 代入原目标函数中,则得

$$f(\overline{X}) = \overline{x}_1^2 + \overline{x}_2^2 - \frac{1}{3}\overline{x}_1\overline{x}_2$$

经过变换后以 $\overline{x}_1$、$\overline{x}_2$ 为坐标的 $f(\overline{X})$ 等值线如图 9-1(b) 所示。显然 $f(\overline{X})$ 比 $f(X)$ 的等值线偏心程度得到了很大改善,解题效率提高并易于求解。对 $f(\overline{X})$ 求得最优点 $\overline{X}^* = [\overline{x}_1^*, \overline{x}_2^*]$ 后将 $\overline{x}_1^*, \overline{x}_2^*$ 作反变换 $x_1^* = \overline{x}_1^*/12, x_2^* = \overline{x}_2^*/2$,即得 $f(X)$ 的最优点 $X^* = [x_1^*\ x_2^*]$。

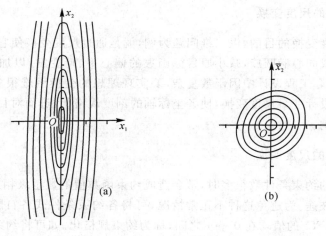

图 9-1

## 一、设计变量的尺度变换

在机械优化设计中,有时各设计变量 $x_i(i = 1,2,\cdots,n)$ 的量纲不同且量级相差很大,使运算过程中各个设计变量的灵敏度差别很大,使运算过程中各个设计变量的灵敏度差别很大,从而造成设计过程的不稳定和收敛性很差,乃至出现"病态现象",这时可通过尺度变换使设计变量无量纲化和量级规格化来加以消除。尺度变换后的设计变量

135

为
$$\overline{x}_i = K_i x_i \qquad (i = 1, 2, \cdots, n)$$

式中 $K_i$ 为尺度变换系数,应视具体情况选取。通常可作如下推荐:

若预先可估计出设计变量极限值的变化范围为 $a_i \leqslant x_i \leqslant b_i$,则可取

$$K_i = \frac{1}{b_i - a_i} \qquad (i = 1, 2, \cdots, n)$$

这种变换将缩小各设计变量在量级上的差别。

若知道设计变量的初始值 $x_i^{(0)}(i = 1, 2, \cdots, n)$,则可取

$$K_i = \frac{1}{x_i^{(0)}} \qquad (i = 1, 2, \cdots, n)$$

这样当初始点 $x_i^{(0)}$ 靠近最优点 $x_i^*$ 时,则 $\overline{x}_i^0(i = 1, 2, \cdots, n)$ 值均将在 1 附近变化。

当然在尺度变换后求得的最优点 $\overline{x}_i^*$,需作反变换以求得真正所要求的最优点

$$x_i^* = \frac{\overline{x}_i^*}{K_i} \qquad (i = 1, 2, \cdots, n)$$

### 二、目标函数的尺度变换

目标函数尺度变换的目的,以二维问题为例,就是通过尺度变换使它的等值线尽可能接近于同心圆或同心椭圆族,减小原目标函数的偏心率、畸变度,以加快优化搜索的收敛速度。但在实际工程设计中因函数复杂,要实现理想的变换困难很多,目前一般还仅仅限于用通过设计变量尺度变换,使各坐标轴的刻度规格化,进而对目标函数的性态产生一些好的影响。

### 三、约束条件的尺度变换

在优化设计的约束条件数很多时,常会造成约束函数值的数量级相差很大,有可能使计算结果误入岐途。为避免这种不正常情况,可将各约束条件式各自除以一个常数,使各约束函数 $g_u(X)$ 的值均在 $0 \sim 1$ 之间,称为约束规格化。如可将约束函数

$$g_1(X) = x_i - 0.1 \geqslant 0, \qquad g_2(X) = 10000 - x_i \geqslant 0$$

改写为

$$g_1(X) = \frac{x_i}{0.1} - 1 \geqslant 0, \qquad g_2(X) = 1 - \frac{x_i}{10000} \geqslant 0$$

又如对于机械设计中的强度、刚度等性能约束 $\sigma \leqslant [\sigma]; f \leqslant [f]$ 由习惯的形式

$$g_1(X) = [\sigma] - \sigma \geqslant 0, \qquad g_2(X) = [f] - f \geqslant 0$$

改写成使约束函数值均在 $0 \sim 1$ 之间的约束规格化形式

$$g_1(X) = 1 - \frac{\sigma}{[\sigma]} \geqslant 0, \qquad g_2(X) = 1 - \frac{f}{[f]} \geqslant 0$$

136

以减小各约束条件在设计变量变化时的灵敏度差距,使问题得到一定程度的改善。

但如果一个不等式约束条件是两个设计变量之间的比值函数,那么就没有一个合适的常数作为除数,在这种情况下,可以用变尺度后的设计变量来建立约束条件,或用一个可以改变其数值的变量来除此式,但千万注意不能因此而改变约束条件的性质。

实践证明,设计变量的无量纲化、目标函数性态的改善和约束条件的规格化,会加快收敛速度,提高计算的稳定性和数值变化的灵敏性,且为使用一般的通用程序带来方便。

## §9-5  数据表和线图的处理

在机械优化设计中,当需要引用各种图表给出的数据时,需编制查找和检取这些数据的专门子程序联入优化程序。常用的处理方法有:

1) 当原数据出自理论计算公式时,可直接按原计算公式来编制子程序。

2) 当原数据虽没有理论公式,但有一定的函数关系并以一些离散点的函数值形式给出时,可用插值或曲线拟合的方法编制一个子程序。必要时为提高精度或简化函数表达式,可逐段进行拟合。

3) 当原数据给出的是一组无一定函数关系的具体数字时,可把表中的数据以数组形式来标识存储。如齿轮的标准模数系列,是一维数表,可用一维数组 $M(I)(I=1,2,\cdots)$ 来标识存储(见表9-1)。数据括号中的标量 $I$ 就是相应模数的代码,如 $I=3$ 时,标识 $m=2.5\text{mm}$。在优化设计时,只要给定标识符的标量值,即可由 $M(I)$ 直接检取齿轮的模数数值。

**表 9-1  标准模数系列表(mm)**

| 模数(mm) | 2 | 2.25 | 2.5 | 2.75 | 3 | 3.5 | 4 | ⋯ |
|---|---|---|---|---|---|---|---|---|
| 标识 $M(I)$ | $M(1)$ | $M(2)$ | $M(3)$ | $M(4)$ | $M(5)$ | $M(6)$ | $M(7)$ | ⋯ |

对于表9-2所示的二维数表,可相应使用二维数组来标识存储。这里二维数组 $AL(I,J)$ 中的标量 $I$ 标识不同的圆角半径 $r$ 与轴径(较小者)之比 $r/d$,$J$ 标识不同的直径比 $D/d$,这样便可根据实际的 $r/d$ 和 $D/d$ 比值来检取应力集中系数值。

4) 对于线图资料,可用上述的方法2)或3)中的任一种来处理,当然在可能的情况下,以采用方法2)为好。

在使用图表资料引入近似公式时,要特别注意其数值应用范围,必须引入相应的可靠的约束条件,以保证计算机在优化搜索时始终是在有意义的范围内查找和检取数据。

表 9-2　轴肩圆角处的理论弯曲应力集中系数的数表

| | | r/d | 0.04 | 0.10 | 0.15 | 0.20 | 0.25 | 0.30 |
|---|---|---|---|---|---|---|---|---|
| | | 行序号 I | 1 | 2 | 3 | 4 | 5 | 6 |
| | | | AL(1,J) | AL(2,J) | AL(3,J) | AL(4,J) | AL(5,J) | AL(6,J) |
| 直径比 D/d | 6.00 | 1 AL(I,1) | 2.59 | 1.88 | 1.64 | 1.49 | 1.39 | 1.32 |
| | 3.00 | 2 AL(I,2) | 2.40 | 1.80 | 1.59 | 1.46 | 1.37 | 1.31 |
| | 2.00 | 3 AL(I,3) | 2.33 | 1.73 | 1.55 | 1.44 | 1.35 | 1.30 |
| | 1.50 | 4 AL(I,4) | 2.21 | 1.68 | 1.52 | 1.42 | 1.34 | 1.29 |
| | 1.20 | 列序号 J 5 AL(I,5) | 2.09 | 1.62 | 1.48 | 1.39 | 1.33 | 1.27 |
| | 1.10 | 6 AL(I,6) | 2.00 | 1.59 | 1.46 | 1.38 | 1.31 | 1.26 |
| | 1.05 | 7 AL(I,7) | 1.88 | 1.53 | 1.42 | 1.34 | 1.29 | 1.25 |
| | 1.03 | 8 AL(I,8) | 1.80 | 1.49 | 1.38 | 1.31 | 1.27 | 1.23 |
| | 1.02 | 9 AL(I,9) | 1.72 | 1.44 | 1.34 | 1.27 | 1.22 | 1.20 |
| | 1.01 | 10 AL(I,10) | 1.61 | 1.36 | 1.26 | 1.20 | 1.17 | 1.14 |

## §9-6　最优化方法的选择及其应用程序

机械优化设计中常用的一些优化方法,前面几章已作介绍,各种方法都各有其特点和一定的适用范围。表 9-3 对其进行简单的归纳。

表 9-3　常用优化方法的特点和应用范围

| 最优化方法 | | 特点及应用范围 |
|---|---|---|
| 一维搜索法 | 基础 | 进退法找到区间后,一般采用二次插值法,算法成熟,收敛也较快。0.618 法收敛稳定,只是收敛速度较慢。 |
| 鲍威尔法 | 无约束 | 不需求导数,只需计算目标函数值,适用于中、小型问题。是在坐标轮换法、共轭方向法基础上的改进算法,是一种较为有效的算法,但对于多维问题收敛速度较慢。 |
| 梯度法 | | 需求目标函数的一阶偏导数,程序简单。远离极小点时收敛较快,但接近极小点时,收敛很慢。很少单独使用。 |
| 牛顿法 | | 需求目标函数的二阶偏导数及其逆矩阵,计算量大(计算量与存贮量都与维数 $n$ 的平方成正比),且要求初始点在极小点附近。优点是收敛快(尤其对二次函数)。 |
| 变尺度法 | | 需求目标函数的一阶偏导数,计算量和存贮量大,收敛较快。对初始点无特殊要求。用 BFGS 法有较好的数值稳定性,适用于大中型问题。 |
| 随机方向法 | 有约束 | 不需求偏导数,程序最简单,但收敛很慢,仅适用于小型问题。 |
| 复合形法 | | 不需求偏导数,计算量一般,收敛较快,适用于中小型问题。 |
| 惩罚函数法 | | 要与无约束方法联合使用,收敛较快。 |

选择优化方法应综合考虑：

1）设计变量是连续的还是离散的以及维数的多少。维数较低可选用结构简单易于编程的方法，维数高的则应选择收敛速度较快的方法。

2）目标函数是单目标还是多目标，目标函数的连续性及其一阶、二阶偏导数是否存在以及是否易于求得，对于求导困难或导数不存在的应避免求导而采用直接法。

3）有无约束，约束条件是不等式约束，还是等式约束，还是两者同时兼有。如具有等式约束，显然不能直接采用复合形法、内点惩罚函数法。

当优化方法选定以后用计算机求解机械优化设计问题的数学模型，需要采用相应的优化设计程序。评价优化程序的准则主要有：

1）通用性。在合理的精度要求下，在一定的计算时间内，能求解出各种不同类型的优化问题的成功率。

2）有效性。对同一问题在同一精度、同一初始条件下，求解优化问题所用计算时间的多少。

3）简便性。指人们所需要准备的工作量大小，包括学习使用程序，编制针对具体优化问题的辅助子程序，程序中所需调用参数的多少，调试操作复杂程度，输入、输出控制方式等等。

前已述及我国研制开发成功的微机优化方法程序库 PC－OPB 以及美国 Math Works 公司推出 MATLAB 所附带的优化工具箱均为优秀的商品化了的通用优化设计软件。使用通用优化程序，对不同类型的具体优化问题仅仅只要按规定格式编写目标函数和约束条件子程序，这对优化技术的应用与推广无疑是十分有利的。书末所附自行编制的优化设计程序，对配合读者学习优化方法迭代过程、求解小型优化问题有一定的参考价值。若要解决复杂的机械优化设计问题，还是需要使用商品化通用优化设计软件。

## §9-7　计算结果的分析与处理

由于机械设计问题的复杂性，或建模中可能的失误，对优化计算得到的结果要进行仔细的分析，有时还需要进行适当的处理，以保证设计的合理性。

对设计变量进行过尺度变换或离散型变量作为连续型变量来计算的，则需对其计算结果相应进行反变换和圆整为离散值的处理。

目标函数的最优值，是对计算结果进行分析的重要依据。将它与原始方案的目标函数值作比较，可看出优化设计的效果。若多给几个不同的初始点进行计算，从其结果可以大致判断出全局最优解。

对计算结果得到的最优解，需要检查它们的可行性和合理性。对于大多数机械优化设计问题，最优解往往位于一个或几个不等式约束的界面上，其约束函数值应等于或接近于零。若约束函数值全部不接近于零,即其所有的约束条件都不起作用,这时必须进一步研究所给约束条件对该设计问题是否完善、所取得的最优解是否正确。

对各设计变量还可进一步作关于该设计方案的敏感度分析。通过对某设计变量 $x_i^*$ 加、减 $\Delta x_i$ 后,计算其目标函数值和约束函数值,从其变化可看出此设计变量在该设计方案中的地位与作用。通过这样对设计变量的逐个分析(皆取相同的增量值 $\Delta x_i$),由其结果可明确哪些设计变量在生产制造中应给于特别重视,需从严控制。对敏感度过高(设计变量的微小变化引起目标函数值的大起大落)的设计方案,在现有工艺水平难以保证时,则应重新选用其他合适的优化方案。

在机械优化设计的实际应用中,其最后的计算结果分析与处理,常是不容忽视的。特别是对设计变量的敏感度分析对进一步提高工程优化设计的质量很有意义。

140

# 第十章　最优化方法在机械设计中的应用

## §10-1　概　述

在机构设计、机械零部件设计以至机械系统设计中，应用最优化技术已日益广泛。

机构的优化设计是在解析法的基础上确定机构的最佳参数和尺寸。它是机械优化设计中发展比较早的一个领域，如今已成为机构学重要的研究方向之一。一般有两类基本问题：① 机构运动学优化设计问题是以机构的运动学参数（如某点轨迹、速度和加速度、传动函数等）为主建立目标函数，其他要求（如动力学方面的要求）则作为约束条件来考虑；② 机构动力学优化设计问题是按照动力学参数（如力、力矩、质量、转动惯量、功率、不平衡量）来建立目标函数，在满足运动学参数和其他限制条件下，使机构达到输入转矩最小、振动最小、功率最省、效率最高、最优平衡等。此外，机构的优化设计有时还需以机构外形尺寸、重量、可靠性和磨损程度等一些技术指标来建立目标函数。连杆机构复演预期的轨迹和按传动函数的运动，高速凸轮在使振动和冲击最小的条件下同时追求体积最小等均为非常成功的优化设计。

常用机械零部件各个设计变量之间一般都有比较明确的函数关系，可根据不同的要求进行优化设计。齿轮传动优化设计一般是当传递载荷一定时追求齿轮的体积最小，或在齿轮的体积一定时追求承载能力最大；亦有将齿轮传动的某项或某几项工作性能最佳（如齿轮副中形成最佳油膜状态、最小的噪声和动载荷等）作为追求的目标。多级齿轮传动的优化设计还有确定最佳传动级数、传动比分配、转速图及优化传动方案等等。链传动、带传动的优化设计多用于按最大承载能力确定各种参数。弹簧优化设计的目标一般是追求重量最轻，或所占空间体积最小；也有追求在一定重量或体积下工作负荷最大或抗振性能最好或刚度最大等等。对于一般主轴的优化设计常将阶梯轴简化成以当量直径表示的等截面轴，以选取主轴的自重最轻为目标，外伸端的挠度控制作为约束条件。液体动压滑动轴承的优化设计则是按给定条件和对象确定需要求解的最佳参数组合；其优化设计的目标可以是多方面的，如追求功耗最小，润滑油用量最少，温升最小，最小油膜厚度最大等等。对滚动轴承、联轴器等标准件重新进行系列优化设计以提高标准件的性能和经济效益都很成功。

对于某个机械系统进行优化设计，根据实际情况有时是对整个系统实施优化设计，有时则对其中某些机构或其中关键零部件进行优化设计。如对变速箱的优化设计可对主要零部件,包括齿轮、轴、轴承、离合器、弹簧、箱体等的基本参数、几何尺寸和相对位置进行全面的优化、编制优化设计的程序包;也可以对变速箱中的部分零件进行局部优化。

　　将最优化技术和有限单元法结合起来,以最大应力极小化作为目标对锻压机床身、齿根过渡曲线等形状优化设计和对机床主轴、直升飞机尾仓部分计算变形和振动固有频率的结构优化设计;对机械设计中变量取值随时间和位置而变化的动态优化设计以及正在发展的可靠性优化设计、模糊优化设计、智能优化设计,都使优化设计在机械设计的应用中进入更高的水平。这些均有待读者进一步学习,这里不作展开。本章介绍几个有代表性的机构、机械零部件的优化设计实例,阐述如何根据设计要求建立机械优化设计的数学模型以及解题过程中一些分析和处理。

## §10-2　轮式车辆前轮转向梯形四杆机构的优化设计

　　一般轮式车辆多为后轮驱动,前轮导向。当车辆绕转向中心 $O$ 作等角速转向时(如图 10-1 所示),要求全部车轮作无侧向滑动的纯滚动。

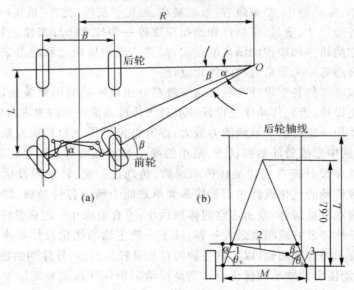

图 10-1

　　设 $\alpha$、$\beta$ 分别为外导向轮、内导向轮轮轴线在水平面上投影之偏转角,则应

$$\cot\alpha - \cot\beta = M/L \tag{10-1}$$

142

式中 $M$ 为转向节中心的距离(见图 10-1(b)),$L$ 为转向节中心连线至后轮轴线在水平面上投影的距离。

若取 $\alpha$ 为已知函数式(10-1)的自变角(自变量),则其因变角为

$$\beta_E = f(\alpha) = \arctan\left[\frac{\tan\alpha}{1 - \dfrac{M}{L}\tan\alpha}\right] \tag{10-2}$$

现要求这样来确定图 10-1 所示梯形机构的尺寸,使其外偏转角 $\alpha$ 和内偏转角 $\beta$ 的函数关系能最佳地逼近式(10-2)。

以 212 吉普车数据为例,其 $M = 148\text{cm}$,$L = 296\text{cm}$,且转向臂 $l_1 = l_3$。

### 1. 选取设计变量

需要确定梯形初始位置角 $\theta_0$,转向臂 $l_1$ 的长度,而连杆 $l_2 = M - 2l_2\cos\theta_0$ 不是独立变量。故设计变量为

$$X = [l_1, \theta_0]^T = [x_1, x_2]^T$$

### 2. 建立目标函数

设机构的输入角(如图 10-1(a)所示,车辆为逆时针转向时)为 $\theta_1 = \theta_0 + \alpha$,其输出角 $\theta_3 = 180° - \theta_0 + \beta$,根据机构运动分析的定长条件有

$$(M + l_3\cos\theta_3 - l_1\cos\theta_1)^2 + (l_3\sin\theta_3 - l_1\sin\theta_1)^2 = l_2^2$$

展开整理可得

$$\theta_3 = 2\arctan\left[(A - \sqrt{A^2 + B^2 - C^2})/(B + C)\right] \tag{10-3}$$

式中

$A = 2l_1^2\sin\theta_1 = 2x_1^2\sin(x_2 + \alpha)$

$B = 2l_1^2\cos\theta_1 - 2Ml_1 = 2x_1^2\cos(x_2 + \alpha) - 296x_1$

$C = 2l_1^2 - 4l_1^2\cos\theta_0 + 4Ml_1\cos\theta_0 - 2Ml_1\cos\theta_1$

$\quad = 2x_1^2(1 - \cos^2 x_2) + 296x_1(2\cos x_2 - \cos(x_2 + \alpha))$

由此求得实际因变角

$$\beta_p = \theta_3 + \theta_0 - 180° \tag{10-4}$$

要求当 $\alpha$ 在 $[0°, 30°]$ 的范围内变化时,计算的 $\beta_E$ 与实际的 $\beta_p$ 应误差最小,若将变化范围分成 30 等份,则根据均方根误差最小来建立目标函数。

$$f(X) = \sum_{i=0}^{30}(\beta_{Ei} - \beta_{pi})^2$$

式中 $\beta_{Ei}$ 为 $\alpha = \alpha_i$ 时,由式(10-2)计算;

$\beta_{pi}$ 为 $\alpha = \alpha_i$ 时,由式(10-3)和式(10-4)计算。

### 3. 确定约束条件

在轮式车辆转向机构设计中,要求其转向臂不宜过短 $l_1 \geqslant 0.1M$;但考虑到空间布

置，转向臂也不宜过长 $l_1 \leqslant 0.4M$。同时，对于后置式转向机构，其梯形臂延长线的交点应离前轴 $0.6L$ 以外。因此梯形机构的初始角 $\theta_0$ 应满足

$$\theta_0 \geqslant 90° - \arctan(M/1.2L)$$

实际结构要求 $\theta_0 \leqslant 90°$，至此形成设计变量的边界约束

$$g_1(X) = x_1 - 14.8 \geqslant 0 \qquad\qquad 即\ l_1 \geqslant 0.1M$$

$$g_2(X) = 59.2 - x_1 \geqslant 0 \qquad\qquad l_1 \leqslant 0.4M$$

$$g_3(X) = x_2 - 1.176 \geqslant 0 \qquad\qquad \theta_0 \geqslant \frac{\pi}{2} - \arctan(M/1.2L)$$

$$g_4(X) = 1.57 - x_2 \geqslant 0 \qquad\qquad \theta \leqslant \frac{\pi}{2}$$

为保证 $l_1$ 从 $\theta_0$ 至 $\theta_0 + 30°$ 的摆动范围，由图 10-2 可见，要求

$$d = \sqrt{l_1^2 + M^2 - 2l_1 M\cos(\theta_0 + 30°)} \leqslant l_1 + l_2$$

即

$$g_5(X) = 148 - 2x_1\cos x_2 + x_1 - \sqrt{x_1^2 + 148^2 - 296 x_1\cos(x_2 + 30°)} \geqslant 0$$

至此已形成了完整的数学模型。

4. 数学模型的尺度变换

从设计变量的边界约束中可以看到设计变量数值变化范围为 $\Delta x_1 = 59.2 - 14.8 = 44.4$ 和 $\Delta x_2 = 1.57 - 1.176 = 0.394$，两者相比 $\Delta x_1/\Delta x_2$ 达 112 倍。为缩小设计变量之间在量级上的差别，进而改善函数性态，特作如下变换

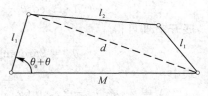

图 10-2

$$\overline{x}_1 = \frac{x_1 - x_1^L}{x_1^U - x_1^L} = \frac{x_1 - 14.8}{59.2 - 14.8}$$

$$\overline{x}_2 = \frac{x_2 - x_2^L}{x_2^U - x_2^L} = \frac{x_2 - 1.176}{1.57 - 1.176}$$

编写这个问题的子程序如下：

```
1000 REM 计算目标函数 F 的子程序
1002 IF FKM <> 999 THEN GOSUB 1900
1004 CX(1) = 44.4 * X(1) + 14.8:CX(2) = .384' * X(2) + 1.176
1006 F = 0:C12 = 2 * CX(1) * CX(1)
1008 FOR I = 0 TO 30
1010 CA = I * CD
1012 CBE(!) = ATN(TAN(CA)/(1 - .5 * TAN(CA)))
1014 C1 = C12 * SIN(CX(2) + CA)
1016 C2 = C12 * COS(CX(2) + CA) - 296 * CX(1)
1018 C3 = C12 * (1 - 2 * COS(CX(2))^2) + 296 * CX(1) * (2 * COS(CX(2)) - COS(CX(2) + CA))
```

144

1020 CZ = 2 $*$ ATN((C1 $-$ SQR(C1 $*$ C1 $+$ C2 $*$ C2 $-$ C3 $*$ C3))/(C2 $+$ C3))

1022 CBP(I) = CZ $+$ CX(2) $-$ PI

1024 F = F $+$ (CBE(I) $-$ CBP(I)) $\hat{\ }$ 2

1026 NEXT I

1028 RETURN

1900 DIM CBP(30),CBE(30),CX(2):FKM = 999

1902 PI = 3.1415926#:CD = PI/180

1904 RETURN

2000 REM 计算约束条件 G(i) 的子程序

2002 IF FKM $<>$ 999 THEN GOSUB 1900

2003 CX(1) = 44.4 $*$ X(1) $+$ 14.8;CX(2) = .394 $*$ X(2) $+$ 1.176

2006 G(1) = CX(1) $-$ 14.8

2008 G(2) = 59.2 $-$ CX(1)

2010 G(3) = CX(2) $-$ 1.176

2012 G(4) = 1.57 $-$ CX(2)

2014 G(5) = 148CX(1) $*$ (2 $*$ COS(CX(2)) $-$ 1)

2016 G(5) = G(5) $-$ SQR(CX(1)$\hat{\ }$2 $+$ 148$\hat{\ }$2 $-$ 296 $*$ CX(1) $*$ COS(CX(2) $+$ 3.14/6))

2018 RETURN

程序中用中间变量 $Cx_i$ 标志变量 $x_i$,方便了程序的编写与阅读。用复合形法求解。
调用附录一程序 OPT $-$ 9,得:

最优解是:

目标函数 F = 1.631297E $-$ 03          $F_0$ = 2.30372E $-$ 03

设计变量

$\quad$ x(1) = 1.949649E $-$ 03          $x_0$(1) = 0.1171

$\quad$ x(2) = 0.1342021          $x_0$(2) = 0.1878

这里的 $x(i)$ 实际上是 $\overline{x}_i$,再作反变换可得

$$x_1 = 14.88656$$

$$x_2 = 1.228875$$

下面给出实际内角 $\beta_p$ 与预期内角 $\beta_E$ 的数据及误差

| 计算点 0 | 预期内角(DEG) | 实际内角(DEG) | 误 差 |
|---|---|---|---|
| 0 | 0 | 1.3660038-05 | -1.366038E-05 |
| 3 | 3.080574 | 3.061264 | 1.931001E-02 |
| 6 | 6.330172 | 6.251399 | 7.877258E-02 |
| 9 | 9.759712 | 9.582811 | .1769019 |
| 12 | 13.37828 | 13.0729 | .3053821 |
| 15 | 17.19213 | 16.74626 | .445868 |
| 18 | 21.20352 | 20.63843 | .5650958 |
| 21 | 25.40955 | 24.80241 | .607139 |

145

| 24 | 29.80087 | 29.32192 | .4789534 |
|----|----------|----------|----------|
| 27 | 34.36077 | 34.34061 | .0201593 |

# §10-3 最小体积二级圆柱齿轮减速器的优化设计

如图10-3所示的二级斜齿圆柱齿轮减速器,高速轴输入功率 $P_1 = 6.2\text{kW}$,高速轴转速 $n_1 = 1450\text{r/min}$,总传动比 $i_\Sigma = 31.5$,齿轮的齿宽系数 $\psi_a = 0.4$;齿轮材料和热处理:大齿轮 45 号钢正火, 齿面硬度为 $187 \sim 207\text{HBS}$,小齿轮 45 号钢调质,齿面硬度为 $228 \sim 255\text{HBS}$。总工作时间不少于 10 年。要求按总中心距 $a_\Sigma$ 最小来确定总体方案中的各主要参数。

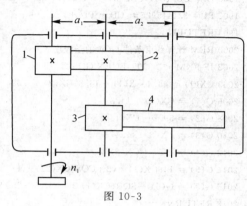

图 10-3

该减速器的总中心距计算式为

$$a_\Sigma = a_1 + a_2 = \frac{1}{2\cos\beta}[m_{n1}z_1(1+i_1) + m_{n2}z_3(1+i_2)]$$

式中 $m_{n1}, m_{n2}$ —— 高速级与低速级的齿轮法面模数,mm;

$i_1, i_2$ —— 高速级与低速级传动比;

$z_1, z_3$ —— 高速级与低速级的小齿轮齿数;

$\beta$ —— 齿轮的螺旋角

1. 选取设计变量

计算总中心距涉及的独立参数有 $m_{n1}, m_{n2}, z_1, z_3, i_1$(显然 $i_2 = 31.5/i_1$),$\beta$,故取

$$X = [m_{n1}, m_{n2}, z_1, z_3, i_1, \beta]^T = [x_1, x_2, x_3, x_4, x_5, x_6]^T$$

2. 建立目标函数

$$f(X) = [x_1x_3(1+x_5) + x_2x_4(1+31.5/x_5)]/(2\cos x_6)$$

3. 确定约束条件

(1) 确定设计变量的上、下界限

从传递功率与转速可估计

$2 \leqslant m_{n1} \leqslant 5$　　　标准值(2,2.5,3,4,5)

$2 \leqslant m_{n2} \leqslant 6$　　　标准值(3.5,4,5,6)

综合考虑传动平稳、轴向力不可太大,能满足短期过载,高速级与低速级大齿轮浸油深度大致相近,轴齿轮的分度圆尺寸不能太小等因素,取:

$14 \leqslant z_1 \leqslant 22$　　　　　　　$16 \leqslant z_3 \leqslant 22$

146

$$5.8 \leqslant i_1 \leqslant 7 \qquad\qquad 8° \leqslant \beta \leqslant 15°$$

由此建立 12 个不等式约束条件式

$$g_1(X) = x_1 - 2 \geqslant 0 \qquad\qquad g_2(X) = 5 - x_1 \geqslant 0$$

$$g_3(X) = x_2 - 3.5 \geqslant 0 \qquad\qquad g_4(X) = 6 - x_2 \geqslant 0$$

$$g_5(X) = x_3 - 14 \geqslant 0 \qquad\qquad g_6(X) = 22 - x_3 \geqslant 0$$

$$g_7(X) = x_4 - 16 \geqslant 0 \qquad\qquad g_8(X) = 22 - x_4 \geqslant 0$$

$$g_9(X) = x_5 - 5.8 \geqslant 0 \qquad\qquad g_{10}(X) = 7 - x_5 \geqslant 0$$

$$g_{11}(X) = x_6 - 8 \geqslant 0 \qquad\qquad g_{12}(X) = 15 - x_6 \geqslant 0$$

这里为各自变量的值在数量级上一致,$x_6$ 采用度为单位,而计算程序的函数一般要求为弧度制,在写程序时要注意先化成弧度再代入函数计算。

(2) 按齿面接触强度公式

$$\sigma_H = \frac{925}{a} \sqrt{\frac{(i+1)^3 KT'}{bi}} \leqslant [\sigma_H], \text{MPa}$$

得到高速级和低速级齿面接触强度条件分别为

$$\frac{[\sigma_H]^2 m_{n1}^3 z_1^3 i_1 \psi_a}{8(925)^2 K_1 T_1} - \cos^3 \beta \geqslant 0 \qquad\qquad (10\text{-}5)$$

$$\frac{[\sigma_H]^2 m_{n2}^3 z_3^3 i_2 \psi_a}{8(925)^2 K_2 T_2} - \cos^3 \beta \geqslant 0 \qquad\qquad (10\text{-}6)$$

其中,$[\sigma_H]$—— 许用接触应力,MPa;$T_1$,$T_2$—— 分别为高速轴 Ⅰ 和中间轴 Ⅱ 的转矩,N·mm;$K_1$,$K_2$—— 分别为高速级和低速级载荷系数。

(3) 按轮齿弯曲强度计算公式

$$\sigma_{F1} = \frac{1.5 K_1 T_1}{b d_1 m_{n1} y_1} \leqslant [\sigma_F]_1, \text{MPa}$$

$$\sigma_{F2} = \sigma_{F1} \frac{y_1}{y_2} \leqslant [\sigma_F]_2, \text{MPa}$$

得到高速级和低速级大、小齿轮的弯曲强度条件分别为

$$\frac{[\sigma_F]_1 \psi_a y_1}{3 K_1 T_1} (1 + i_1) m_{n1}^3 z_1^2 - \cos^2 \beta \geqslant 0 \qquad\qquad (10\text{-}7)$$

$$\frac{[\sigma_F]_2 \psi_a y_2}{3 K_1 T_1} (1 + i_1) m_{n1}^3 z_1^2 - \cos^2 \beta \geqslant 0 \qquad\qquad (10\text{-}8)$$

和
$$\frac{[\sigma_F]_3 \psi_a y_3}{3 K_2 T_2} (1 + i_2) m_{n2}^3 z_3^2 - \cos^2 \beta \geqslant 0 \qquad\qquad (10\text{-}9)$$

$$\frac{[\sigma_F]_4 \psi_a y_4}{3 K_2 T_2} (1 + i_2) m_{n2}^3 z_3^2 - \cos^2 \beta \geqslant 0 \qquad\qquad (10\text{-}10)$$

其中 $[\sigma_F]_1$,$[\sigma_F]_2$,$[\sigma_F]_3$,$[\sigma_F]_4$—— 分别为齿轮 1,2,3,4 的许用弯曲应力,MPa;$y_1$,$y_2$,$y_3$,$y_4$—— 分别为齿轮 1,2,3,4 的齿形系数。

（4）按高速级大齿轮与低速轴不干涉相碰条件

$$a_2 - E - de_2/2 \geqslant 0$$

得 $\qquad m_{n2} z_3 (1 + i_2) - 2\cos\beta (E + m_{n1}) - m_{n1} z_1 i_1 \geqslant 0 \qquad (10-11)$

式中 $E$—— 低速轴轴线与高速级大齿轮齿顶圆之间的距离，mm；

$\qquad de_2$—— 高速级大齿轮的齿顶圆直径，mm。

对式（10-5）至式（10-11）代入有关数据：

$[\sigma_H] = 518.75\text{MPa}$

$[\sigma_F]_1 = [\sigma_F]_3 = 153.5\text{MPa}, [\sigma_F]_2 = [\sigma_F]_4 = 141.6\text{MPa}$

$T_1 = 41690\text{N} \cdot \text{mm}, T_2 = 40440 i_1 \text{N} \cdot \text{mm}, \psi_a = 0.4$

$K_1 = 1.225, K_2 = 1.204$

$y_1 = 0.248, y_2 = 0.302, y_3 = 0.256, y_4 = 0.302$

$E = 50\text{mm}$

得

$$g_{13}(X) = 3.079 \times 10^{-6} x_1^3 x_3^3 x_5 - \cos^3 x_6 \geqslant 0$$

$$g_{14}(X) = 1.017 \times 10^{-4} x_2^3 x_4^3 - x_5^2 \cos^3 x_6 \geqslant 0$$

$$g_{15}(X) = 9.939 \times 10^{-5} (1 + x_5) x_1^3 x_3^2 - \cos^2 x_6 \geqslant 0$$

$$g_{18}(X) = 1.116 \times 10^{-4} (1 + x_5) x_3^3 x_4^2 - x_5^2 \cos^2 x_6 \geqslant 0$$

$$g_{16}(X) = 1.076 \times 10^{-4} (31.5 + x_5) x_2^3 x_4^2 - x_5^2 \cos^2 x_6 \geqslant 0$$

$$g_{19}(X) = 1.171 \times 10^{-4} (31.5 + x_5) x_3^3 x_4^2 - x_5^2 \cos^2 x_6 \geqslant 0$$

$$g_{17}(X) = x_2 x_4 (x_5 + 31.5) - x_5 [2(x_1 + 50)\cos x_6 + x_1 x_3 x_5] \geqslant 0$$

注意到 $g_{18}(X)$、$g_{19}(X)$ 和 $g_{15}(X)$、$g_{16}(X)$ 相比为明显的消极约束（即满足 $g_{15}(X)$ 和 $g_{16}(X)$ 必满足 $g_{18}(X)$ 和 $g_{19}(X)$），故可省略。共取 $g_1(X)$ 至 $g_{17}(X)$ 的 17 个约束条件。

至此已形成了完整的数学模型。

4. 选用合适的算法求解

考虑到 $x_1$ 和 $x_2$ 为非均匀离散变量，$x_3$ 和 $x_4$ 为均匀离散变量，$x_6$ 是连续变量。而 $x_5$（即 $i_1$）表面上看起来似乎是连续变量，但实际上必须保证 $z_2 = z_1 i_1$ 为整数，故既不能作连续变量、也不能作均匀离散变量来处理，为解决这个麻烦，令 $x_5 = z_2$ 则处理为均匀离散变量，当然有关算式应作相应的处理。编写这个问题的子程序如下：

```
1000 REM 计算目标函数 F 的子程序
1002 IF CFGK <> 9999 THEN GOSUB 1900
1004 CB = COS(X(6) * DR);CX5 = X(5)/X(3)
1006 F = .5/CB * (X(1) * X(3) * (1 + CX5) + X(2) * X(4) * (1 + 31.5/CX5))
1008 RETURN
1900 CFGK = 9999;PI = 3.1415926♯;DR = PI/180
1902 RETURN
```

148

```
2000 REM 计算约束条件 G(i) 的子程序
2002 IF CFGK <> 9999 THEN GOSUB 1900
2004 CB = COS(X(6) * DR);CB2 = CB * CB;CB3 = CB2 * CB;CX5 = X(5)/X(3)
2006 G(1) = X(1) - 2
2008 G(2) = 5 - X(1)
2010 G(3) = X(2) - 3.5
2012 G(4) = 6 - X(2)
2014 G(5) = X(3) - 14
2016 G(6) = 22 - X(3)
2018 G(7) = X(4) - 16
2020 G(8) = 22 - X(4)
2022 G(9) = CX5 - 5.8
2024 G(10) = 7 - CX5
2026 G(11) = X(6) - 8
2028 G(12) = 15 - X(6)
2030 G(13) = 3.079 * .0000001 * X(1) * X(1) * X(1) * X(3) * X(3) * X(3) * CX5 - CB3
2032 G(14) = 1.017 * .00001 * X(2) * X(2) * X(2) * X(4) * X(4) * X(4) - CX5 * CX5 * CB3
2034 G(15) = 9.939 * .00001 * (1 + CX5) * X(1) * X(1) * X(1) * X(3) * X(3) * - CB2
2036 G(16) = 1.076 * .0001 * (31.5 + CX5) * X(2) * X(2) * X(2) * X(4) * X(4) - CX5 * CX5 * CB2
2038 G(17) = X(2) * X(4) * (CX5 + 31.5) - CX5 * (2 * (X(1) + 50) * CB + X(1) * X(3) * CX5
2040 RETURN
```

选用混合离散的复合形方法。

调用附录一程序 OPT $-$ 12,取 $70 \leqslant z_2 \leqslant 154$,得:

最优解是:

| 目标函数 F = 358.0915 | F0 = 383.5698 |
|---|---|
| 设计变量 | |
| x(1) = 2 | x0(1) = 2 |
| x(2) = 4 | x0(2) = 4 |
| x(3) = 18 | x0(3) = 19 |
| x(4) = 19 | x0(4) = 19 |
| x(5) = 122 | x0(5) = 144 |
| x(6) = 8 | x0(6) = 15 |

## 5. 结果分析

由计算得到的 $X^*$,代入约束方程得到各约束值如下:

x(1) = 2   x(2) = 4   x(3) = 18   x(4) = 19   x(5) = 122
x(6) = 8   F = 358.0915
g(1) = 0   g(2) = 3   g(3) = .5   g(4) = 2   g(5) = 4
g(6) = 4   g(7) = 3   g(8) = 3   g(9) = 9777775
g(10) = .2222223   g(11) = 0   g(12) = 7   g(13) = 2.56604E-03
g(14) = 3.377533E-02   g(15) = 1.023071   g(16) = 50.1007

$g(17) = 557.3045$

注意约束值接近 0 的约束,可以得到下面的分析:

$g_1(X) = 0$,模数 $m_{n1}$ 已取最小极限值,从传递动力的齿轮来看,再小已不合适。

$g_{11}(X) = 0$,齿轮螺旋角为最小极限值,再小就不必采用斜齿轮。

$g_{13}(X) \doteq 0$,$z_1$ 齿轮接触强度起了限制。

$g_{14}(X) \doteq 0$,$z_3$ 齿轮接触强度起了限制。

故从 $g_{13}(X)$ 和 $g_{14}(X)$ 约束知道,欲寻求更小的中心距,可从增加小齿轮的接触强度来考虑。

根据已求得的 $X^*$ 结果,具体的设计参数为

$m_{n1} = 2\text{mm}, \qquad z_1 = 18 \qquad z_2 = 122$

$m_{n2} = 4\text{mm}, \qquad z_3 = 19 \qquad \beta = 8^{\circ}$

需确定 $z_4 = 31.5 \times \dfrac{8}{122} \times 19 = 88.3$,取 $z_4 = 89$,则

$a_{\Sigma} = 359.5\text{mm}$

# §10-4  套筒滚子链传动的优化设计

设计一电动机到压气机的链传动。电动机转速 $n_1 = 970\text{r/min}$,压气机转速 $n_2 = 330\text{r/min}$,传动功率 $P = 10\text{kW}$,希望链节距 $t \leqslant 12.7\text{mm}$,传动中心距 $a$ 不得超过 $60t$。原用传统方法设计,采用 3 列链,链节距 $t = 12.7\text{mm}$,小链轮齿数 $z_1 = 23$,链节数 $L_p = 156$。现要求对其进行优化设计,使链传动的传动能力得到最大限度的发挥。

1. 选取设计变量

选小链轮齿数 $z_1$,链节距 $t$,链节数 $L_p$ 和链列数 $p$ 作为设计变量

$X = [z_1, t, L_p, p]^T = [x_1, x_2, x_3, x_4]^T$

2. 建立目标函数

链传动的设计公式为

$$P_0 \geqslant \frac{K_A F}{k_z k_i k_a k_p}$$

式中,$P_0$ —— 特定条件下单列链可传功率,kW;

$\quad P$ —— 链传动所需传递的负载功率,kW;

$\quad K_A$ —— 工作情况系数,根据题意,取 $K_A = 1.3$;

$\quad k_z$ —— 小链轮齿数系数;

$\quad k_i$ —— 传动比系数;

$\quad k_a$ —— 中心距系数;

150

$k_p$—— 多列链系数。

链传动设计中,使用的数表和图线较多,为了便于计算给予公式化:

$$P_0 = 0.003z_1^{1.08} n_1^{0.9} (\frac{t}{25.4})^{(3-0.028t)}, \text{kW};$$

$$k_z = (\frac{z_1}{19})^{1.08}, \text{kW};$$

$$k_a = 0.71332 + 0.0085 \frac{a}{t} - 0.0001(\frac{a}{t})^2/3;$$

$$k_i = \begin{cases} 0.685 + 0.15i(1-0.1i), & i \leqslant 3; \\ 0.94 + 0.005i(1+i), & i > 3; \end{cases}$$

$$k_p = p^{0.84}$$

上述式中

$z_1$—— 小链轮齿数;

$n_1$—— 小链轮转速,已给定 $n_1 = 970\text{r/min}$

$t$—— 链节距,mm;

$i$—— 链传动比,$i = n_1/n_2$,$n_2$ 为大链轮转速,要求为 330r/min,故

$$i = \frac{970}{330} = 2.9394;$$

$a$—— 链传动的中心距,mm;

$$a = \frac{t}{4}\left[ (L_p - \frac{z_1 + z_2}{2}) + \sqrt{(L_p - \frac{z_1 + z_2}{2})^2 - 8(\frac{z_2 - z_1}{2\pi})^2} \right]$$

$z_2$—— 大链轮齿数,$z_2 = iz_1$;

$p$—— 链列数

为充分发挥链传动的最佳传动能力,应使实际工作条件下链条所能传递的功率 $[P]$ 与计算功率 $P_j$ 充分接近作为优化设计的目标。其中

$$[P] = P_0 k_z k_a k_i k_p$$

$$= 0.06061x_1^{2.16} (\frac{x_2}{25.4})^{(3-0.028x_2)} \left[ 0.71332 + 0.0085 \frac{a}{x_2} - 0.0001(\frac{a}{x_2})^2/3 \right]$$

$$\cdot x_4^{(0.84)}$$

式中

$$a = \frac{x_2}{4}\Big[ (x_3 - \frac{x_1 + 2.9394x_1}{2})$$

$$+ \sqrt{(x_3 - \frac{x_1 + 2.9394x_1}{2})^2 - 8(\frac{2.9394x_1 - x_1}{2\pi})^2} \Big] \qquad (10\text{-}12)$$

$$P_j = K_A \cdot P = 13$$

151

按极小值求优,目标函数取为

$$f(X) = [P] - P_j$$

$$= 0.06061x_1^{2.16}\left(\frac{x_2}{25.4}\right)^{(3-0.028x_2)}\left[0.71332 + 0.0085\frac{a}{x_2}\right.$$

$$\left. - 0.0001\left(\frac{a}{x_2}\right)^2/3\right] \cdot x_4^{0.84} - 13$$

式中,$a$ 按式(10-12)计算。

3. 确定约束条件

约束条件可按链传动的设计规范和具体要求确定。

(1) 由小链轮的齿数限制条件 $17 \leqslant z_1 \leqslant 25$,得

$$g_1(X) = x_1 - 17 \geqslant 0$$

$$g_2(X) = 25 - x_1 \geqslant 0$$

(2) 由链节距限制条件 $9.25 \leqslant t \leqslant 12.7$,得

$$g_3(X) = x_2 - 9.25 \geqslant 0$$

$$g_4(X) = 12.7 - x_2 \geqslant 0$$

(3) 由传动中心距的限制条件 $30t \leqslant a \leqslant 60t$,得

$$g_5(X) = a - 30x_2 \geqslant 0$$

$$g_6(X) = 60x_2 - a \geqslant 0$$

(4) 由链速的限制条件 $0.6\text{m/s} \leqslant v \leqslant 15\text{m/s}$,

又 $v = z_1 t n_1/60000$,m/s;则约束条件为

$$g_7(X) = 15 - 0.01617x_1x_2 \geqslant 0$$

$$g_8(X) = 0.01617x_1x_2 - 0.6 \geqslant 0$$

(5) 为保证链传动的正常运转,其传递的计算功率 $P_j$ 必须小于其许用功率$[P]$,即

$$g_9(X) = [P] - P_j$$

$$= 0.06061x_1^{2.16}\left(\frac{x_2}{25.4}\right)^{(3-0.028x_3)}\left[0.71332 + 0.0085\frac{a}{x_2} - 0.0001\left(\frac{a}{x_2}\right)^2/3\right] \cdot$$

$$x_4^{0.84} - 13 \geqslant 0$$

式中,$a$ 按式(10-12)计算。

(6) 由于多列链列数愈多,各列受力愈不均匀,故一般列数 $p$ 不超过 3 列,即 $1 \leqslant p \leqslant 3$ 并为整数,得

$$g_{10}(X) = x_4 - 1 \geqslant 0$$

$$g_{11}(X) = 3 - x_4 \geqslant 0$$

$$h_1(X) = \text{INT}(x_4) - x_4 = 0$$

(7) 为了便于链条的联接,链节数 $L_p$ 最好取偶数,即

$$h_2(X) = \frac{x_2}{2} - \text{INT}(\frac{x_3}{2}) = 0$$

（8）由于链节数 $L_p$ 取偶数，考虑到磨损均匀的问题，链轮的齿数最好取奇数，即

$$h_3(X) = \frac{x_1}{2} - \text{INT}(\frac{x_1}{2}) - 0.5 = 0$$

4. 选用合适的算法求解

由于变量 $z_1$，$p$ 必须取整数，$L_p$ 必须取偶数，变量 $t$ 必须取标准值，该问题为非线性离散优化问题。由于设计变量仅为 4 个，而且每个变量的离散值个数又不多，现采用网格法求解，求得的最优解如表 10-1 所示。

表 10-1　链传动优化设计前后对比

|  | 小链轮齿数 $z_1$ | 链节距 $t(\text{mm})$ | 链节数 $L_p$ | 链列数 $p$ | 目标函数值 $f(X)(\text{kW})$ |
|---|---|---|---|---|---|
| 优化前 | 23 | 12.7 | 156 | 3 | 6.07 |
| 优化后 | 23 | 12.7 | 150 | 2 | 0.1222 |

由表 10-1 可以看出，优化后的方案与原方案相比，可将三列链改为双列链，中心距亦可减小一些，优化效果是明显的。

$z_2 = z_1 \cdot i = 23 \times 2.9394 = 67.606$，取小轮齿数 $z_2 = 68$，这时大链轮转速 $n_2 = 970 \times \frac{23}{68} = 328\text{r/min}$，与所要求的 330r/min 十分接近。

# §10-5　盘式制动器的优化设计

现对小轿车用卡钳型盘式制动器进行优化设计，要求制动时间短而且在控制温升的条件下轮毂尺寸小。轿车满载时总重 $W = 13720\text{N}$，行驶速度 $V = 160\text{km/h}$，车轮半径 $r = 350\text{mm}$，制动器数（即车轮数）$n = 4$，制动盘的最大许用直径 $[D_{max}] = 300\text{mm}$，制动盘的最大许用温度 $t_{max} = 260℃$，制动盘的材料为钢，制动盘的初始温度 $t_i = 35℃$，轮毂直径 $D_h = 75\text{mm}$，衬片与制动盘的摩擦系数 $\mu = 1$，轮胎与路面的附着系数 $\varphi = 1$，衬片的最大许用压力 $[p_{max}] = 30\text{MPa}$，油缸的最大许用油压 $[p_{0max}] = 70\text{MPa}$，油缸壁厚 $t_c = 6.5\text{mm}$。

制动器结构如图 10-4 所示，其中卡钳与制动盘的结构关系如图 10-5 所示。

下面介绍卡钳型盘式制动器制动时间的计算方法。制动时间的长短取决于制动器中摩擦力矩所作的功和轿车在开始制动时所具有的动能的大小。

如图 10-6 所示，如果将制动块摩擦衬片的圆形摩擦面划分为无穷多个与盘心同心

的圆弧形小区域——单元,则在该单元处摩擦表面的磨损是与该处压力 $p$ 及其滑动速度 $v$ 的乘积成正比。虽然摩擦衬片上的压力在开始时是均匀的,但由于随着单元所在半径 $\rho$ 的加大,其滑动速度亦将加大、而导致该单元磨损的加重,经过这样一个不均匀磨损过程以后,会使离盘心愈远的单元的压力 $p$ 愈小,结果使 $pv$ 值在整个摩擦表面上趋于相等,因此可假设

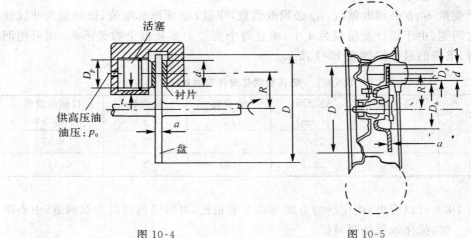

图 10-4　　　　　　　　　　　　图 10-5

$$p \cdot \rho = C = \text{const} \qquad (10\text{-}13)$$

因此整个衬片对制动盘的作用力 $F$ 为

$$F = \int_{R-d/2}^{R+d/2} p \mathrm{d}A = C \int_{R-d/2}^{R+d/2} l/\rho \mathrm{d}\rho, \text{N} \qquad (10\text{-}14)$$

式中

$$l = \widehat{GH} = \rho \cdot 2\alpha$$
$$= 2\rho \cdot \arccos(\frac{R^2 + \rho^2 - (d/2)^2}{2R\rho}), \text{m}$$

另外,油缸活塞的推力 $F = \dfrac{\pi}{4} D_p^2 \cdot p_0, \text{N}$ （10-15）

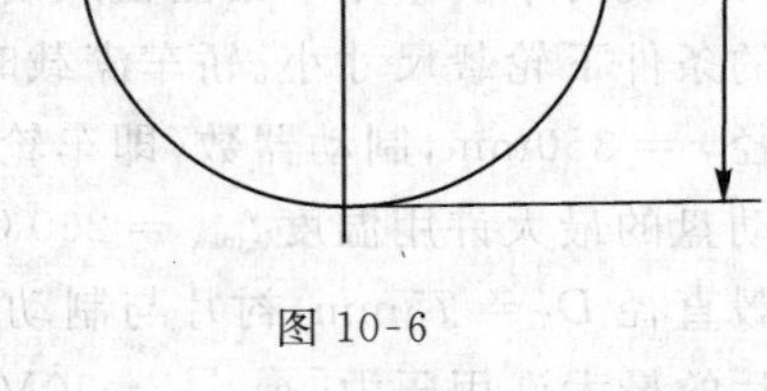

其中,$D_p$——活塞直径,m;

$p_0$——油缸内的油压,$\text{N/m}^2$;

由式(10-13)、(10-14)、(10-15)可得

$$p = \frac{\pi D_p^2 p_0}{4 I_1 \rho}, \text{N/m}^2 \qquad (10\text{-}16)$$

式中

图 10-6

$$I_1 = \int_{R-d/2}^{R+d/2} l/\rho \mathrm{d}\rho = 2\int_{R-d/2}^{R+d/2} \arccos\left(\frac{R^2+\rho^2-(d/2)^2}{2R\rho}\right)\mathrm{d}\rho$$

制动时摩擦力矩 $M_f$ 为

$$M_f = 2\int_{R-d/2}^{R+d/2} \mu\rho \cdot \rho \mathrm{d}A = \pi\mu D_p^2 p_0 I_2/2I_1, \mathrm{N\cdot m} \tag{10-17}$$

式中

$$I_2 = 2\int_{R-d/2}^{R+d/2} l\mathrm{d}\rho = 2\int_{R-d/2}^{R+d/2} \rho \cdot \arccos\left(\frac{R^2+\rho^2-(d/2)^2}{2R\rho}\right)\mathrm{d}\rho$$

$\mu$—— 制动盘与摩擦衬片间的摩擦系数,取 $\mu = 1$。

若 $\omega_0$ 为开始制动时制动盘(或车轮)的角速度,据题意,$\omega_0 = v/r = 126.984\quad 1/\mathrm{s}$;设 $t$ 为开始制动到完全停车所需的时间,即制动时间,s(秒);则在制动过程中制动盘(或车轮)的转速变化如图 10-7 所示。由该图可求出在制动过程中制动盘(或车轮)转过的总圈数 $n_s$ 为

$$n_s = \frac{\omega_0}{2}t = 63.292t$$

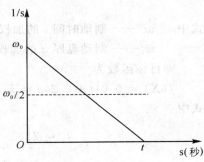

图 10-7

因此,在制动过程中衬片与摩擦盘之间的摩擦力矩所消耗的总功为

$$E = 2\pi n_s M_f = 626.641 t D_p^2 p_0 I_2/I_1, \mathrm{N\cdot m} \tag{10-18}$$

而摩擦力矩消耗的是汽车的动能,故又有

$$E = \frac{W}{n} \cdot \frac{V^2}{2g}, \mathrm{N\cdot m} \tag{10-19}$$

式中　　$W$—— 轿车总重,取 $W = 13720\mathrm{N}$;

$V$—— 轿车制动时的初速,即行驶速度 $V = 44.444\mathrm{m/s}$;

$n$—— 轿车车轮(或制动器)数,取 $n = 4$;

$g$—— 重力加速度,取 $g = 9.8\mathrm{m/s^2}$。

将式(10-19)代入式(10-18)并简化,得制动时间 $t$ 为

$$t = 551.638 I_1/D_p^2 p_0 I_2, \mathrm{s}$$

下面建立盘式制动器优化设计的数学模型。

1. 选取设计变量

在盘式制动器中,摩擦片的中心圆半径 $R$,摩擦片直径 $d$,活塞直径 $D_p$,制动盘厚度 $a$,油缸内的油压 $p_0$,制动盘的直径 $D$ 等数值大小直接影响制动器的性能及结构是否合理,故将它们取为设计变量,即

$$X = [R, d, D_p, a, p_0, D]^T = [x_1, x_2, x_3, x_4, x_5, x_6]^T$$

2. 建立目标函数

提高制动器的工作效率,缩短制动时间,对保证汽车安全行驶非常重要。因此,在制动器的优化设计中,应以制动时间 $t$ 为最小作为优化设计的目标。另外,制动器安装在轮毂处,其尺寸不能太大,更需限制温升,因此制动盘的厚度 $a$ 应追求为最小亦作为优化设计的另一个目标。

考虑到上述两项指标在重要程度以及数量级方面的差异,可引进加权因子,并将它们组合到总的目标函数中:

$$f(X) = w_1 t + w_2 a$$

式中　　$w_1$ —— 制动时间 $t$ 的加权因子,取 $w_1 = w_{11} \cdot w_{21} = 1 \times 0.01 = 0.01$;

$w_2$ —— 制动盘厚 $a$ 的加权因子,取 $w_2 = w_{21} \cdot w_{22} = 0.01 \times 24 = 0.24$,

则目标函数为

$$f(X) = 0.01t + 0.24a = 5.5164 I_1 / x_3^2 x_5 I_2 + 0.24 x_4$$

式中

$$I_1 = 2 \int_{x_1 - x_2/2}^{x_1 + x_2/2} \arccos(\frac{x_1^2 + \rho^2 - (x_2/2)^2}{2 x_1 \rho}) d\rho \tag{10-20}$$

$$I_2 = 2 \int_{x_1 - x_2/2}^{x_1 + x_2/2} \rho \cdot \arccos(\frac{x_1^2 + \rho^2 - (x_2/2)^2}{2 x_1 \rho}) d\rho \tag{10-21}$$

3. 确定约束条件

(1) 制动盘的直径应在允许的范围之内,即 $D < [D_{max}]$,又 $[D_{max}] = 0.3m$,得

$$g_1(X) = 0.3 - x_6 \geqslant 0$$

(2) 摩擦片的安装位置不应超出制动盘的范围之外,即

$$R + \frac{d}{2} - \frac{D}{2} \leqslant 0,得$$

$$g_2(X) = \frac{x_6}{2} - x_1 - \frac{x_2}{2} \geqslant 0$$

(3) 摩擦片不应与轮毂发生干涉,即 $\frac{D_h}{2} - R + \frac{d}{2} \leqslant 0$,又 $D_h = 0.075m$,得

$$g_3(X) = x_1 - \frac{x_2}{2} - 0.0375 \geqslant 0$$

(4) 油缸不应与轮毂发生干涉,即 $(R - \frac{D_p}{2} - t_c) - \frac{D_h}{2} \geqslant 0$,又 $t_c = 0.0065m$,得

$$g_4(X) = x_1 - \frac{x_3}{2} - 0.044 \geqslant 0$$

(5) 油缸内的油压不超过规定的范围,即 $p_0 < [p_{max}]$,又 $[p_{max}] = 70MPa$,得

$$g_5(X) = 70 \times 10^6 - x_5 \geqslant 0$$

(6) 摩擦片的最大压力 $p_{max}$ 不应超过其规定值,即 $p_{max} < [p_{max}]$,$[p_{max}] = 30MPa$,

由式(10-16)得 $p_{\max} = \dfrac{\pi}{4} \cdot \dfrac{D_p^2 p_0}{I_1 \rho_{\min}} = \dfrac{\pi}{4} \dfrac{D_p^2 p_0}{I_1 (R - d/2)}$，则

$$g_6(X) = 30 \times 10^6 - \frac{\pi}{4} \cdot \frac{x_3^2 x_5}{(x_1 - x_2/2) \cdot I_1} \geqslant 0$$

式中，$I_1$ 按式(10-20)计算。

(7) 一次制动后其制动盘的温度不得超过其最大值，即 $t_f < [t_{\max}]$。

根据热功当量可求出制动后制动盘的温升，因为

$$\frac{E}{J} = (t_f - t_i) c\gamma \frac{\pi D^2 a}{4}$$

式中　　$E$—— 轿车在开始制动时所具有的动能，取 $E = 345679 \text{N} \cdot \text{m}$；

　　　　$J$—— 热功当量，取 $J = 4180 \text{N} \cdot \text{m/kcal}$；

　　　　$t_f$—— 制动后制动盘的温度，℃；

　　　　$t_i$—— 制动盘的初始温度或气温，取 $t_i = 35$℃；

　　　　$c$—— 制动盘的比热，对于钢，取 $c = 0.113 \text{kcal/kg}℃$；

　　　　$\gamma$—— 制动盘的密度，对于钢，取 $\gamma = 7.8 \times 10^3 \text{kg/m}^3$；

　　　　$D$—— 制动盘的直径，m；

　　　　$a$—— 制动盘的厚度，m。

那么制动后制动盘的温度为

$$t_f = \frac{4E}{J \pi c\gamma D^2 a} + t_i = \frac{0.11946}{D^2 a} + 35，℃$$

又　　　$[t_{\max}] = 260$℃，得

$$g_7(X) = 225 - \frac{0.11946}{x_6^2 \cdot x_4} \geqslant 0$$

(8) 为防止车轮打滑，制动力矩不应大于车轮与路面的附着力矩，即

$$\frac{\pi}{2} \mu D_p^2 p_0 I_2 / I_1 - \frac{W}{n} \varphi r \leqslant 0$$

式中　　$\varphi$—— 附着系数，给定 $\varphi = 1$；

　　　　$r$—— 车轮半径，已定 $r = 0.35 \text{m}$。

那么　　$g_8(X) = 120.05 - \dfrac{\pi}{2} x_3^2 x_5 I_2 / I_1 \geqslant 0$

式中 $I_1$，$I_2$ 按式(10-20)、(10-21)计算。

(9) 取边界约束，得

$$g_9(X) = x_5 - 1.0 \times 10^6 \geqslant 0 \qquad g_{10}(X) = x_6 - 0.1 \geqslant 0$$

$$g_{11}(X) = x_1 - 1 \times 10^{-4} \geqslant 0 \qquad g_{12}(X) = 0.2 - x_1 \geqslant 0$$

$$g_{13}(X) = x_2 - 1 \times 10^{-4} \geqslant 0 \qquad g_{14}(X) = 0.2 - x_2 \geqslant 0$$

$$g_{15}(X) = x_3 - 1 \times 10^{-4} \geqslant 0 \qquad g_{16}(X) = 0.2 - x_3 \geqslant 0$$
$$g_{17}(X) = x_4 - 1 \times 10^{-4} \geqslant 0 \qquad g_{18}(X) = 0.05 - x_4 \geqslant 0$$

### 4. 选用合适的算法求解

由前述可知,盘式制动器的优化设计问题是一包含 6 个设计变量、18 个不等式约束条件的非线性规划问题。现采用内点惩罚函数法求解,调用附录一程序 OPT-10,取初始点

$$X^{(0)} = [x_1^{(0)}, x_2^{(0)}, x_3^{(0)}, x_4^{(0)}, x_5^{(0)}, x_6^{(0)}]$$
$$= [0.06, 0.03, 0.005, 0.04, 15 \times 10^6, 0.2]$$
$$f(X^{(0)}) = 2.480133$$

初始惩罚因子 $r^{(1)} = \left| \dfrac{f(X^{(0)})}{\sum\limits_{u=1}^{m} \dfrac{1}{g_u(X^{(0)})}} \right| = 0.35157 \times 10^{-2}$,递减系数 $e = 0.1$,得最优解为

$$X^* = [0.10999, 0.06008, 0.04034, 0.00619, 42.948 \times 10^6, 0.29569]^T$$
$$f(X^*) = 0.008728$$

对求得的最优解最后再进行工程处理。

# §10-6   四杆机构再现预定轨迹的优化设计

如图 10-8 所示的曲柄摇杆机构,设曲柄 $AB$ 的回转副中心 $A$ 的坐标为 $A_x = 67\text{mm}$,$A_y = 10\text{mm}$,四杆的长度以 $l_1$、$l_2$、$l_3$、$l_4$ 表示,固定杆 $AD$ 与 $x$ 轴的初始角为 $\beta$;$M$ 为连杆 $BC$ 上一点,$BM$ 的长度及其与连杆 $BC$ 的夹角以 $l_5$ 和 $\alpha$ 表示。要求点 $M$ 实现如表 10-2 所列预期轨迹上 12 个位置 $\overline{M}_x^{(i)}$、$\overline{M}_y^{(i)}$,$(i = 1, 2, \cdots, 12)$;$\theta^{(i)} = \theta_0 + \theta_0^{(i)}$,$\theta_0$ 是初始位置曲柄与固定杆之间的夹角。

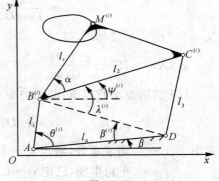

图 10-8

表 10-2   $M$ 点要求实现预期轨迹上的 12 个位置

| $i$ | 1 | 2 | 3 | 4 | 5 | 6 | 7 | 8 | 9 | 10 | 11 | 12 |
|---|---|---|---|---|---|---|---|---|---|---|---|---|
| $\theta_0^{(i)}$ (°) | 0 | 30 | 60 | 90 | 120 | 150 | 180 | 210 | 240 | 270 | 300 | 330 |
| $\overline{M}_x^{(i)}$ (mm) | 50 | 48.5 | 42 | 34 | 29 | 30 | 34 | 42 | 48 | 55 | 56 | 51 |
| $\overline{M}_y^{(i)}$ (mm) | 91 | 111 | 107 | 90 | 67 | 45 | 28 | 17 | 12 | 14 | 24 | 52 |

## 1. 选取设计变量

取 $l_1$、$l_2$、$l_3$、$l_4$、$l_5$、$\alpha$、$\beta$、$\theta_0$ 为设计变量，即 $X = [l_1、l_2、l_3、l_4、l_5、\alpha、\beta、\theta_0]^T = [x_1, x_2, x_3, x_4, x_5, x_6, x_7, x_8]^T$。

## 2. 建立目标函数

以点 $M$ 实际轨迹的 12 个点的位置坐标值 $M_x^{(i)}$、$M_y^{(i)}$($i = 1, 2, \cdots, 12$) 与预期的 12 个点的位置坐标值 $\overline{M}_x^{(i)}$、$\overline{M}_y^{(i)}$($i = 1, 2, \cdots, 12$) 最为接近作为优化目标，故目标函数可表达为

$$f(X) = \sum_{i=1}^{12} \left[ (M_x^{(i)} - \overline{M}_x^{(i)})^2 + (M_y^{(i)} - \overline{M}_y^{(i)}) \right]^2$$

由图 10-8 几何与运动关系分析可知

$$\begin{cases} M_x^{(i)} = A_x + l_1 \cos(\beta + \theta^{(i)}) + l_5 \cos(\psi^{(i)} + \alpha) \\ M_y^{(i)} = A_y + l_1 \sin(\beta + \theta^{(i)}) + l_5 \sin(\psi^{(i)} + \alpha) \end{cases} \tag{10-22}$$

其中，$\psi^{(i)} = \lambda^{(i)} - (\beta^{(i)} - \beta)$

$$= \beta + \arccos \frac{l_1^2 + l_2^2 - l_3^2 + l_4^2 - 2l_1 l_4 \cos\theta^{(i)}}{2l_2 \sqrt{l_1^2 + l_4^2 - 2l_1 l_4 \cos\theta^{(i)}}} - \arctan \frac{l_1 \sin\theta^{(i)}}{l_4 - l_1 \cos\theta^{(i)}},$$

$$\theta^{(i)} = \theta_0 + \theta_0^{(i)}, (i = 1, 2, \cdots, 12)$$

## 3. 确定约束条件

杆长均为正值，显然 $l_1$、$l_2$、$l_3$、$l_4$、$l_5$ 均应大于零；由曲柄摇杆机构组成条件可知需满足 $l_1 + l_2 \leqslant l_3 + l_4$，$l_1 + l_3 \leqslant l_2 + l_4$，$l_1 + l_4 \leqslant l_2 + l_3$；为保证传动效率，又需最小传动角 $\gamma_{\min} \geqslant 45°$，而最小传动角存在于曲柄 $AB$ 与固定杆 $AD$ 共线的两个位置之一，此时，$\cos\gamma_1 = \dfrac{l_2^2 + l_3^2 - (l_4 - l_1)^2}{2l_2 l_3} \leqslant \cos45°$，$\cos\gamma_2 = \dfrac{(l_4 + l_1)^2 - l_2^2 - l_3^2}{2l_2 l_3} \leqslant \cos45°$。由此建立 10 个约束条件：

$$g_1(X) = x_1 > 0$$
$$g_2(X) = x_2 > 0$$
$$g_3(X) = x_3 > 0$$
$$g_4(X) = x_4 > 0$$
$$g_5(X) = x_5 > 0$$
$$g_6(X) = x_3 + x_4 - x_1 - x_2 \geqslant 0$$
$$g_7(X) = x_2 + x_4 - x_1 - x_3 \geqslant 0,$$
$$g_8(X) = x_2 + x_3 - x_1 - x_4 \geqslant 0,$$
$$g_9(X) = \cos45° - \frac{x_2^2 + x_3^2 - (x_4 - x_1)^2}{2x_2 x_3} \geqslant 0$$
$$g_{10}(X) = \cos45° - \frac{(x_4 + x_1)^2 - x_2^2 - x_3^2}{2x_2 x_3} \geqslant 0$$

4. 选用合适的算法求解

由前述可知,该优化设计问题是一包含 8 个设计变量、10 个不等式约束条件的非线性规划问题,现采用约束随机方向法求解,调用附录二 —(3)约束随机方向法(VB 程序)。取迭代精度 $E = 0.001$,随机方向的最大个数 $K_{max} = 360$,机构变量取值范围设定:$40 \leqslant x_1 \leqslant 50, 60 \leqslant x_2 \leqslant 80, 100 \leqslant x_3 \leqslant 120, 100 \leqslant x_4 \leqslant 120, 50 \leqslant x_5 \leqslant 70, 10° \leqslant x_6 \leqslant 20°, 20° \leqslant x_7 \leqslant 40°, 20° \leqslant x_8 \leqslant 30°$。程序找到可行内点 $X^{(0)} = [x_1^{(0)}, x_2^{(0)}, x_3^{(0)}, x_4^{(0)}, x_5^{(0)}, x_6^{(0)}, x_7^{(0)}, x_8^{(0)}]^T = [47.05547, 70.66848, 111.5904, 105.7913, 56.03896, 17.74740, 20.28035, 27.60726]^T, f(X^{(0)}) = 1477.8762$。运算得最优解:$X^* = [x_1^*, x_2^*, x_3^*, x_4^*, x_5^*, x_6^*, x_7^*, x_8^*]^T = [44.9786, 70.9399, 110.8157, 106.5943, 57.9758, 12.8012, 33.2448, 27.2037]^T, f(X^*) = 5.61197$。

图 10-9 所示曲线显示预期要求轨迹、初始迭代轨迹和优化得到轨迹,可见优化结果和预期要求已非常接近。读者有兴趣可计算这 12 个点优化所得坐标值与预期实现坐标值两者的偏差 $\Delta M_x^{(i)} = M_x^{(i)} - \overline{M}_x^{(i)}, \Delta M_y^{(i)} = M_y^{(i)} - \overline{M}_y^{(i)}, (i = 1, 2, \cdots, 12)$。

本例计算机应用实践可参阅附录三。

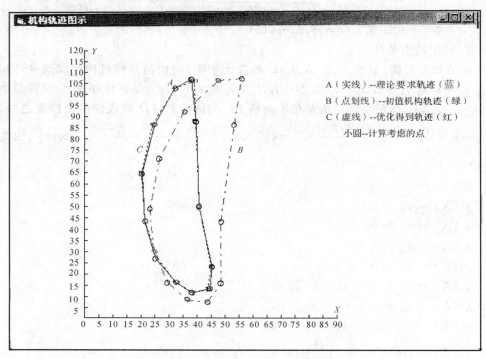

图 10-9

# 思考题与习题

## 第一章

题 1-1　试述机械优化设计的内涵与意义。

题 1-2　与传统的机械设计方法相比较,优化设计的同异之处和特色。

题 1-3　试述机械优化设计与机械设计创新的关系。

题 1-4　进行机械优化设计的过程总体上可分为哪两大部分?

## 第二章

题 2-1　何谓机械优化设计的数学模型?建立机械优化设计的数学模型有哪三个基本要素?

题 2-2　试述机械优化设计中设计常量、设计变量、设计维数、设计空间、设计方案、设计向量、设计点的含义。

题 2-3　何谓设计约束条件?根据约束的性质,设计约束有哪两种?根据约束条件的数学表达式,又有哪两种形式?

题 2-4　试述设计可行区,可行设计点与不可行设计点,内点、外点、边界点,起作用约束与不起作用约束的含义。

题 2-5　何谓优化设计的目标函数?如何用目标函数的数值评价设计方案的优、次以及最优?

题 2-6　何谓约束优化问题与无约束优化问题、线性优化问题与非线性优化问题?

题 2-7　某厂生产两种机器,两种产品生产每台所需钢材分别为 2 吨和 3 吨,所需工时数分别为 4 千小时和 8 千小时,而产值分别为 4 万元和 6 万元。如果每月工厂能获得的原材料为 100 吨,总工时数为 120 千小时。现应如何安排两种机器的月产台数,才能使月产值最高。试写出这一优化问题的数学模型。

题 2-8　某厂生产一个容积为 8000cm³ 的平底、无盖的圆柱形容器,要求设计此容器消耗原材料最少,试写出这一优化问题的数学模型。

题 2-9　如图所示,已知跨距为 $l$、截面为矩形的简支梁,其材料密度为 $\rho$,许用弯曲应力为 $[\sigma_F]$,允许挠度为 $[f]$,在梁的中点作用一集中载荷 $P$,梁的截面宽度 $b$ 不得小于 $b_{min}$,要求设计此梁重量最轻,试写出这一优化问题的数学模型。

题 2-10　一根长 $l$ 的铅丝截成两段,一段弯成圆圈,另一段弯折成方形。问应以怎样的比例截断铅丝,才能使圆形和方形的面积之和为最大,试写出这一优化问题的数学

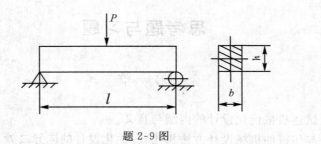

题 2-9 图

模型。

# 第三章

题 3-1　试从几何意义上阐述目标函数等值线(面)、无约束最优解与约束最优解、局部最优解与全域最优解的含义?

题 3-2　何谓函数 $f(X)$ 在 $X^{(k)}$ 点的梯度 $\nabla f(X^{(k)})$?梯度的模 $\parallel \nabla f(X^{(k)}) \parallel$ 如何表达?梯度的方向有什么重要意义?

题 3-3　试述单变量与多变量目标函数极值点存在的条件。

题 3-4　试述无约束最优化数值计算迭代法的基本思想及其格式。可有哪些准则用作判断迭代计算是否可以终止?

题 3-5　将优化问题

$$\min f(X) = x_1^2 + x_2^2 - 4x_2 + 4$$
$$g_1(X) = x_1 - x_2^2 - 1 \geqslant 0$$
$$g_2(X) = 3 - x_1 \geqslant 0$$
$$g_3(X) = x_2 \geqslant 0$$

的目标函数等值线和约束曲线勾画出来,并回答:

1)$X^{(1)} = [1,1]^T$ 是否可行点?

2)$X^{(2)} = \left[\dfrac{5}{2}, \dfrac{1}{2}\right]^T$ 是否内点?

3) 可行域是否凸集?用阴影线描绘出可行域的范围。

题 3-6　将优化问题

$$\min f(X) = (x_1 - 3)^2 + (x_2 - 4)^2$$
$$g_1(X) = 5 - x_1 - x_2 - 1 \geqslant 0$$
$$g_2(X) = x_1 - x_2 - 2.5 \geqslant 0$$
$$g_3(X) = x_1 \geqslant 0$$
$$g_4(X) = x_2 \geqslant 0$$

的目标函数等值线和约束曲线勾画出来,并确定:

1) 可行域的范围(用阴影线画出)。

2) 无约束最优解 $X^{*(1)}$、$f(X^{*(1)})$,约束最优解 $X^{*(2)}$、$f(X^{*(2)})$。

3) 若再加入等式约束 $h(X) = x_1 - x_2 = 0$,约束最优解 $X^{*(3)}$、$f(X^{*(3)})$。

题 3-7　证明函数 $f(X) = 60 - 10x_1 - 4x_2 + x_1^2 + x_2^2 - x_1 x_2$ 在 $\mathscr{D} = \{x_1, x_2 \mid (-\infty < x_i < \infty), i = 1, 2\}$ 上是一凸函数。

题 3-8　已知函数 $f(X) = \dfrac{x_1^2}{2a} + \dfrac{x_2^2}{2b}$,其中 $a > 0, b > 0$,问:

1) 该函数是否存在极值?

2) 若存在极值,试确定它的极值点 $X^*$,判断它是极小还是极大。

题 3-9　设某无约束优化问题的目标函数是 $f(X) = x_1^2 + 9x_2^2$,已知初始迭代点 $X^{(0)} = [2, 2]^T$,第一次迭代所取的方向 $S^{(0)} = [-4, -36]^T$,步长 $\alpha^{(0)} = 0.0561644$,第二次迭代所取方向 $S^{(1)} = [-3.55069, 0.39451]^T$,步长 $\alpha^{(1)} = 0.45556$,试计算:

1) 第一次迭代和第二次迭代计算所获得的迭代点 $X^{(1)}$、$X^{(2)}$。

2) 计算 $X^{(0)}$、$X^{(1)}$、$X^{(2)}$ 处的目标函数值 $f(X^{(0)})$、$f(X^{(1)})$、$f(X^{(2)})$。

3) 分别用点距准则、函数下降量准则和梯度准则判断第二次迭代后能否终止迭代,设迭代精度均为 $\varepsilon = 0.01$。

题 3-10　已知约束优化问题

$$\min f(X) = 4x_1 - x_2^3 - 12$$
$$g(X) = 10x_1 - x_2^3 - 10x_2 - x_2^2 - 34 \geqslant 0$$
$$h(X) = 25 - x_1^2 - x_2^2 = 0$$

试用 K-T 条件判别 $X = [1.002, 4.899]^T$ 是否为其极值点。

# 第四章

题 4-1　何谓一维优化搜索?试述表达式 $f(X^{(k)} + \alpha^{(k)} S^{(k)}) = \min f(X^{(k)} + \alpha S^{(k)})$ 的 $\alpha, \alpha^{(k)}$ 以及整个式子的含义。为什么说一维优化常是多维优化的重要基础?

题 4-2　一维搜索的过程总体可分为哪两大步?进退法确定一维搜索初始搜索区间的基本思路是什么?其迭代过程中 $\alpha^{(1)} \Rightarrow \alpha^{(3)}$,$\alpha^{(2)} \Rightarrow \alpha^{(1)}$,$\alpha^{(3)} \Rightarrow \alpha^{(2)}$ 的"一般化"处理目的是什么?

题 4-3　黄金分割法运用消去法缩小搜索区间的基本原理是什么?你能理解"0.618"作为黄金分割的意义吗?

题 4-4　二次插值法的基本原理是什么?其缩短搜索区间和判断终止迭代的原则是什么?

题 4-5 设有函数 $f(x) = 3x^3 - 8x + 9$,当初始点分别为 $x_0 = 0$,及 $x_0 = 1.8$ 时,用进退法确定其一维优化初始区间,初始进退距 $h_0 = 0.1$。

题 4-6 已知某汽车行驶速度 $x$ 与每公里耗油量的函数关系为 $f(x) = x + 20/x$,试用 0.618 法确定速度 $x$ 在每分钟 $0.2 \sim 1$ 公里时的最经济速度 $x^*$。精度 $\varepsilon = 0.01$。

题 4-7 试用二次插值法求函数 $f(x) = 8x^3 - 2x^2 - 7x + 3$ 的最优解,初始区间为 $[0,2]$,精度 $\varepsilon = 0.01$。

题 4-8 设有函数 $f(X) = x_1^2 + x_2^2 - 8x_1 - 12x_2 + 52$,已知初始迭代点:$X^{(0)} = [0, 0]^T$,迭代方向 $S^{(1)} = [0.707, 0.707]^T$,试用 0.618 法作一维搜索,求其最优步长 $\alpha^*$。

题 4-9 用 0.618 法求函数 $f(x) = x^2 + 2x$ 在区间 $[-3,5]$ 中的极小点,要求计算到最大未确定区间的长度小于 0.05。

# 第五章

题 5-1 阐述 $n$ 维无约束最优化问题的含义及其数学模型表达式。何谓无约束优化问题搜索寻优的直接法和间接法?无约束优化数值迭代法总体上由哪四部分组成?

题 5-2 变量轮换法的基本原理与迭代思路如何?何谓完成一轮迭代?变量轮换法的效能特点如何?

题 5-3 何谓共轭方向?如何构成原始共轭方向?原始共轭方向法的基本原理和迭代思路如何?原始共轭方向每一环的基本方向组如何构成?

题 5-4 鲍威尔法的基本原理是什么?它与原始共轭方向法有何同异之处以及优越性如何?

题 5-5 梯度法的基本原理和迭代思路如何?其效能特点如何?它运用负梯方向搜索为何不能说此法"最速下降"?

题 5-6 试分析比较原始牛顿法与阻尼牛顿法的基本原理、迭代思路及性能特点。

题 5-7 针对梯度法、牛顿法"扬长弃短",如何创意构思变尺度法?变尺度法的基本原理、迭代思路、效能特点如何?构造变尺度矩阵 $A^{(k)}$ 的基本要求是什么?试分析比较 DFP 法与 BFGS 变尺度法的异同和特点。

题 5-8 试用变量轮换法求目标函数 $f(X) = 4 + \frac{2}{9}x_1 - 4x_2 + x_1^2 + 2x_2^2 - 2x_1 x_2 + x_1^4 - 2x_1^2 x_2$ 的最优解。初始点 $X^{(0)} = [-2, 2.2]^T$,精度 $\varepsilon = 0.000001$。

题 5-9 设目标函数 $f(X) = x_1^2 - x_1 x_2 + 3x_2^2$

1)试用鲍威尔法从 $X^{(0)} = [1,2]^T$ 开始,求其最优解;精度 $\varepsilon = 0.000001$。

2)若取初始点 $X^{(0)} = [1,2]^T$,试说明共轭方向法得不出最优解的原因。

题 5-10 试用梯度法求目标函数 $f(X) = 1.5x_1^2 + 0.5x_2^2 - x_1 x_2 - 2x_1$ 的最优解。

设初始点 $X^{(0)} = [-2,4]^T$，迭代精度 $\varepsilon = 0.02$。

题 5-11　试用牛顿法判断目标函数 $f(X) = 1 + x_1 + x_2 + \dfrac{4}{x_1} + \dfrac{9}{x_2}$ 的收敛性。精度 $\varepsilon = 0.0001$，初始点 $X^{(0)} = [1,1]^T$。

题 5-12　试用 DFP 变尺度法求目标函数
$$f(X) = x_1^2 + 2x_2^2 - 2x_1x_2 - 4x_1$$
的最优解。精度 $\varepsilon = 0.01$，初始点 $X^{(0)} = [1,1]^T$。

题 5-13　已知目标函数
$$f(X) = 2x_1^2 + 2x_1x_2 + 6x_2^2 + 2x_1 + 3x_2 + 3$$
和一个方向 $S_1 = [1,0]^T$。试求共轭于 $S_1$ 的另一个方向。

题 5-14　从 $X^{(0)} = [3,-1,0,1]^T$ 出发，用牛顿法对下列函数迭代三步：
$$f(X) = (x_1 + 10x_2)^2 + 5(x_3 - x_4)^2 + (x_2 - 2x_3)^4 + 10(x_1 - x_4)^4$$

# 第六章

题 6-1　阐述 $n$ 维约束最优化问题的含义及其数学模型表达式。何谓约束优化问题搜索寻优的直接法和间接法？

题 6-2　约束随机方向法的基本原理与迭代思路如何？怎样产生随机初始点和随机方向？如何判断终止迭代？

题 6-3　复合形法的基本原理与迭代思路如何？怎样产生初始复合形？与其他迭代法相比，复合形法的终止迭代条件有何特点？

题 6-4　试述惩罚函数法的基本原理。写出 $n$ 维具不等式、等式约束条件的优化问题转化成无约束优化问题的表达式。阐述原目标函数、惩罚函数、惩罚项、不等式约束与等式约束的泛函及其惩罚因子含义。惩罚项必须具有的极限性质是什么？

题 6-5　试分析比较外点惩罚函数法、内点惩罚函数法、混合惩罚函数法的基本原理、数学模型表达式、特点及其应用。

题 6-6　已知约束优化问题
$$\min f(X) = (x_1 - 2)^2 + (x_2 - 1)^2$$
$$g_1(X) = -x_1^2 + x_2 \geqslant 0$$
$$g_2(X) = -x_1 - x_2 + 2 \geqslant 0$$
试从迭代点 $X^{(k)} = [-1,2]^T$ 出发，沿方向 $S^{(k)} = [0.562, -0.254]^T$ 进行搜索，完成一次迭代，获取一个新的迭代点 $X^{(k+1)}$。并作图画出目标函数的等值线、可行域和本次迭代的搜索路线。

题 6-7　已知约束优化问题

$$\min f(X) = 1 - 2x_1 - x_2^2$$
$$g_1(X) = 6 - x_1 - x_2 \geqslant 0$$
$$g_2(X) = x_1 \geqslant 0$$
$$g_3(X) = x_2 \geqslant 0$$

试用两个随机数 $y_1 = -0.1$，$y_2 = 0.85$ 构成随机方向 $S^{(k)}$，并由当前点 $X^{(k)} = [3,1]^T$ 出发沿该方向取步长因子 $\alpha^{(k)} = 2$，计算各迭代点和确定最后一个适用的可行点 $X^{(k+1)}$，并画出图形。

题 6-8　已知约束优化问题
$$\min f(X) = 4x_1 - x_2^2 - 12$$
$$g_1(X) = 25 - x_1^2 - x_2^2 \geqslant 0$$
$$g_2(X) = x_1 \geqslant 0$$
$$g_3(X) = x_2 \geqslant 0$$

已知初始复合形的顶点 $X^{(1)} = [2,1]^T$，$X^{(2)} = [4,1]^T$，$X^{(3)} = [3,3]^T$，要求作两个复合形（不包括初始复合形），并标出最后获得的最优点位置。

题 6-9　试用内点惩罚函数法求
$$\min f(X) = x_1^2 + 2x_2^2$$
$$g(X) = x_1 + x_2 - 1 \geqslant 0$$

的约束极值点，并将不同 $r^{(k)}$ 值时的极值点的轨迹表示在设计空间内。

题 6-10　试用外点惩罚函数法求：
$$\min f(X) = (x_1 - 1)^2 + (x_2 + 2)^2$$
$$g_1(X) = x_2 - x_1 - 1 \geqslant 0$$
$$g_2(X) = 2 - x_1 - x_2 \geqslant 0$$
$$g_3(X) = x_1 \geqslant 0$$
$$g_4(X) = x_2 \geqslant 0$$

并要求作出图形，说明迭代点的轨迹。

题 6-11　已知不等式约束优化问题
$$\min f(X) = x_1 + x_2$$
$$g_1(X) = -x_1^2 + x_2 \geqslant 0$$
$$g_2(X) = x_1 \geqslant 0$$

试写出内点罚函数与外点罚函数，并选出内点法与外点法的初始迭代点。

题 6-12　已知目标函数为 $f(X) = x_2 \sin x_2 - 4x_1$，受约束于：$1 \leqslant x_1 \leqslant 4$，$0 \leqslant x_2 \leqslant 5$，$x_2 \sin x_2 - x_1^2 = 0$，试写出内点及外点形式的混合罚函数。

# 第七章

题 7-1　何谓多目标优化问题?试写出由七个分目标函数构成的 $n$ 维多目标优化问题的数学模型表达式。阐述多目标优化问题与单目标优化问题求解的根本区别。

题 7-2　试述统一目标函数法的含义并阐述其常用的线性加权组合法、目标规划法、功效系数法、乘除法各自的原理、数学模型、特点及应用。

题 7-3　试述主要目标法的基本思想。写出 $n$ 维、4 个不等式约束、3 个分目标函数、以 $f_1(X)$ 作主要目标的数学模型表达式。

题 7-4　试述协调曲线法的原理、思路及应用。

题 7-5　一普通圆柱螺旋压缩弹簧,已知中径 $D_2$,材料为 C 组碳素弹簧钢丝,弹簧死圈数为 2 圈,在一般载荷 $F$ 作用下工作,弹簧的工作圈数 $n$ 不少于 3 圈,要求弹簧刚度 $k$ 尽可能大,弹簧钢丝用料尽可能少。试用统一目标函数法建立最优化设计的数学模型。

# 第八章

题 8-1　何谓离散变量优化设计?它与连续变量优化设计相比有什么特点?

题 8-2　试述离散设计空间与离散值域、均匀离散变量与非均匀离散变量、离散值增量、离散单位邻域与离散坐标邻域、离散局部最优解、拟离散局部最优解与离散全域最优解的含义。

题 8-3　试述凑整解法与网格法的基本原理、搜索特点及应用评价。

题 8-4　试述离散复合形法的基本原理、搜索迭代思路。与连续变量复合形法相比,初始离散复合形的产生、离散一维搜索、离散复合形算法的终止准则所具有的特点。

# 第九章

题 9-1　建立机械优化设计数学模型的基本要求是什么?设计变量的选取、目标函数的建立、约束条件的确定需考虑些什么问题?

题 9-2　什么叫做优化设计数学模型的尺度变换?设计变量、目标函数、约束条件进行尺度变换的目的是什么?如何进行变换?

题 9-3　机械优化设计中数据表和线图联入优化程序通常的处理方法有哪些?

题 9-4　选择优化方法通常应综合考虑哪些问题?试述所学的几种无约束、有约束优化方法的特点和应用范围。

题 9-5　评价优化设计程序的准则主要是哪三方面?

题 9-6　优化设计计算的结果通常在哪些方面需要进行分析和处理?为什么?设计方案敏感度分析有什么重要意义?

# 第十章

题 10-1　阐述优化设计在机构设计、机械零部件设计、机械系统设计中的应用。

题 10-2　如何理解优化设计建立数学模型时目标函数与约束条件可以相互转换,请举例说明。

题 10-3　请自主选择机构、机械零部件、机械系统课题进行机械优化设计并撰写成设计报告或学习研究论文。

# 附录一 常用优化方法参考程序

## (1) 一维寻优

```
19000 REM 一维寻优(OPT ONE)
19002 REM 取 A0 = 0 H = 0.1
19004 REM (B − A) <= 2E THEN AX = AX2
19006 REM (B − A) >= 100E 用二次插值法
19008 REM 2E < (B − A) <= 100E 用 0.618 法
19010 AX = 0:H = .1
19012 GOSUB 18000
19014 AX1 = AX:AF1 = F
19016 AX = AX + H
19018 GOSUB 18000
19020 AX2 = AX:AF2 = F
19022 IF AF1 > AF2 GOTO 19032
19024 H = − H
19026 AX3 = AX1:AF3 = AF1
19028 AX1 = AX2:AF1 = AF2
19030 AX2 = AX3:AF2 = AF3
19032 AX = AX2 + H
19034 GOSUB 18000
19036 AX3 = AX:AF3 = F
19038 IF AF2 <= AF3 GOTO 19044
19040 H = H + H
19042 GOTO 19028
19044 IF AX1 < AX3 GOTO 19050
19046 AX = AX3:AX3 = AX1:AX1 = AX
19048 AF = AF3:AF3 = AF1:AF1 = AF
19050 IF ABS(AX3 − AX1) > 2 * E GOTO
      19054
19052 AX = AX2:AF = AF2:GOTO 19170
19054 IF ABS(AX3 − AX1) => 100 * E GOTO
      19110
19056 REM 0.618 法
19058 AXA = AX1:AXB = AX3
19060 AX1 = AXB − .618 * (AXB − AXA)
19062 AX2 = AXA + .618 * (AXB − AXA)
19064 AX = AX1
19066 GOSUB 18000
19068 AF1 = F
19070 AX = AX2
19072 GOSUB 18000
19074 AF2 = F
19076 IF AF1 > AF2 GOTO 19090
19078 AXB = AX2:AX2 = AX1:AX2 = AF1
19080 AX1 = AXB − .618 * (AXB − AXA)
19082 AX = AX1
19084 GOSUB 18000
19086 AF1 = F
19088 GOTO 19100
19090 AXA = AX1:AX1 = AX2:AF1 = AF2
19092 AX2 = AXA + .618 * (AXB − AXA)
19094 AX = AX2
19096 GOSUB 18000
19098 AF2 = F
19100 IF AXB − AXA > E GOTO 19076
19102 AX = (AXB + AXA)/2
19104 GOSUB 18000
19106 AF = F
19108 GOTO 19170
19110 REM 二次插值法
19112 AK = 0
19114 IF ABS(AX2 − AX1) <= E GOTO 19164
19116 IF ABS(AX2 − AX3) <= E GOTO 19164
19118 AC1 = (AF3 − AF1)/(AX3 − AX1)
19120 AC2 = ((AF2 − AF1)/(AX2 − AX1) −
           AC1)/(AX2 − AX3)
19122 IF AC2 = 0 GOTO 19164
19124 AX4 = (AX1 + AX3 − AC1/AC2)/2
19126 IF(AX4 − AX1) * (AX3 − AX4) <= 0
      GOTO 19164
```

169

```
19128 AX = AX4
19130 GOSUB 18000
19132 AF4 = F
19134 IF AK = 0 GOTO 19138
19136 IF ABS(AX4 − AX2) <= E GOTO 19162
19138 IF AX4 > AX2 GOTO 19152
19140 IF AF2 > AF4 GOTO 19146
19142 AF1 = AF4:AX1 = AX4
19144 GOTO 19114
19146 AF3 = AF2:AX3 = AX2
19148 AF2 = AF4:AX2 = AX4:AK = 1
```

```
19150 GOTO 19114
19152 IF AF2 > AF4 GOTO 19158
19154 AF3 = AF4:AX3 = AX4
19156 GOTO 19114
19158 AF1 = AF2:AX1 = AX2
19160 GOTO 19148
19162 IF AF4 < AF2 GOTO 19168
19164 AX = AX2:AF = AF2
19166 GOTO 19170
19168 AX = AX4:AF = AF4
19170 RETURN
```

（2）变量轮换法

```
10000 REM 变量轮换法（OPT − 2）
10002 KEY OFF:SCREEN 2:K $ = " ":CLS
10004 PRINT " * * * * 用变量轮换法解题
      * * * * "
10006 PRINT
10008 INPUT "请输入:存有目标函数子程序的
      文件名 ";D $
10010 CHAIN MERGE D $ ,10012
10012 INPUT "设计变量 Xi 的维数 N = ";N
10014 DIN X(N),AX0(N),AY0(N),AY(N)
10016 REM
10018 REM
10020 INPUT "要求的计算精度 E = ";E
10022 FOR I = 1 TO N
10024 PRINT "初始点 X(";I;") = ";
10026 INPUT AX0(I):AY(I) = AX0(I):
      AY0(I) = AX0(I)
10028 NEXT I
10030 FOR I = 1 TO N
10032 X(I) = AX0(I)
10034 NEXT I
10036 GOSUB 1000
10038 AF0 = F
10040 CHAIN MERGE " B:OPTONE",10042,
```

```
      ALL
10042 K = 1
10044 FOR J = 1 TO N
10046 GOSUB 19000
10048 GOSUB 17000
10050 NEXT J
10052 AE = 0
10054 FOR I = 1 TO N
10056 AE = AE + (AY(I) − AY0(I)) * (AY(1)
      − AY0(I))
10058 NEXT I
10060 IF AE <= E GOTO 10072
10062 FOR AI = 1 TO N
10064 AY0(AI) = AY(AI)
10066 NEXT AI
10068 K = K + 1
10070 GOTO 10044
10072 CHAIN MERGE " B:OPTEND",20000,
      ALL
10074 END
17000 AY(J) = AY(J) + AX
17002 PRINT "K = ";K;" J = ";J;" F = ";AF;"
      A = ";AX
17004 RETURN
```

170

```
18000 X(J) = AY(J) + AX
18002 GOSUB 1000
```

## (3) 原始共轭方向法

```
10000 REM 原始共轭方向法（OPT－3）
10002 KEY OFF:SCREEN 2:K $ = "":CLS
10004 PRINT " * * * * 用原始共轭方向法解
       题 * * * * "
10006 PRINT
10008 INPUT "请输入:存有目标函数子程序的
       文件名";D $
10010 CHAIN MERGE D $ ,10012
10012 INPUT "设计变量 Xi 的维数 N = ";N
10014  DIM  X(N),AX0(N),AY0(N),AY(N),
       S(N + 1,N)
10016 REM
10018 REM
10020 INPUT "要求的计算精度 E = ";E
10022 FOR I = 1 TO N
10024 PRINT "初始点 X(";I;") = ";
10026  INPUT  AX0(I):AY(I) =  AX0(I):
       AY0(I) = AX0(I)
10028 NEXT I
10030 FOR I = 1 TO N
10032 X(I) = AX0(I)
10034 NEXT 1
10036 GOSUB 1000
10038 AF0 = F
10040 CHAIN  MERGE  "B:OPTONE ",10042,
       ALL
10042 K = 1
10044 FOR I = 1 TO N
10046 FOR I1 = 1 TO N
10048 S(I,I1) = 0
10050 IF I = I1 THEN S(I,I1) = 1
10052 NEXT I1
10054 NEXT I
```

```
18004 RETURN
```

```
10056 AJ = 0
10058 FOR J = 1 TO N
10060 GOSUB 19000
10062 GOSUB 17000
10064 NEXT J
10066 J = N + 1
10068 FOR I = 1 TO N
10070 S(N + 1,I) = AY(1) − AY0(I)
10072 NEXT I
10074 GOSUB 19000
10076 GOSUB 17000
10078 FOR I = 1 TO N
10080 FOR I1 = 1 TO N
10082 S(I,I1) = S(I + 1,I1)
10084 NEXT I1
10086 NEXT 1
10088 IF AJ < N THEN AJ = AJ + 1:GOTO
       10058
10090 AE = 0
10092 FOR I = 1 TO N
10094 AE = AE + (AY(I) − AY0(I)) * (AY(I)
       − AY0(I))
10096 NEXT I
10098 IF AE < = E GOTO 10110
10100 FOR I = 1 TO N
10102 AY0(I) = AY(I)
10104 NEXT I
10106 K = K + 1
10108 GOTO 10044
10110 CHAIN MERGE " B:OPTEND ",20000,
       ALL
10112 END
17000 FOR I = 1 TO N
```

```
17002 AY(1) = AY(I) + AX * S(J. I)
17004 NEXT I
17006 PRINT "K = ";K;"AJ = ";AJ;"J = ";J;"F
      = ";AF;"A = ";AX
17008 RETURN
```

## (4) 共轭方向法

```
10000 REM 原始共轭方向法 (OPT－4)
10002 KEY OFF:SCREEN 2:K $ = "":CLS
10004 PRINT " ＊ ＊ ＊ ＊ 用原始共轭方向法解
      题 ＊ ＊ ＊ ＊ "
10006 PRINT
10008 INPUT "请输入:存有目标函数子程序的
      文件名";D$
10010 CHAIN MERGE D $ ,10012
10012 INPUT "设计变量 Xi 的维数 N = ";N
10014 DIM X(N),AX0(N),AY0(N),AY(N),
      AD(N),S(N+1,N)
10016 REM
10018 REM
10020 INPUT "要求的计算精度 E = ";E
10022 FOR I = 1 TO N
10024 PRINT "初始点 X(";I;") = ";
10026 INPUT AX0(I):AY(I) = AX0(I):
      AY0(I) = AX0(I)
10028 NEXT I
10030 FOR I = 1 TO N
10032 X(I) = AX0(I)
10034 NEXT 1
10036 GOSUB 1000
10038 AF0 = F:AFT = F:F1 = F
10040 CHAIN MERGE "B:OPTONE ",10042,
      ALL
10042 K = 1
10044 FOR I = 1 TO N
10046 FOR I1 = 1 TO N
10048 S(I,I1) = 0
```

```
18000 FOR I = 1 TO N
18002 X(I) = AY(I) + AX * S(J,I)
18004 NEXT I
18006 GOSUB 1000
18008 RETURN
```

```
10050 IF I = I1 THEN S(I,I1) = 1
10052 NEXT I1
10054 NEXT I
10056 FOR J = 1 TO N
10058 GOSUB 19000
10060 GOSUB 17000
10062 AD(J) = AFT － AF
10064 AFT = AF
10066 NEXT J
10068 F2 = AF
10070 FOR I = 1 TO N
10072 X(I) = 2 * AY(I) － AY0(I)
10074 NEXT I
10076 GOSUB 10000
10078 F3 = F
10080 IF F3 >= F1 GOTO 10096
10082 SM = AD(1):AJ = 1
10084 FOR I = 2 TO N
10086 IF SM >= AD(I) GOTO 10090
10088 SM = AD(I):AJ = I
10090 NEXT I
10092 AC1 = F1 － F2 － SM:AC2 = F1 － F3
10094 IF (F1 + F3 － 2 * F2) * AC1 * AC1 <
      SM * AC2 * AC2/2 GOTO 10128
10096 F1 = F2:AFT = F2
10098 IF F2 <= F3 GOTO 10108
10100 FOR I = 1 TO N
10102 AY(I) = X(I)
10104 NEXT I
10106 F1 = F3:AFT = F3
```

172

```
10108 AE = 0                          10144 S(I,I1) = S(I+1,I1)
10110 FOR I = 1 TO N                  10146 NEXT I1
10112 AE = AE+(AY(I)−AY0(I))*(AY(I)    10148 NEXT I
      − AY0(I))                       10150 F1 = AF:AFT = AF
10114 NEXT I                          10152 GOTO 10108
10116 IF AE <= E GOTO 1015            10154 CHAIN MERGE ″B:OPTEND″,20000,
10118 K = K+1                               ALL
10120 FOR I = 1 TO N                  10156 END
10122 AY0(I) = AY(I)                  17000 FOR I = 1 TO N
10124 NEXT I                          17002 AY(I) = AY(I)+AX*S(J,I)
10126 GOTO 10056                      17004 NEXT I
10128 FOR I = 1 TO N                  17006 PRINT″K = ″;K;″J = ″;J;″F = ″;AF;″A
10130 S(N+1,I) = AY(I)−AY0(I)              = ″;AX
10132 NEXT I                          17008 RETURN
10134 J = N+1                         18000 FOR I = 1 TO N
10136 GOSUB 19000                     18002 X(I) = AY(I)+AX*S(J,I)
10138 GOSUB 17000                     18004 NEXT I
10140 FOR I = AJ TO N                 18006 GOSUB 1000
10142 FOR I1 = 1 TO N                 18008 RETURN
```

(5) 梯度法

```
10000 REM 梯度法（OPT−5）
10002 KEY OFF:SCREEN 2:K $ = ″″:CLS        10026 INPUT AX0(I):AY(I) = AX0(I)
10004 GOSUB 15000                          10028 NEXT I
10006 PRINT ″* * * * 用梯度法解题 * *        10030 FOR I = 1 TO N
      * * ″:PRINT                          10032 X(I) = AX0(I)
10008 INPUT ″请输入:存有目标函数子程序的     10034 NEXT 1
      文件名″;D $                          10036 GOSUB 1000
10010 CHAIN MERGE D $ ,10012                10038 AF0 = F
10012 INPUT ″设计变量 Xi 的维数 N = ″;N      10040 CHAIN MERGE ″B:OPTONE ″,10042,
10014   DIM  X(N),AX0(N),AY(N),S(N),             ALL
        DF(N)                              10042 K = 0
10016 REM                                  10044 FOR I = 1 TO N
10018 REM                                  10046 X(I) = AY(I)
10020 INPUT ″要求的计算精度 E = ″;E          10048 NEXT I
10022 FOR I = 1 TO N                        10050 GOSUB 3000
10024 PRINT ″初始点 X(″;I;″) = ″;           10052 AE = 0
                                           10054 FOR I = 1 TO N
```

```
10056 AE = AE + DF(I) * DF(I)
10058 NEXT I
10060 IF AE <= E GOTO 10076
10062 FOR I = 1 TO N
10064 S(I) = - DF(I)/AE
10066 NEXT I
10068 GOSUB 19000
10070 GOSUB 17000
10072 K = K + 1
10074 GOTO 10044
10076 CHAIN MERGE "B:OPTEND",2000,
      ALL
10078 END
15000 PRINT TAB(20);"用梯度法解题":
PRINT
15002 PRINT TAB(20);"需用以 3000 行号起始
      的计算梯度 DF(i) 子程序"
15004 PRINT TAB(20);"例 3000 REM 计算梯
      度子程序"
15006 PRINT TAB(20);"例 3002 DF(1) =
      2 * X(1 - X(2) - 10"
15008 PRINT TAB(20);"例 3004 DF(2) =
      2 * X(2) - X(1) - 4"
15010 PRINT TAB(20);"3006 RETURN"
```

## (6) 阻尼牛顿法

```
10000 REM 尼牛顿法 (OPT - 6)
10002 KEY OFF:SCREEN 2:K $ = "":CLS
10004 GOSUB 15000
10006 PRINT " * * * * 用阻尼牛顿法解题
      * * * * ":PRINT
10008 INPUT "请输入:存有目标函数子程序的
      文件名";D $
10010 CHAIN MERGE D $,10012
10012 INPUT "设计变量 Xi 的维数 N = ";N
10014 DIM X(N),AX0(N),AY(N),S(N),
      DF(N),DH(N,N)
```

```
15012 PRINT
15014 PRINT TAB(20);"< 是否已准备好计算
      梯度子程序(Y/N):>"
15016 K $ = INKEY $:IF K $ = "" THEN
GOTO 15016
15018 IF K $ = "N" OR K $ = "n" THEN
      GOTO 15024
15020 IF K $ <> "Y" AND K $ <> "y"
      THEN GOTO 15016
15022 CLS:RETURN
15024 CLS:SCREEN 2
15026 PRINT "记住!编制子程序结束后用 RUN
      B:OPT - 4 启动"
15028 END
17000 FOR I = 1 TO N
17002 AY(1) = AY(I) + AX * S(I)
17004 NEXT I
17006 PRINT "K = ";K;"F = ";AF;" A = ";AF
17008 RETURN
18000 FOR I = 1 TO N
18002 X(I) = AY(I) + AX * S(I)
18004 NEXT I
18006 GOSUB 1000
18008 RETURN
```

```
10016 DIM ZB(N),ZC(N),ZE(N),ZF(N)
10018 REM
10020 INPUT "要求的计算精度 E = ";E
10022 FOR I = 1 TO N
10024 PRINT "初始点 X(";I;") = ";
10026 INPUT AX0(I):AY(I) = AX0(I)
10028 NEXT I
10030 FOR I = 1 TO N
10032 X(I) = AX0(I)
10034 NEXT 1
10036 GOSUB 1000
```

```
10038 AF0 = F
10040 CHAIN MERGE "B:OPTONE ",10042,
      ALL
10042 K = 0
10044 FOR I = 1 TO N
10046 X(I) = AY(I)
10048 NEXT I
10050 GOSUB 3000
10052 AE = 0
10054 FOR I = 1 TO N
10056 AE = AE + DF(I) * DF(I)
10058 NEXT I
10060 IF AE < = E GOTO 10086
10062 GOSUB 4000
10064 GOSUB 14000
10066 FOR I = 1 TO N
10068 S(I) = 0
10070 FOR I1 = 1 TO N
10072 S(I) = S(I) + DH(I,I1) * DF(I1)
10074 NEXT I1
10076 NEXT 1
10078 GOSUB 19000
10080 GOSUB 17000
10020 K = K + 1
10084 GOTO 10044
10086 CHAIN MERGE "B:OPTEND",20000,
      ALL
10088 END
14000 REM 全主元高斯－约当消去法求逆矩阵
14002 FOR ZK = 1 TO N
14004 ZY = 0
14006 FOR ZI = ZK TO N
14008 FOR ZJ = ZK TO N
14010 IF ABS(DH(ZI,ZJ)) < ABS(ZY) GOTO
      14018
14012 ZY = DH(ZI,ZJ)
14014 ZI2-ZI

14016 ZJ2 = ZJ
14018 NEXT ZJ
14020 NEXT ZI
14022 IF ABS(ZY) < = E GOTO 14120
14024 IF ZI2 = ZK GOTO 14036
14026 FPR ZJ = 1 TO N
14028 ZW = DH(ZI2,ZJ)
14030 DH(ZI2,ZJ) = DH(ZK,ZJ)
14032 DH(ZK,ZJ) = ZW
14034 NEXT ZJ
14036 IF ZJ2 = ZK GOTP 14048
14038 FOR ZI = 1 TO N
14040 ZW = DH(ZI,ZJ2)
14042 DH(ZI,ZJ2) = DH(ZI,ZK)
14044 DH(ZI,ZK) = ZW
14046 NEXT ZI
14048 ZE(ZK) = ZI2
14050 ZF(ZK) = ZJ2
14052 FOR ZJ = 1 TO N
14054 IF ZJ < > ZK GOTO 14062
14056 ZB(ZJ) = 1/ZY
14058 ZC(ZJ) = 1
14060 GOTO 14066
14062 ZB(ZJ) = − DH(ZK,ZJ)/ZY
14064 ZC(ZJ) = DH(ZJ,ZK)
14066 DH(ZK,ZJ) = 0
14068 DH(ZJ,ZK) = 0
14070 NEXT ZJ
14072 FOR ZI = 1 TO N
14074 FOR ZJ = 1 TO N
14076 DH(ZI,ZJ) = DH(ZI,ZJ) + ZC(ZI)
      * ZB(ZJ)
14078 NEXT ZJ
14080 NEXT ZI
14082 NEXT ZK
10084 FOR ZL = 1 TO N
14086 ZK = N − ZL + 1
```

```
14088 ZK1 = ZE(ZK)
14090 ZK2 = ZF(ZK)
14092 IF ZK1 = ZK GOTO 14104
14094 FOR ZI = 1 TO N
14096 ZW = DH(ZI,ZK1)
14098 DH(ZK,ZK1) = DH(ZI,ZK)
14100 DH(ZI,ZK) = ZW
14102 NEXT ZI
14104 IF ZK2 = ZK GOTO 14116
14106 FOR ZJ = 1 TO N
14108 ZW = H(ZK2,ZJ)
14110 DH(ZK2,ZJ) = DH(ZK,ZJ)
14112 DH(ZK,ZJ) = ZW
14114 NTXT ZJ
14116 NEXT ZI
14118 RETURN
14120 PRINT "H(X) 矩阵奇异,改进牛顿法失效
      "
14122 END
15000 PRINT TAB(16);"用改进牛顿法解题":
      PRINT
15002 PRINT "需用到计算梯度 DF(i) 子程序和
      计算、H(X)、DH(i,j) 子程序"
15004 PRINT TAB(5);"例 3000 REM 计算梯度
      子程序、4000 REM 计算 H(X) 子程序"
15006 PRINT TAB(5);" 3002 DF(1) = 2 * X(1
      − X(2)−10 4002 DH(1,1) = 2;DH(1,2)
      =−1"
15008 PRINT TAB(5);" 3004 DF(2) = 2 * X(2
      − X(1)−4 4004 DH(2,1) =−1;DH(2,2)
      = 2"
15010 PRINT TAB(5);"3006 RETURN 4006
      RETURN"
15012 PRINT
15014 PRINT TAB(16);"< 是否已准备好计算
      梯度子程序(Y/N): >"
15016 K $ = INKEY $ :IF K $ = " "THEN
GOTO 15016
15018 IF K $ = "N" OR K $ = "n" THEN
      GOTO 15024
15020 IF K $ <> "Y" AND K $ <> "y"
      THEN GOTO 15016
15022 CLS;RETURN 2
15024 CLS;SCREEN 2
15026 PRINT " 记住!编制子程序结束后用 RUN
      B;OPT − 4 启动":END
17000 FOR I = 1 TO N
17002 AY(1) = AY(I) + AX * S(I)
17004 NEXT I
17006 PRINT "K = ";K;"F = ";AF;" A = ";AX
17008 TETURN
18000 FOR I = 1 TO N
18002 X(I) = AY(I) + AX * S(I)
18004 NEXT I
18006 GOSUB 1000
18008 RETURN
```

## (7)DFP 变尺度法

```
10000 REM DFP 变尺度法（OPT − 7）
10002 KEY OFF;SCREEN 2;K $ = "";CLS
10004 GOSUB 15000
10006 PRINT " * * * * 用 DFP 变尺度法解
      题 * * * * ";PRINT
10008 INPUT " 请输入:存有目标函数子程序的
      文件名";D $
10010 CHAIN MERGE D $ ,10012
10012 INPUT " 设计变量 Xi 的维数 N = ";N
10014 DIM X(N),AX0(N),AY0(N),AY(N),
      S(N),DF(N)
10016 DEM ZH(N,N),DF0(N),ZDX(N),
      ZDDF(N),ZE(N,N)
10018 REM ZC1(N),ZC2(N)
```

176

```
10020 INPUT " 要求的计算精度 E = ";E        10092 ZC = 0
10022 FOR I = 1 TO N                      10094 FOR I = 1 TO N
10024 PRINT " 初始点 X(";I;") = ";         10096 ZDX(I) = AY(I) − AY0(I)
10026 INPUT AX0(I):AY(I) = AX0(I)         10098 ZDDF(I) = DF(I) − DF0(I)
10028 NEXT I                              10100 DF0(I) = DF(I)
10030 FOR I = 1 TO N                      10102 ZC = ZC + ZDDF(I) * ZDDF(I)
10032 X(I) = AX0(I)                       10104 NEXT I
10034 NEXT 1                              10106 FOR I = 1 TO N
10036 GOSUB 1000                          10108 FOR I1 = 1 TO N
10038 AF0 = F                             10110 ZE(I,I1) = ZDX(I) * ZDX(I1)/ZC
10040 CHAIN MERGE "B:OPTONE ",10042,      10112 NEXT I1
      ALL                                 10114 NEXT I
10042 K = 0                               10116 FOR I = 1 TO N
10044 FOR I = 1 TO N                      10118 ZC1(I) = 0
10046 FOR I1 = 1 TO N                     10120 FOR I1 = 1 TO N
10048 ZH(1,I1) = 0                        10122 ZC1(I) = ZC1(I) + ZDDF(I) * ZH(I1,I)
10050 IF I = I1 THEN ZH(I,I1) = 1         10124 NEXT I1
10052 NEXT I1                             10126 NEXT 1
10054 X(I) = AY(I):AY0(I) = AY(I)         10128 ZC = 0
10056 NEXT I                             10130 FOR I = 1 TO N
10058 GOSUB 3000                          10132 ZC = ZC + ZC1(I) * ZDDF(I)
10060 FOR I = 1 TO N                      10134 NEXT I
10062 S(I) = 0:DF0(I) = DF(1)             10136 FOR I = 1 TO N
10064 FOR I1 = 1 TO N                     10138 ZC1(I) = 0:ZC2(I) = 0
10066 S(I) = S(I) − ZH(I,I1) * DF(I1)     10140 FOR I1 = 1 TON
10068 NEXT I1                             10142 ZC1(I) = ZC1(I) + ZH(I,I1) * ZDDF(I1)
10070 NEXT I                              10144 ZC2(I) = ZC2(I) + ZDDF(I1) * ZH(I1,I)
10072 GOSUB 19000                         10146 NEXT I1
10074 GOSUB 17000                         10148 NEXT I
10076 FOR I = 1 TO N:X(I) = AY(I):NEXT I  10150 FOR I = 1 TO N
10078 GOSUB 3000                          10152 FOR I1 = 1 TO N
10080 AE = 0                              10154 ZH(I,I1) = ZH(I,I1) + ZE(I,I1) −
10082 FOR I = 1 TO N                           ZC1(I) * ZC2(I1)/ZC
10084 AE = AE + DF(I) * DF(I)             10156 NEXT I1
10086 NEXT I                              10158 NEXT I
10088 IF AE =< E GOTO 10171               10160 FOR I = 1 TO N
10090 IF K = N GOTP 10042                 10162 S(I) = 0
```

177

```
10164 FOR I1 = 1 TO N
10166 S(I) = S(I) − ZH(I,I1) * DF(I1)
10168 NEXT I1
10170 NEXT I
10172 K = K + 1
10174 GOTO 10072
10176 CHAIN MERGE "B:OPTEND",2000,
       ALL
10178 END
10000 PRINT TAB(20);"用变尺度法解题":
       PRINT
15002 PRINT TAB(20);"需用以 3000 行号起始
       的计算梯度 DF(i) 子程序"
15004 PRINT TAB(20);"例 3000 REM 计算梯
       度子程序"
15006 PRINT TAB(20);" 3002 DF(1) =
       2 * X(1) − X(2) − 10"
15008 PRINT TAB(20);" 3004 DF(2) =
       2 * X(2) − X(1) − 4"
15010 PRINT TAB(20);"3006 RETURN"
15012 PRINT
15014 PRINT TAB(20);"< 是否已准备好计算
15016 K $ = INKEY $ :IF K $ = ""THEN
       GOTO 15016
15018 IF K $ = "N" OR K $ = "n" THEN
       GOTO 15024
15020 IF K $ <> "Y" AND K $ <> "y"
       THEN GOTO 15016
15022 CLS:RETURN 2
15024 CLS:SCREEN 2
15026 PRINT "记住!编制子程序结束后用 RUN
       B:OPT − 6 启动"
15028 END
17000 FOR I = 1 TO N
17002 AY(1) = AY(I) + AX * S(I)
17004 NEXT I
17006 PRINT "K = ";K;"F = ";AF;" A = ";AX
17008 TETURN
18000 FOR I = 1 TO N
18002 X(I) = AY(I) + AX * S(I)
18004 NEXT I
18006 GOSUB 1000
18008 RETURN
```

### (8) 约束随机方向法

```
10000 REM 约束随机方法法（OPT − 8）
10002 KEY OFF:SCREEN 2:K $ = "":CLS
10004 PRINT" * * * * 用约束随机方向法解
       题 * * * * "
10006 PRINT
10008 INPUT "请输入:存有目标函数子程序的
       文件名";D $
10010 CHAIN MERGE D $ ,10012
10012 INPUT "约束条件数 M = ";M
10014 INPUT "设计变量 Xi 的维数 N = ";N
10016 DIM X(N),G(M),AX0(N) AY(N),S(N)
10018 DIM AA(N),AB(N)
10020 INPUT "要求的计算精度 E = ";E
10022 INPUT "随机方向最大个数 NMAX = ";
       NMAX
10024 INPUT "初始步长 H0 = ";H
10026 PRINT "为寻找内点,请输入设计变量允
       许的取值范围:"
10028 FOR I = 1 TO N
10030 PRINT"对于 X(";I;") 最小的允许值:";
10032 INPUT AA(I)
10034 INPUT"最大的允许值:";AB(I)
10036 NEXT I
10038 FOR I = 1 TO N
10040 X(I) = AA(I) + RND(I) * (AB(I) −
       AA(I))
```

178

```
10042 NEXT I
10044 GOSUB 10134
10046 IF AG = 1 GOTO 10038
10048 PRINT "找到在区域内的初始点:"
10050 FOR I = 1 TO N
10052 AX0(I) = X(I)
10054 PRINT "X(";I;") = ";X(I)
10056 NEXT I
10058 GOSUB 1000
10060 AF0 = F
10062 AFH = F
10064 FOR I = 1 TO N
10066 AY(I) = AX0(I)
10068 NEXT I
10070 K = 1:KS = 0
10072 AS = 0
10074 FOR I = 1 TO N
10076 S(1) = RND(I) * 2 - 1
10078 AS = AS + S(I) * S(I)
10080 NEXT I
10082 FOR I = 1 TO N:S(I) = S(I)/AS:
      NEXT 1
10084 FOR I = 1 TO N
10086 X(I) = AY(I) + H * S(I)
10088 NEXT I
10090 SOSUB 10134
10092 IF AG = 1 GOTO 10110
10094 GOSUB 1000
10096 IF F >= AFH GOTO 10110
10098 FOR I = 1 TO N
10100 AY(I) = AY(I) + H * S(I)
10102 NEXT I
10104 PRINT "K = ";K;"F = ";F;"H = ";H
10106 AFH = F:KS = 1
10108 GOTO 10084
10110 IF KS = 1 GOTO 10070
10112 K = K + 1
10114 IF K <= NMAX GOTO 10072
10116 IF H <= E GOTO 10122
10118 н = H/2
10120 GOTO 10070
10122 FOR I = 1 TO N
10124 X(I)-AY(I)
10126 NEXT I
10128 GOSUB 1000
10130 AF = F
10132  CHAIN  MERGE  "B:OPTEND",20000,
       ALL
10134 AG = 0
10136 GOSUB 2000
10138 FOR I = 1 TO M
10140 IF G(I) < 0 THEN AG = 1:GOTO 10144
10142 NEXT I
10144 RETURN
```

(9) 复合形法

```
10000 REM 复合形法 (OPT-9)
10002 KEY OFF:SCREEN 2:K $ = " ":CLS
10004 PRINT " * * * * 用复合形法解题 *
      * * * "
10006 PRINT
10008 INPUT "请输入:存有目标函数子程序的
      文件名";D $
10010 CHAIN MERGE D $ ,10012
10012 INPUT "约束条件数 M = ";M
10014 INPUT "设计变量 Xi 的维数 N =;"N
10016 DIM X(N),G(M),AX0(N) AY(N),
      AXC(N),AXH(N)
10018 DIM AA(N),AB(N),AX(2 * N,N),
      AF(2 * N)
10020 INPUT "要求的计算精度 E = ";E
10022 INPUT "复合形顶点数(N-2N) NMAX
```

179

```
                                          I1):NEXT I
= ";NMAX                                  10086 X(I1) = X(I1)/K
10024 INPUT" 为寻找内点,请输入设计变量允      10088 X(I1) = X(I1)+.5 * (AX(K,I1)-X(I1))
      许的取值范围:"                        10090 AX(K,I1) = X(I1)
10026 FOR I = 1 TO N                       10092 NEXT I1
10028 PRINT" 对于 X(";I;") 最小的允许值:";   10094 GOTO 10076
10030 INPUT AA(I)                          10096 FOR I1 = 2 TO NMAX
10032 INPUT" 最大的允许值:";AB(I)            10098 FOR I = 1 TO N:X(I) = AX(I1,I):
10034 NEXT I                                     NEXT I
10036 AK = 0                               10100 GOSUB 1000
10038 K = 1                                10102 AF(I1) = F
10040 FOR I = 1 TO N                       10104 NEXT I1
10042 X(I) =  AA(I) + RND(I) * (AB(I) −    10106 AFH = AF(1):AFL = AF(1)
      AA(I))                               10108 AXH = 1:AXL = 1
10044 AX(K,I) = X(I)                       10110 FOR I = 2 TO NMAX
10046 NEXT I                               10112 IF AF(I) > AFH THEN AFH = AF(I):
10048 GOSUB 10134                                AXH = I
10050 IF AG = 1 GOTO 10040                 10114 IF AF(I) < AFL THEN AFL = AF(I):
10052 GOSUB 1000                                 AXL = I
10054 IF AK = 1 GOTO 10060                 10116 NEXT I
10056 AF0 = F:AK = 1                       10118 FOR I = 1 TO N:AXH(I) = AX(AXH,
10058 FOR I = 1 TO N:AX0(I) = X(I):NEXT I        I):NEXT I
10060 AF(1) = F                            10120 PRINT "NUM = ";ANUM;"FL = ";AFL;
10062 FOR I1 = 2 TO NMAX                         "FH = ";AFH
10064 FOR I = 1 TO N                       10122 AE = 0
10066 AX(I1,I) = AA(I) + RND(I) * (AB(I) − 10124 FOR I = 1 TO NMAX:AE = AE+(AF(I)
      AA(I))                                     − AFL) * (AF(I) − AFL):NEXT I
10068 NEXT I                               10126 IF AE <= E GOTO 10206
10070 NEXT I1                              10128 FOR I1 = 1 TO N
10072 IF K = NMAX GOTO 10096               10130 AXC(I1) = 0
10074 FOR I = 1 TO N:X(I) = AX(K+1,I):     10132 FOR I = 1 TO NMAX
      NEXT I                               10134 IF I = AXH GOTO 10138
10076 GOSUB 10218                          10136 AXC(I1) = AX(I1) + AX(I,I1)
10078 IF AG = 0 THEN K = K + 1:GOTO       10138 NEXT I
      10072                                10140 AXC(I1) = AXC(I1)/(NMAX−1)
10080 FOR I1 = 1 TO N                      10142 X(I1) = AXC(I1)
10082 X(I1) = 0                            10144 NEXT I1
10084 FOR I = 1 TO K:X(I1) = X(I1) + AX(I,
      180
```

```
10146 GOSUB 10218
10148 IF AG = 0 GOTO 10164
10150 FOR I = 1 TO N
10152 IF AXC(I) < AX(AXL,I) THEN AA(I)
      = AXC(I):GOTO 10156
10154 AA(I) = AX(AXL,I)
10156 IF AXC(I) < AX(AXL,I) THEN AB(I)
      = AXC(I):GOTO 10160
10158 AB(I) = AX(AXL,I)
10160 NEXT I
10162 GOTO 10038
10164 H = 1.3
10166 FOR I = 1 TO N:X(I) = AXC(I) +
      H * (AXC(I) − AXH(I)):NEXT I
10168 GOSUB 10218
10170 IF AG = 0 GOTO 10176
10172 H = H/2
10174 GOTO 10166
10176 GOSUB 1000
10178 IF F < AFH GOTO 10196
10180 IF H > E GOTO 10172
10182 AFS = AFL:AXS = AXL
10184 FOR I = 1 TO NMAX
10186 IF I = AXH GOTO 10190
10188 IF AF(I) > AFS THEN AFS = AF(I):
```

```
      AXS = 1
10190 NEXT I
10192 FOR I = 1 TO N:AXH(I) = AX(AXS,
      I):NEXT I
10194 GOTO 10164
10196 AF(AXH) = F
10198 FOR I = 1 TO N
10200 AX(AXH,I) = X(I)
10202 NEXT I
10204 GOTO 10106
10206 AF = AFL
10208 FOR I = 1 TO N
10210 AY(I) = AX(AXL,I)
10212 NEXT I
10214 CHAIN MERGE ″B:OPTEND″,20000,
      ALL
10216 END
10218 AG = 0
10220 GOSUB 2000
10222 ANUM = ANUM+1
10224 FOR I = 1 TO M
10226 IF G(I) < 0 THEN AG = 1:GOTO 10230
10228 NEXT I
10230 RETURN
```

## （10）内点惩罚函数法

```
10000 REM 内点惩罚函数法（OPT − 10）
10002 KEY OFF:SCREEN 2:K $ = ″″:CLS
10004 PRINT ″* * * * 用复合形法解题 *
      * * *″
10006 PRINT
10008 INPUT ″请输入:存有目标函数子程序的
      文件名″;D $
10010 CHAIN MERGE D $ ,10012
10012 INPUT ″约束条件数 M = ″;M
10014 INPUT ″设计变量 Xi 的维数 N = ″;N
```

```
10016 DIM X(N),G(M),AX0(N) AY(N),
      AY(N),AY0(N)
10018 DIM AYS(N),S(N+1,N),AD(N),
      AA(N),AB(N)
10020 INPUT ″要求的计算精度 E = ″;E
10022 INPUT ″罚因子(一般可取 1) r = ″;AR
10024 INPUT ″递减因子(一般可取 0.001)a = ″;
      AH
10026 FOR I = 1 TO N
10028 PRINT″初始点 X(″;I;″) = ″;
```

181

```
10030 INPUT X(I)
10032 NEXT I
10034 GOSUB 10236
10036 IF AG = 0 GOTO 10064
10038 PRINT "所给的初始点 X0 不在区域内"
10040 PRINT "为寻找内点,请输入设计变量允
       许的取值范围"
10042 FOR I = 1 TO N
10044 PRINT "对于 X(";I;") 最小的允许值:";
10046 INPUT AA(I)
10048 INPUT "最大的允许值:";AB(I)"
10050 NEXT I
10052 FOR I = 1 TO N
10054 X(I) = AA(I) + RND(I) * (AB(I) —
       AA(I))
10056 NEXT I
10058 GOSUB 10236
10060 IF AG = 1 GOTO 10052
10062 PRINT" 找到区域内的初始点:"
10064 FOR I = 1 TO N
10066 AX0(I) = X(I)
10068 PRINT "X(";I;") = ";X(I)
10070 NEXT I
10072 GOSUB 1000
10074 AF0 = F
10076 FOR I = 1 TO N
10078 AY(I) = X(I)
10080 AY0(I) = X(I)
10082 AYS(I) = X(I)
10084 NEXT I
10086 CHAIN MERGE"B:OPTONE"10088,ALL
10088 AGK = 1
10090 REM POWELL 法
10092 FOR I = 1 TO N
10094 FOR I1 = 1 TO N
10096 S(I,I1) = 0
10098 IF I = I1 THEN S(I,I1) = 1

10100 NEXT I1
10102 NEXT I
10104 AX = 0
10106 GOSUB 18000
10108 F1 = F:AFT = F
10110 K = 1
10112 FOR J = 1 TO N
10114 GOSUB 19000
10116 GOSUB 17000
10118 AD(J) = AFT — AF
10120 AFT = AF
10122 NEXT J
10124 F2 = AF
10126 FOR I = 1 TO N
10128 X(I) = 2 * AY(I) — AY0(I)
10130 NEXT I
10132 GOSUB 18008
10134 F3 = F
10136 IF F3 >= F1 GOTO 10152
10138 SM = AD(1):AJ = 1
10140 FOR I = 2 TO N
10142 IF SM >= AD(I) GOTO 10146
10144 SM = AD(I):AJ = I
10146 NEXT I
10148 AC1 = F1 — F2 — SM:AC2 = F1 — F3
10150 IF (F1 + F3 — 2 * F2) * AC1 * AC1 <
       SM * AC2 * AC2/2 GOTO 10184
10152 F1 = F2:AFT = F2
10154 IF F2 <= F3 GOGO 10164
10156 FOR I = 1 TO N
10158 AY(I) = X(I)
10160 NEXT I
10162 F1 = F3:AFT = F3
10164 AE = 0
10166 FOR = I1 TO N
10168 AE = AE + (AY(I) — AY0(I)) * (AY(I)
       — AY(I))
```

182

```
10170 NEXT I
10172 IF AE <= E GOTO 10210
10174 K = K + 1
10176 FOR I = 1 TO N
10178 AY0(I) = AY(I)
10180 NEXT I
10182 GOTO 10112
10184 FOR I = 1 TO N
10186 S(N + 1,I) = AY(I) − AY0(I)
10188 NEXT I
10190 J = N + 1
10192 GOSUB 19000
10194 GOSUB 17000
10196 FOR I = AJ TO N
10198 FOR I1 = 1 TO N
10200 S(I,I1) = S(I + 1,I1)
10202 NEXT I1
10204 NEXT I
10206 F1 = AF:AFT = AF
10208 GOTO 10164
10210 AE = 0
10212 FOR I = 1 TO N
10214 AE = AE + (AY(I) − AYS(I)) * (AY(I)
      − AYS(I))
10216 NEXT I
10218 IF AE > E GOTO 10224
10220 CHAIN   MERGE   ″B:OPTEND″,2000,
      ALL
10222 END
10224 FOR I = 1 TO N
10226 AYS(I) = AY(I)
```

```
10228 NEXT I
10230 AGK = AGK + 1
10232 AR = AH * AR
10234 GOTO 10092
10236 AG = 0
10238 GOSUB 2000
10240 FOR I = 1 TO N
10242 IF G(I) <= 1E − 10 THEN AG = 1:
      GOTO 10246
10244 NEXT I
10246 RETURN
17000 FOR I = 1 TO N
17002 AY(I) = AY(I) + AX * S(J,I)
17004 NEXT I
17006 PRINT″AK = ″;AGK;″K = ″;K;″J = ″;J;
      ″F = ″;AF;″A = ″;AX
17008 RETURN
18000 REM 计算罚函数的子程序
18002 FOR I = 1 TO N
18004 X(I) = AY(I) + AX * S(J,I)
18006 NEXT I
18008 GOSUB 1000
18010 GOSUB 2000
18012 FOR I = 1 TO M
18014 IF G(I) < E THEN F = F + 1E + 15:
      GOTO 18020
18016 IF G(I) < E THEN F = F + AR * (1E +
      10):GOTO 18020
18018 F =+ AR/G(I)
18020 NEXT I
18022 RETURN
```

## (11) 混合惩罚函数法

```
10000 REM 混合惩罚函数法（OPT − 11）
10002 KEY OFF:SCREEN 2:K $ = ″ ″:CLS:
      GOSUB 15000
10004 PRINT ″ * * * * 用混合惩罚函数法解
```

```
      题 * * * * ″
10006 PRINT
10008 INPUT ″请输入:存有目标函数子程序的
      文件名″;D $
```

```
10010 CHAIN MERGE D$ ,10012
10012 INPUT "不等式约束条件数 M = ";M
10014 INPUT "等式约束条件数 H = ";MH
10016 INPUT "设计变量 Xi 的维数 N =;"N
10018 DIM X(N),G(M),GH(MH) AX0(N),
      AY(N),AY0(N)
10020 DIM AYS(N),S(N+1,N),AD(N),
      AA(N),AB(N)
10022 INPUT "要求的计算精度 E = ";E
10024 FOR I = 1 TO N
10026 PRINT "初始点 X(";I;") = "
10028 INPUT X(I)
10030 NEXT I
10032 AR = 1
10034 GOSUB 18008
10036 AF0 = F
10038 FOR I = 1 TO N
10040 AY(I) = X(I)
10042 AY0(I) = X(I)
10044 AYS(I) = X(I)
10046 NEXT I
10048 CHAIN MERGE "B:"OPTONE",10050,
      ALL
10050 INPUT "请输入:罚因子(一般可取 1)r =
      ";AR
10052 INPUT "递减因子(一般可取 0.001)a = ";
      AH
10054 AGK = 1
10056 REM POWELL 法
10058 FOR I = 1 TO N
10060 FOR I1 = 1 TO N
10062 S(I,I1) = 0
10064 IF I = I1 THEN S(I,I1) = 1
10066 NEXT I1
10068 NEXT I
10070 AX = 0
10072 GOSUB 18000

10074 F1 = F:AFT = F
10076 K = 1
10078 FOR J = 1 TO N
10080 GOSUB 19000
10082 GOSUB 17000
10084 AD(J) = AFT - AF
10086 AFT = AF
10088 NEXT J
10090 F2 = AF
10092 FOR I = 1 TO N
10094 X(I) = 2 * AY(I) - AY0(I)
10096 NEXT I
10098 GOSUB 18008
10100 F3 = F
10120 IF F3 >= F1 GOTO 10118
10104 SM = AD(1):AJ = 1
10106 FOR I = 2 TO N
10108 IF SM >= AD(I) GOTO 10112
10110 SM = AD(I):AJ = I
10112 NEXT I
10114 AC1 = F1 - F2 - SM:AC2 = F1 - F3
10116 IF (F1 + F3 - 2 * F2) * AC1 * AC1 <
      SM * AC2 * AC2/2 GOTO 10150
10118 F1 = F2:AFT = F2
10120 IF F2 <= F3 GOTO 10130
10122 FOR I = 1 TO N
10124 AY(I) = X(I)
10126 NEXT I
10128 F1 = F3:AFT = F3
10130 AE = 0
10132 FOR I = 1 TO N
10134 AE = AE + (AY(I) - AY0(I)) * (AY(I)
      - AY0(I))
10136 NEXT I
10138 IF AE <= E GOTO 10176
10140 K = K + 1
10142 FOR I = 1 TO N
```

184

```
10144 AY0(I) = AY(I)
10146 NEXT I
10148 GOTO 10078
10150 FOR I = 1 TO N
10152 S(N+1,I) = AY(I) − AY0(I)
10154 NEXT I
10156 J = N+1
10158 GOSUB 19000
10160 GOSUB 17000
10162 FOR I = AJ TO N
10164 FOR I1 = 1 TO N
10166 S(I,I1) = S(I+1,I1)
10168 NEXT I1
10170 NEXT I
10172 F1 = AF:AFT = AF
10174 GOTO 10130
10176 AE = 0
10178 FOR I = 1 TO N
10180 AE = AE+(AY(I) − AYS(I)) * (AY(I)
      − AYS(I))
10182 NEXT I
10184 IF AE > E GOTO 10190
10186 CHAIN MERGE "B:OPTEND",20000,
      ALL
10188 END
10190 FOR I = 1 TO N
10192 AYS(I) = AY(I)
10194 NEXT I
10196 AGK = AGK+1
10198 AR = AH * AR
10200 GOTO 10058
15000 PRINT TAB(20);"用混合函数法解题":
      PRINT
15002 PRINT TAB(20);"含等式约束时以 2500
      行号起编写计算 GH(i) 子程序"
15004 PRINT TAB(20);"例 2000 REM 计算约
      束条件子程序"
15006 PRINT TAB(20);"2002 REM 计算不等式
      约束 G(i) 子程序"
15008 PRINT TAB(20);"2004 G(1) = X(1) − 1"
15010 PRINT TAB(20);"2500 REM 计算等式约
      束 GH(i) 子程序"
15012 PRINT TAB(20);"2500 GH(1) = X(1) +
      X(2) − 1"
15014 PRINT TAB(20);"2504 RETURN"
15016 PRINT TAB(20);"< 是否已准备好计算
      约束条件子程序(Y/N):>"
15018 K $ = INKEY $ :IF K $ = " " THEN
      GOTO 15018
15020 IF K $ = "N" OR K $ = "n" THEN
      GOTO 15026
15022 IF K $ <> "Y" AND K $ <> "Y"
      THEN GOGO 15018
15024 CLS:RETURN
15026 CLS:SCREEN 2
15028 PRINT "记住!编制子程序结束后用 RUN
      B:OPT−B 启动"
15030 END
17000 FOR I = 1 TO N
17002 AY(I) = AY(I) + AX * S(J,I)
17004 NEXT I
17006 PRINT "AK = ";AGK;"K = ";K;"J = ";J;
      "F = ";AF
17008 RETURN
18000 REM 计算罚函数的子程序
18002 FOR I = 1 TO N
18004 X(I) = AY(I) + AX * S(J,I)
18006 NEXT I
18008 GOSUB 1000
18010 GOSUB 2000
18012 FOR I = 1 TO M
18014 IF G(I) > E THEN F = F + AR/G(I):
      GOTO 18020
18016 IF G(I) >= 0 THEN F = F+AR * (1E+
```

```
10);GOTO 18020                          18024 FOR I = 1 TO MH
18018 F = F + G(I) * G(I)/AR            18026 F = F+GH(I) * GH(I)/SQR(ABS(AR))
18020 NEXT I                            18028 NEXT I
18022 IF MH = 0 GOTO 18030             18030 RETURN
```

## （12）离散复合形法

```
10000 REM 离散复合形法（OPT－12）
10001 KEY OFF;SCREEN 2;K $ = "";CLS
10002 PRINT " * * * * 用离散复合形法解题
       * * * * "
10003 PRINT
10004 INPUT "请输入:存有目标函数子程序的
       文件名";D $
10005 CHAIN MERGE D $ ,10006
10006 INPUT "约束条件数 M = ";M
10007 INPUT "设计变量 Xi 的维数 N = ";N
10008 INPUT "离散变量个数 P = ";P
10009 IF P > N GOTO 10008
10010 IF P = 0 GOTO 1015
10011 INPUT "非均匀离散间隔变量个数 EQ =
       ";EQ
10012 IF EQ > P GOTP 10011
10013 IF EQ = 0 THEN NN = 0;GOTO 10015
10014 "非均匀离散变量取值的最大个数 NN =
       ";NN
10015 SMI = 1E＋10;NV = 2 * N＋1
10016 DIM X0(N),XU(N),XL(N),DX(N),
       A(N),B(N),AC(N),E(N),F(N),
       H(N),S(N),G(M)
10017 DIM IX0(N),IXU(N),IXL(N),
       IDX(N),IXT(N),IXB(N),IX(N),X(N),
       AX0(N),AY(N)
10018 DIM NP(EQ),XV(NN,EQ),IV(N,NV),
       Y(NV)
10020 PRINT "离散复合形运算终止条件 EN(";
       N/2;"－";N;") = ";;INPUT EN
10022 FOR I = 1 TO N
```

```
10024 CLS;PRINT "必须按非均匀离散变量、均
       匀离散变量、连续变量的次序命名"
10026 PRINT TAB(10);"X(";I;") 变量的最小值
       XL(";I;") = "
10028 INPUT XL(I)
10030 PRINT TAB(10);"X(";I;") 变量的最大值
       XU(";I;") = ";
10032 INPUT XU(I)
10034 PRINT TAB(10);"X(";I;") 变量的初始值
       X0(";I;") = ";
10036 INPUT X0(I)
10038 IF X0(I) < XL(I) OR X0(I) > XU(I)
       THEN BEEP;GOTO 10024
10040 IF I <= EQ THEN DX(I) = 1;GOTO
       10046
10042 PRINT TAB(10);"X(";I;") 变量的离散间
       隔值 DX(";I;") = ";
10044 INPUT DX(I)
10046 NEXT I
10048 IF EQ = 0 GOTO 10104
10050 CLS
10052 PRINT TAB(10);"为非均匀离散变量的
       离散值有否准备数据文件(Y/N):"
10054 K $ = INKEY $ : IF K $ = ""GOTO
       10054
10056 IF K $ = "n" OR K $;"N" GOTO 10078
10058 IF K $ <> "Y" AND K $ <> "y"
       THEN BEEP;GOTO 10054
10060 INPUT "请输入非均匀离散变量离散值数
       据文件的文件名:";D $
10062 OPEN D $ FOR INPUT AS＃1
```

```
10064 FOR I = 1 TO EQ
10066 FOR J = 1 TO NP(I)
10068 INPUT XV(J,I)
10070 NEXT J
10072 NEXT I
10074 CLOSE ＃1
10076 GOTO 10104
10078 CLS:PRINT TAB(10);"输入非均匀离散
      变量的离散值个数"
10080 FOR I = 1 TO EQ
10082 PRINT TAB(10);"第";I;"非均匀离散变
      量的离散值个数 NP(";I;") = "
10084 INPUT NP(I)
10086 IF NP(I) > NN OR NP(I) < 2 GOTO
      10082
10088 BNEXT I
10090 FOR 1 = 1 TO EQ
10092 CLS:PRINT TAB(10);"输入非均匀离散
      变量的离散值"
10094 FOR J = 1 TO NP(I)
10096 PRINT "X(";I;") 第 ";J;"个 = "
10098 INPUT XV(J,I)
10100 NEXT J
10102 NEXT I
10104 CLS
10106 PRINT TAB(10);"调用本方法需确定以
      下参数(I1 − I6)"
10108 PRINT TAB(10);"是否需要 1.输出中间
      运算结果(Y/n):";
10110 INPUT K $
10112 IF K $ = "Y" OR K $ = "y" THEN I6 =
      1:GOTO 10118
10114 IF K $ = "N" OR K $ = "n" THEN I6 =
      0:TOGO 10118
10116 BEEP:GOTO 10110
10118 PRINT TAB(10);"2. 最终查点功能
      (Y/n):"
10120 10120 INPUT K $
10122 IF K $ = "Y" OR K $ = "y" THEN I1 =
      1:GOTO 10128
10124 IF K $ = "N" OR K $ = "n" THEN I1 =
      0:GOTO 10128
10126 BEEP:GOTO 10120
10128 PRINT TAB(10);"3.加速措施(Y/N):";
10130 INPUT K $
10132 IF K $ = "Y" OR K $ = "y" THEN I2 =
      1:GOTO 10138
10134 IF K $ = "N" OR K $ = "n" THEN I2 =
      0:GOTO 10138
10136 BEEP:GOTO 10130
10138 PRINT TAB(10);"4. 改变搜索方向
      (Y/N):";
10140 INPUT K $
10142 IF K $ = "Y" OR K $ = "y" THEN I3 =
      1:GOTO 10148
10144 IF K $ = "N" OR K $ = "n" THEN I3 =
      0:GOTO 10148
10146 BEEP:GOTO 10140
10148 PRINT TAB(10);"5. 贴边搜索技术
      (Y/N):";
10150 INPUT K $
10152 IF K $ = "Y" OR K $ = "y" THEN I5 =
      1:GOTO 10158
10154 IF K $ = "N" OR K $ = "n" THEN I5 =
      0:GOTO 10158
10156 BEEP:GOTO 10150
10158 PRINT TAB(10);"6.复合形重构(Y/N):
      ";
10160 INPUT K $
10162 IF K $ = "Y" OR K $ = "y" THEN I4 =
      1:GOTO 10168
10164 IF K $ = "N" OR K $ = "n" THEN I4 =
      0:GOTO 10168
10166 BEEP:GOTO 10160
```

```
10168 FOR I = 1 TO N
10170 IF I − P > 0 THEN IDX(I) = DX(I):
      GOTO 10174
10172 IDX(I) = 1
10174 NEXT I
10176 FOR I = 1 TO N
10178 IF 1 > EQ GOTO 10194
10180 IXL(I) = 1:IXU(I) = NP(I):W = 1E+10
10182 FOR J = 1 TO NP(I)
10184 IF ABS(X0(I) − XV(J,1)) >= W GOTO
      10188
10186 K = J:W = ABS(X0(I) − XV(J,I))
10188 NEXT J
10190 IX0(I) = K:X0(I) = XV(K,I)
10192 GOTO 10210
10194 IF I > P GOTO 10204
10196 IXL(I) = INT(XL(I)/DX(I)+.5)
10198 IXU(I) = INT(XU(I)/DX(I)+.5)
10200 IX0(I) = INT(X0(I)/DX(I)+.5)
10202 GOTO 10210
10204 IXL(I) = XL(I)
10206 IXU(I) = XU(I)
10208 IX0(I) = X0(I)
10210 NEXT I
10212 ACYCLE = 0:ACST = 0:FUN = 0:SCH
      = 0:QUN = 0
10214 FOR I = 1 TO N
10216 X(I) = X0(I):AX0(I) = X0(I)
10218 NEXT I
10220 GOSUB 10784
10222 PF0 = EF:AF0 = EF
10224 GOSUB 10236
10226 AF = Y(1)
10228 FOR I = TO N
10230 AY(I) = X(I)
10232 NEXT I
10234  CHAIN  MERGE  "B:OPTEND",2000,
```

ALL

```
10236 REM 离散复合型调优运算
10238 FOR I = 1 TO N
10240 IV(I,1) = IX0(I)
10242 NEXT I
10244 Y(1) = PF0
10246 FOR K = 1 TO N
10248 FOR I = 1 TO N
10250 IF I = K GOGO 10262
10252 I1 = K + 1
10254 IV(I,II) = IX0(I)
10256 II = II + N
10258 IV(I,II) = IX0(I)
10260 GOTO 10270
10262 II = K + 1
10264 IV(I,II) = IXL(I)
10266 II = II + N
10268 IV(I,II) = IXU(I)
10270 NEXT I
10272 NEXT K
10274 FOR AI = 2 TO NV
10276 FOR I = 1 TO N
10278 IXT(I) = IV(I,AI)
10280 IX(I) = IXT(I)
10282 NEXT I
10284 GOSUB 10768
10286 GOSUB 10784
10288 Y(AI) = EF
10290 NEXT AI
10292 GOSUB 10744
10294 PRINT"EF = ";Y(1)
10296 IF I6 <> 1 GOTO 10316
10298 FOR I = TO N
10300 IX(I) = IV(I,1)
10302 NEXT I
10304 GOSUB 10768
10306 FOR I = 2 TO NV
```

188

```
10308 IF I > N + 1 THEN PRINT TAB(10);      10378 N1 = N1 − 1
      Y(I);GOTO 10312                        10380 IF N1 <= 1 GOTO 10396
10310  PRINT  TAB(10);Y(1);TAB(40);"X(;I     10382 IW = 0
      − 1;") = ";X(I−1)                       10384 II = N1 + 1
10312 NEXT I                                  10386 FOR I = 1 TO N
10314 PRINT                                   10388 IF IV(I,N1) <> IV(I,II)THEN IW = 1;
10316 IR = 0                                        GOTO 10392
10318 FOR I = 1 TO N                          10390 NEXT I
10320 DL = 1E + 10;DU = − 1E + 10            10392 IF IW = 1 GOTO 10362
10322 FOR J = 1 TO NV                         10394 GOTO 10378
10324 W = IV(I,J)                             10396 FOR I = 2 TO NV
10326 IF W >= DU THEN DU = W                  10398 FOR J = 1 TO N
10328 IF W >= DL THEN DL = W                  10400 W = IV(J,1) +.667 * (IV(J,I) − IV(J,
10330 NEXT J                                        1))
10332 W = DU − DL                             10402 IF J > P GOTO 10406
10334 IF W <= IDX(I) THEN IR = IR + 1        10404 W = INT(W +.5)
10336 NEXT I                                  10406 IV(J,I) = W
10338 IF IR >= EN GOTO 10414                  10408 NEXT J
10340 IF I2 <> 1 GOTO 10360                   10410 NEXT I
10342 W = SCH/I5;IW = INT(W)                  10412 GOTO 10274
10344 IF IW <= QUN GOTO 10360                 10414 IF I1 <> 1 GOTO 10466
10346 GOSUB 10598                             10416 FOR AI = 2 TO NV
10348 IF F1 >= Y(1) GOTO 10360                10418 W = 1
10350 Y(NV) = F1                              10420 FOR J = 1 TO N
10352 FOR I = 1 TO N                          10422 II = AI − 1
10354 IV(I,NV) = IXB(I)                       10424 IF IV(J,II) <> IV(J,AI)THEN W = 0
10356 NEXT I                                  10426 NEXT J
10358 GOTO 10292                              10428 IF W = 1 GOTO 10464
10360 N1 = NV                                 10430 FOR J = 1 TO N
10362 GOSUB 10496                             10432 IXT(J) = 2 * IV(J,1) − IV(J,AI)
10364 IF F1 >= Y(N1) GOTO 10376              10434 IF IXT(J) > IXU(J) THEN IXT(J) =
10366 FOR I = 1 TO N                                IXU(J)
10368 IV(I,NV) = IXB(I)                       10436 IF IXT(J) < IXL(J) THEN IXT(J) =
10370 NEXT I                                        IXL(J)
10372 Y(NV) = F1                              10438 NEXT J
10374 GOTO 10292                              10440 FOR I = 1 TO N
10376 IF I3 <> 1 GOTP 10396                   10442 IX(I) = IXT(I)
```

```
10444 NEXT I
10446 GOSUB 10768
10448 GOSUB 10784
10450 W = EF
10452 IF W >= Y(1) GOTO 10464
10454 Y(AI) = W
10456 FOR J = 1 TO N
10458 IV(J,AI) = IXT(J)
10460 NEXT J
10462 GOTO 10292
10464 NEXT AI
10466 ACYCLE = ACYCLE + 1
10468 FOR I = 1 TO N
10470 IXT(I) = IV(I,1)
10472 IX(I) = IXT(I)
10474 NEXT I
10476 GOSUB 10768
10478 IF I4 <> 1 GOTO 10494
10480 FOR I = 1 TO N
10482 IF ABS(IV(I,1) − IX0(I)) < .001 GOTO
      10492
10484 FOR J = 1 TO N
10486 IX0(J) = IV(J,1)
10488 NEXT J
10490 GOTO 10246
10492 NEXT I
10494 RETURN
10496 REN 一维离散搜索子程序
10498 FOR I = 1 TO N
10500 IXB(I) = IV(I,N1)
10502 NEXT I
10504 F1 = Y(N1)
10506 FOR I = 1 TO N
10508 W = 0
10510 FOR J = 1 TO NV
10512 IF J <> N1 THEN W = W + IV(I,J)
10514 NEXT J
10516 W = W/(NV − 1)
10518 S(I) = W − IXB(I)
10520 NEXT I
10522 W = 1E + 10 : HIM = 1E + 10
10524 FOR I = 1 TO N
10526 IF ABS(S(I)) > 1E − 08 THEN W =
      ABS(IDX(I)/S(I)/2)
10528 IF W < HIM THEN HIM = W
10530 NEXT I
10532 T = 1.3 : T0 = 1.3 : R = 1
10534 IF T < HEM GOTO 10594
10536 FOR I = 1 TO N
10538 W = IV(I,N1) + T0 * S(I)
10540 IF I =< P THEN W = INT(W + .5)
10542 IXT(I) = W
10544 IF I5 <> 1 GOTO 10552
10546 IF IXT(I) > IXU(I) THEN IXT(I) =
      IXU(I)
10548 IF IXT(I) < IXL(I) THEN IXT(I) =
      IXL(I)
10550 GOTO 10558
10552 IF IXT(I) =< IXU(I) AND IXT(I) >=
      IXL(I) GOTO 10558
10554 T = T/2 : R =− 1 : T0 = T0 − T
10556 GOTO 10534
10558 NEXT I
10560 FOR I = 1 TO N
10562 IX(I) = IXT(I)
10564 NEXT I
10566 GOSUB 10768
10568 GOSUB 10784
10570 F2 = EF
10572 IF F2 < F1 GOTO 10578
10574 T = T/2 : R =− 1 : T0 = T0 − T
10576 GOTO 10534
10578 FOR I = 1 TO N
10580 IXB(I) = IXT(I)
```

```
10582 NEXT I                        10652 II = 1
10584 F1 = F2                       10654 FOR I = 1 TO N
10586 IF R = 1 THEN T = T * 2       10656 K = I
10588 IF R <> 1 THEN T = T/2        10658 IF A(I) < B(I) AND B(1) < AC(I)
10590 T0 = T0 + T                          GOTO 10674
10592 TOTO 10534                    10660 NEXT I
10594 SCH = SCH + 1                 10662 II = - 1
10596 RETURN                        10664 FOR = 1 TO N
10598 REM 二次轨线加速              10666 K = I
10600 FOR I = 1 TO N                10668 IF A(I) > B(I) AND B(I) > AC(I)
10602 IXB(I) = IV(I,1)                     GOTO 10674
10604 AC(I) = IXB(I)                10670 NEXT I
10606 NEXT I                        10672 II = 0
10608 F1 = Y(1)                     10674 IF II = 0 GOTO 10740
10610 FOR I = 2 TO NV               10676 FOR I = 1 TO N
10612 K = 1                         10678 E(I) = AC(I)
10614 FOR J = 1 TO N                10680 F(I) = (B(I) − AC(I))/(B(K)
10616 IF ABS(IV(J,I) − AC(J)) >.0001 GOTO      − AC(K))
         10624                      10682 H(I) = ((A(I) − AC(I))/(A(K)
10618 NEXT J                               − AC(K)) − F(I))/(A(K) − B(K))
10620 NEXT I                        10684 NEXT I
10622 GOTO 10740                    10686 D1 = II * 2 * IDX(K):D1:W = 1
10624 FOR I = 1 TO N                10688 IF ABS(D) < IDX(K)/2 GOTO 10740
10626 B(I) = IV(I,K)                10690 FOR I = 1 TO N
10628 NEXT I                        10692   IXT(I) =   E(I)   +   F(I) * D1   +
10630 KK = K + 1                             H(I) * D1 * (D1 + AC(K) − B(K))
10632 FOR I = KK TO NV              10694 WI = IXT(I) +.5
10634 K = I                         10696 IF I <= P THEN IXT(I) = INT(WI)
10636 FOR J = 1 TO N                10698 IF IXT(I) <= IXU(I) AND IXT(I) >=
10638 IF ABS(IV(J,I) − B(J)) >.0001 GOTO      IXL(I) GOTO 10704
         10646                      10700 W = − 1:D = D/2:D1 = D1 − D
10640 NEXT J                        10702 GOTO 10688
10642 NEXT I                        10704 NEXT I
10644 GOTO 10740                    10706 FOR I = 1 TO N
10646 FOR I = 1 TO N                10708 IX(I) = IXT(I)
10648 A(I) = IV(I,K)                10710 NEXT I
10650 NEXT I                        10712 GOSUB 10768
```

191

```
10714 GOSUB 10784
10716 F2 = EF
10718 IF F2 < F1 GOTO 10724
10720 W = -1:D = D/2:D1 = D1 - D
10722 GOTO 10688
10724 F1 = F2
10726 FOR I = 1 TO N
10728 IXB(I) = IXT(I)
10730 NEXT I
10732 IF W = 1 THEN D = D * 2:GOTO 10736
10734 D = D/2
10736 D1 = D1 + D
10738 GOTO 10688
10740 QUN = QUN + 1
10742 RETURN
10744 REM 将离散复合形各顶点按有效目标函
     数值从小到大排队
10746 FOR I = 1 TO NV - 1
10748 J = 1
10750 FOR K = I + 1 TO NV
10752 IF Y(K) < Y(J) THEN J = K
10754 NEXT K
10756 WC = Y(I):Y(I) = Y(J):Y(J) = WC
10758 FOR K = 1 TO N
10760 WC = IV(K,I):IV(K,I) = IV(K,J):
     IV(K,J) = WC
10762 NEXT K
10764 NEXT I
10766 RETURN
10768 REM 变量由均匀空间向真实设计空间转
     换
10770 FOR I = 1 TO N
10772 WC = INT(IX(I) + .5)
10774 IF I <= EQ THEN X(I) = XV(WC,I):
     GOTO 10780
10776 IF I > P THEN X(I) = IX(I):GOTO
     10780
10778 X(I) = DX(I) * IX(I)
10780 NEXT I
10782 RETURN
10784 REM 有效目标函数 EF(X) 子程序
10786 GOSUB 2000:ACST = ACST + 1
10788 SUM = 0
10790 FOR I = 1 TO M
10792 IF G(I) < 0 THEN SUM = SUM - G(I)
10794 NEXT I
10796 IF SUM > THEN EF = SMI + SUM:
     RETURN
10798 GOSUB 1000:FUN = FUN + 1
10800 EF = F
10802 RETURN
```

(13) 菜单、说明、打印程序

```
10000 REM OPT - 13 - 1
10002 KEY OFF:SCREEN 1,1:COLOR 9,1,1:PRINT
10004 PRINT TAB(4);"浙江大学机械设计教研室 87 年编制"
10006 PRINT TAB(13);"优化设计程序包"
10008 LOCATE 8,10:PRINT TAB(9);"< 按空格键则继续 >"
10010 K $ = INKEY $ :IF K $ = ""THEN GOTO 10010
10012 IF K $ <> ""THEN GOTO 10010
10014 CLS:K $ = "":PRINT
10016 PRINT TAB(6);"是否已按要求准备好目标函数和"
```

192

```
10018 PRINT TAB(2);"约束条件的子程序(Y/N):"
10020 PRINT
10022 K $ = INKEY $ :IF K $ = ""THEN GOTO 10022
10024 IF K $ = "n" OR K $ = "N" THEN GOTO 10030
10026 IF K $ <>"y" AND K $ <>"Y" THEN GOTO 10022
10028 CHAIN "B:OPT-13-2",10000
10030 CLS:K $ = ""
10032 LOCATE 6,4:PRINT"编制目标函数和约束条件子程序的要求"
10034 LOCATE 7,4:PRINT"是否清楚(Y/N):"
10036 K $ = INKEY $ :IF K $ = ""THEN GOTO 10036
10038 IF K $ = "n" OR K $ = "N" THEN GOTO 10048
10040 IF K $ <>"y" ADN K $ <>"Y" THEN GOTO 10036
10042 NCLS:SCREEN 2
10044 LOCATE 4,1:PRINT "记住!编制子程序结束后用 RUN 'B:OPT '启动"
10046 END
10048 CLS:SCREEN 2:K $ = ""
10050 PRINT TAB(10);"目标函数和约束条件子程序的编制说明"
10052 PRINT TAB(10);"变量命名约定:"
10054 PRINT TAB(10);"设计变量 X(i),1——N;约束条件 G(i),1——M(无约束问题不用编写)"
10056 PRINT TAB(10);"目标函数 F;以 C 字母为首的变量可作子程序的中间变量名"
10058 PRINT TAB(10);"编写目标函数子程序以 1000 行号开始"
10060 PRINT TAB(10);"编写约束函数子程序以 2000 行号开始"
10062 PRINT TAB(10);"用 SAVE'B:< 文件名 >,A 命令存盘(不得以 OPT 为首命名文件名)"
10064 PRINT
10066 PRINT TAB(10);"< 按空格键则继续 >"
10068 K $ = INKEY $ :IF K $ = "" THEN GOTO 10068
10070 IF K $ <>""THEN GOTO 10068
10072 CLS:K $ = ""
10074 PRINT TAB(10);"例:NEW "
10076 PRINT TAB(10);"1000 REM 目标函数子程序"
10078 PRINT TAB(10);"1002 F = 2 * X(1) * X(1)-2 * X(1) * X(2)+2 * X(2) * X(2)-6 * X(1)"
10080 PRINT TAB(10);"1004 RETURN"
10082 PRINT TAB(10);"2000 REM 约束条件子程序"
10084 PRINT TAB(10);"2002 G(1) = 3 * X(1) + 4 * X(2)-6"
10086 PRINT TAB(10);"2004 G(2) =- X(1) + 4 * X(2)-2"
10088 PRINT TAB(10);"2006 RETURN"
10090 PRINT TAB(10);"SAVE < 文件名 >,A < 现在清楚否(Y/N):>"
```

```
10092 K $ = INKEY $ ;IF K $ = ""THEN GOTO 10092
10094 IF K $ = "n" OR K $ = "N" THEN GOTO 10048
10096 IF K $ <> "y" AND K $ <>"Y" THEN GOTO 10092
10098 GOTO 10042

10000 REN OPT - 13 - 2
10001 KEY OFF:SCREEN 2
10002 PRINT TAB(10)L;"              优化方法"
10004 PRINT TAB(10);"          无约束          有约束"
10006 PRINT TAB(10);"2. 坐标轮换法"
10008 PRINT TAB(10);"3. 共轭方向法          8. 随机方向法"
10010 PRINT TAB(10);"4. POWELL 法          9. 复合形法"
10012 PRINT TAB(10);"5. 梯度法             10. 点内惩罚函数法"
10014 PRINT TAB(10);"6. 改进牛顿法         11. 混合惩罚函数法"
10016 PRINT TAB(10);"7. 变尺度法           12. 离散型优化问题"
10018 PRINT TAB(10);" < 请输入选定的方法编号键:> "
10020 K $ = INKEY $ :IF K $ = ""THEN GOTO 10020
10024 IF K $ = "2" THEN CHAIN "B:OPT - 2",1000
10026 IF K $ = "3" THEN CHAIN "B:OPT - 3",1000
10028 IF K $ = "4" THEN CHAIN "B:OPT - 4",1000
10030 IF K $ = "5" THEN CHAIN "B:OPT - 5",1000
10032 IF K $ = "6" THEN CHAIN "B:OPT - 6",1000
10034 IF K $ = "7" THEN CHAIN "B:OPT - 7",1000
10036 IF K $ = "8" THEN CHAIN "B:OPT - 8",1000
10038 IF K $ = "9" THEN CHAIN "B:OPT - 9",1000
10040 IF K $ = "10" THEN CHAIN "B:OPT - 10",1000
10042 IF K $ = "11" THEN CHAIN "B:OPT - 11",1000
10044 IF K $ = "12" THEN CHAIN "B:OPT - 12",1000
10046 GOTO 10020

20000 REM OPT - 13 - 3(OPTEND)
20001 DEY OFF:SCREEN 2:K $ = ""
20002 PRINT " 最优解是:"
20004 PRINT " 目标函数 F = ";AF;TAB(40);"F0 = ";AF0
20006 PRINT " 设计变量"
20008 PRINT I = 1 TO N
20010 PRINT "X(";I;") = ";AY(I);TAB(40);"X0(";I;") = ";AX0(I)
```

194

```
20012 NEXT I
20014 PRINT "是否打印输出(Y/N)："
20016 K $ = INKEY $ :IF K $ = " " THEN GOTO 20016
20018 IF K $ = "N" OR K $ = "n" THEN 20034
20020 IF K $ <> "Y" AND K $ <> "y" THEN GOTO 20016
20022 LPRINT "最优解是："
20024 LPRINT "目标函数 F = ";AF;TAB(40);"F0 = ";AF0
20026 LPRINT "设计变量"
20028 FOR I = 1 TON
20030 LPRINT "X(";I;") = ";AY(I);TAB(40);"X0(";I;") = ";AX0(I)
20032 NEXT I
20034 CLS:LOCATE 2,5,0:PRINT TAB(30);"已完成这一问题的计算"
20036 PRINT
20038 PRINT TAB(16);"下面进行          1.用新的初始点或精度求解"
20040 PRINT TAB(16);"                  2.按其他优化方法再计算"
20042 PRINT TAB(16);"                  3.计算新的问题"
20044 PRINT TAB(16);"                  4.结束计算"
20046 PRINT
20048 PRINT TAB(16);"按需要选择并输入编号键："
20050 K $ = INKEY $ :IF K $ = " "THEN GOTO 20050
20052 IF K $ = "1" THEN GOTP 10020
20054 IF K $ = "2" THEN CHAIN"B:OPT－13－1",10000
20056 IF K $ = "3" THEN CHAIN"B:OPT－13－2",10000
20058 IF K $ <> "4" THEN GOTO 20050
20060 CLS:WIDTH 40:COLOR 9,4,0:LOCATE 5,18,1:PRINT "再见"
20062 LOCATE 10,1,0:PRINT"不要忘了关电源":END
```

# 附录二　在 VB 中适用的优化设计参考程序

首先设计程序显示界面如下图所示：

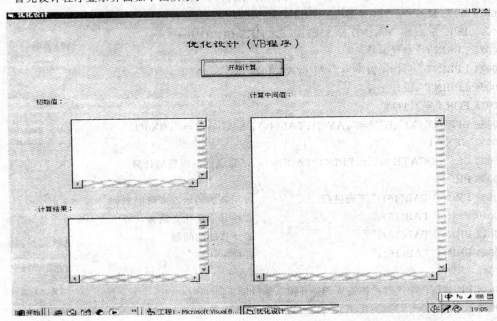

此界面代码如下：

```
VERSION5.00
Begin VB Form Form1
    Caption = "优化设计"
    ClientHeight = 3195
    ClientLeft = 60
    ClientTop = 345
    ClientWidth = 4680
    LinkTopic = "Foem1"
    ScaleHeight = 3195
    ScaleWidth = 4680
    Begin VB. Textbox Text3
        Height = 4815
        Left = 6000
        MultiLine = -1 'True
        ScrollBars = 3 'Both
        TabIndex = 7
        Top = 2880
        Width = 4815
    End
    Begin VB. Textbox Text2
        Height = 1935
        Left = 1440
        MultiLine = -1 'True
        ScrollBars = 3 'Both
        TabIndex = 5
        Top = 5760
        Width = 3495
    End
    Begin VB. Textbox Text1
        Height = 2055
        Left = 1560
```

196

```
            MultiLine = -1 'True
            ScrollBars = 3 'Both
            TabIndex = 3
            Top = 2880
            Width = 3375
         End
         Begin VB. CommandButton Command1
            Caption = "开始计算"
            Height = 495
            Left = 4800
            TabIndex = 1
            Top = 1200
            Width = 2055
         End
         Begin VB. Label Label4
            Caption = "计算中间值:"
            Height = 375
            Left = 6000
            TabIndex = 6
            Top = 2160
            Width = 1575
         End
         Begin VB. Label Label3
            Caption = "计算结果:"
            Height = 495
            Left = 720
            TabIndex = 4
            Top = 5400

            Width = 1455
         End
         Begin VB. Label Label2
            Caption = "初始值:"
            Height = 495
            Left = 720
            TabIndex = 2
            Top = 2280
            Width = 1455
         End
         Begin VB. Label Label1
            Caption = "优化设计(VB 程序)"
            BeginProperty Font
               Name = "隶书"
               Size = 15.75
               Charest = 134
               Weight = 400
               Underline = 0 'Flase
               Italic = 0 'Flase
               Strikethrough = 0 'Flase
            EndProperty
            Height = 495
            Left = 3960
            TabIndex = 0
            Top = 600
            Width = 3855
         End
      End
   End
```

## (1) 无约束坐标轮换法（VB 程序）

```
Rem 无约束坐标轮换法
Option Base 1
Dim X(), AX0(), AY0(), AY()

Private Sub Command1_Click()

Rem 定义与设置初值
Dim E As Double, AE As Double, N As Integer

Text1. Text = ""
Text2. Text = ""
Text3. Text = ""

Rem 初始值输入
E = InputBox("请输入要求的精度 E =", E)
```

```
N = InputBox("请输入自变量的维数 N =", N)
ReDim X(1 To N), AX0(1 To N), AY0(1 To
N), AY(1 To N)

For I = 1 To N
    S$ = "请输入初始点 X(" + Str(I) + ") ="
    AX0(I) = InputBox(S$, AX0(I))
    AY0(I) = AX0(I): AY(I) = AX0(I)
Next I
Text1. Text = "计算的精度 E =" + Str(E) +
vbCrLf
Text1. Text = Text1. Text + "初始点 X0 是:" +
vbCrLf
For I = 1 To N
    Text1. Text = Text1. Text + " X0(" +
Str(I) + ") =" + Str(AX0(I)) + vbCrLf
Next I
Text1. Text = Text1. Text + "初始的 F0 =" +
Str(F(AX0)) + vbCrLf

Rem 变量轮换法
K = 0
Do
    K = K + 1
    For J = 1 To N
        Call OPTone(N, AY0, AY, E, ax, af,
J)
        AY0(J) = AX0(J) + ax
        AY(J) = AY0(J)
        Text3. Text = Text3. Text + "J =" +
Str(J) + " ax =" + Str(ax) + vbCrLf
    Next J

    AE = 0
    For I = 1 To N
        AE = AE + (AY0(I) − AX0(I)) *
(AY0(I) − AX0(I))
    Next I
    For I = 1 To N
```

```
        AX0(I) = AY0(I)
    Next I

Rem 输出中间结果
    Text3. Text = Text3. Text + "AE =" +
Str(AE) + " E =" + Str(E) + vbCrLf
    Text3. Text = Text3. Text + "K =" +
Str(K) + " J =" + Str(J) + " F =" +
Str(F(AX0)) + vbCrLf
Loop Until Abs(AE) < E

Rem 输出最后结果
    Text2. Text = Text2. Text + "minF =" +
Str(F(AX0)) + vbCrLf
For I = 1 To N
    Text2. Text = Text2. Text + " X*(" +
Str(I) + ") =" + Str(AX0(I)) + vbCrLf
Next I

End Sub

Rem 变量轮换法一维寻优
Sub OPTone(N, AX0, AY, E, ax, af, J)

Rem 搜索区间
h = 0.1: ax = 0
ax1 = ax
Call OPTFun(AX0, AY, ax1, af1, J)
ax2 = ax + h
Call OPTFun(AX0, AY, ax2, af2, J)
If af1 < af2 Then
    h = − h
    ax3 = ax1: af3 = af1
    ax1 = ax2: af1 = af2
    ax2 = ax3: af2 = af3
End If
Do
    h = h + h
    ax3 = ax2 + h
    Call OPTFun(AX0, AY, ax3, af3, J)
Loop Until af2 < af3
```

```
Rem 0.618 法
axa = ax1：axb = ax3
ax1 = axb − 0.618 * (axb − axa)
ax2 = axa + 0.618 * (axb − axa)
Call OPTFun(AX0，AY，ax1，af1，J)
Call OPTFun(AX0，AY，ax2，af2，J)

Do
    If af1 > af2 Then
        axa = ax1：ax1 = ax2：af1 = af2
        ax2 = axa + 0.618 * (axb − axa)
        Call OPTFun(AX0，AY，ax2，af2，J)
    Else
        axb = ax2：ax2 = ax1：af2 = af1
        ax1 = axb − 0.618 * (axb − axa)
        Call OPTFun(AX0，AY，ax1，af1，J)
    End If

Loop Until Abs(axb − axa) < E
ax = (axa + axb) / 2
Call OPTFun(AX0，AY，ax，af，J)

End Sub

Rem 变量轮换法设定的目标函数
Sub OPTFun(AY0，AY，ax，af，J)
    AY(J) = AY0(J) + ax
    af = F(AY)
End Sub

Rem 目标函数
Function F(X)
    F = X(1) * X(1) − X(1) * X(2) + X(2)
* X(2) − 6 * X(1)
End Function
```

## （2）无约束鲍维尔法（VB 程序）
```
Rem 无约束鲍维尔（POWELL）法
Option Base 1
Dim X()，AX0()，AY0()，AY()，AD()，S()

Private Sub Command1_Click()

Rem 定义与设置初值
Dim E As Double，AE As Double，N As Integer
Text1.Text = ""
Text2.Text = ""
Text3.Text = ""

Rem 初始值输入
E = InputBox("请输入要求的精度 E = "，E)
N = InputBox("请输入自变量的维数 N = "，N)
N1 = N + 1
ReDim X(1 To N)，AX0(1 To N)，AY0(1 To N)
ReDim AY(1 To N)，AD(1 To N)，S(1 To N1, 1 To N)

For I = 1 To N
    SA $ = "请输入初始点 X(" + Str(I) + ")
= "
    AX0(I) = InputBox(SA $，AX0(I))
    AY0(I) = AX0(I)：AY(I) = AX0(I)
Next I
Text1.Text = "计算的精度 E = " + Str(E) +
vbCrLf
Text1.Text = Text1.Text + "初始点 X0 是:" +
vbCrLf
For I = 1 To N
    Text1.Text = Text1.Text + " X0(" +
Str(I) + ") = "
    Text1.Text = Text1.Text + Str(AX0(I))
+ vbCrLf
Next I
Text1.Text = Text1.Text + "初始的 F0 = " +
```

199

```
Str(F(AX0)) + vbCrLf
AF0 = F(AX0): AFT = AF0: F1 = AF0
Rem 鲍维尔(POWELL)法
For I = 1 To N
    For I1 = 1 To N
        S(I, I1) = 0
        If I = I1 Then S(I, I1) = 1
    Next I1
Next I
K = 0
Do
K = K + 1
For I = 1 To N
    AX0(I) = AY0(I)
Next I
For J = 1 To N
    Call OPTone(N, AY0, AY, E, ax, af, J, S)
    For I = 1 To N
        AY0(I) = AY0(I) + ax * S(J, I)
    Next I
Rem 输出中间结果
    Text3. Text = Text3. Text + "K = " + Str(K)
    Text3. Text = Text3. Text + " J = " + Str(J)
    Text3. Text = Text3. Text + " F = " + Str(F(AY0)) + vbCrLf
    AD(J) = AFT - af
    AFT = af
Next J
F2 = af
For I = 1 To N
    X(I) = 2 * AY(I) - AY0(I)
Next I
F3 = F(X)
```
200
```
SM = AD(1): AJ = 1
For I = 2 To N
    If SM < AD(I) Then SM = AD(I): AJ = I
Next I
AC1 = F1 - F2 - SM: AC2 = F1 - F3
AC1 = (F1 + F3 - 2 * F2) * AC1 * AC1:
AC2 = SM * AC2 * AC2 / 2
If F3 < F1 Or AC1 < AC2 Then
    For I = 1 To N
        S(N + 1, I) = AY0(I) - AX0(I)
    Next I
    J = N + 1
    Call OPTone(N, AY0, AY, E, ax, af, J, S)
    For I = 1 To N
        AY0(I) = AY0(I) + ax * S(J, I)
    Next I
Rem 输出中间结果
Text3. Text = Text3. Text + "K = " + Str(K)
Text3. Text = Text3. Text + " J = " + Str(J)
Text3. Text = Text3. Text + " F = " + Str(F(AY0)) + vbCrLf
    For I = AJ To N
        For I1 = 1 To N
            S(I, I1) = S(I + 1, I1)
        Next I1
    Next I
    F1 = af: AFT = af

Else
    F1 = F2: AFT = F2
    If F2 <= F3 Then
    Else
        For I = 1 To N
            AY(I) = X(I)
```

```
        Next I
                F1 = F3：AFT = F3
        End If
End If

AE = 0
For I = 1 To N
        AE = AE + （AX0(I) − AY0(I)） *
（AX0(I) − AY0(I)）
Next I
Loop Until AE <= E

Rem 输出最后结果
        Text2. Text = Text2. Text + "minF = " +
Str(F(AY0)) + vbCrLf
For I = 1 To N
        Text2. Text = Text2. Text + " X*(" +
Str(I) + ") = "
        Text2. Text = Text2. Text + Str(AY0(I))
+ vbCrLf
Next I

End Sub

Rem 鲍维尔（POWELL）法一维寻优
Sub OPTone(N, AX0, AY, E, ax, af, J, S)

Rem 搜索区间
H = 0. 1：ax = 0
ax1 = ax
Call OPTFun(AX0, AY, ax1, af1, J, N, S)
ax2 = ax + H
Call OPTFun(AX0, AY, ax2, af2, J, N, S)
If af1 < af2 Then
        H = − H
        ax3 = ax1：af3 = af1
        ax1 = ax2：af1 = af2
        ax2 = ax3：af2 = af3
End If
Do
        H = H + H
```
```
ax3 = ax2 + H
        Call OPTFun(AX0, AY, ax3, af3, J, N,
S)
Loop Until af2 <= af3

Rem 0. 618 法
axa = ax1：axb = ax3
ax1 = axb − 0. 618 * （axb − axa）
ax2 = axa + 0. 618 * （axb − axa）
Call OPTFun(AX0, AY, ax1, af1, J, N, S)
Call OPTFun(AX0, AY, ax2, af2, J, N, S)
Do
        If af1 > af2 Then
                axa = ax1：ax1 = ax2：af1 = af2
                ax2 = axa + 0. 618 * （axb − axa）
                Call OPTFun(AX0, AY, ax2, af2, J,
N, S)
        Else
                axb = ax2：ax2 = ax1：af2 = af1
                ax1 = axb − 0. 618 * （axb − axa）
                Call OPTFun(AX0, AY, ax1, af1, J,
N, S)
        End If
Loop Until Abs(axb − axa) < E

ax = （axa + axb） / 2
Call OPTFun(AX0, AY, ax, af, J, N, S)

End Sub

Rem 鲍维尔（POWELL）设定的目标函数
Sub OPTFun(AY0, AY, ax, af, J, N, S)
For I = 1 To N
        AY(I) = AY0(I) + ax * S(J, I)
Next I
        af = F(AY)
End Sub

Rem 目标函数
Function F(X)
```

$$F = (X(1) - 1) * (X(1) - 1) + (X(2) - 2) * (X(2) - 2) + (X(3) - 3) * (X(3) - 3)$$

End Function

## （3）约束随机方向法（VB 程序）

```
Rem 约束随机方向法
Option Base 1
Dim X(), AX0(), G(), AA(), AB(), S()

Private Sub Command1_Click()

Rem （清空后）输入初始值
Dim E As Double, AE As Double, N As Integer,
M As Integer
Dim H As Double, AF0 As Double, Kmax As
Integer
Dim AAS As Double, K As Integer, KS As
Integer
Text1. Text = ″″
Text2. Text = ″″
Text3. Text = ″″
N = InputBox(″请输入自变量的维数 N =″, N)
M = InputBox(″请输入约束条件的维数 M =″,
M)
ReDim X(N), AX0(N), G(M), AA(N),
AB(N), S(N)
E = InputBox(″请输入要求的精度 E（精度不能
过高）=″, E)

Rem 约束随机方向法
Kmax = InputBox(″请输入随机方向的最大个数
Kmax =″, Kmax)
For I = 1 To N
SA $ = ″请输入 X(″ + Str(I) + ″) 的最小容许
值 =″
AA(I) = InputBox(SA $, AA(I))
SA $ = ″请输入 X(″ + Str(I) + ″) 的最大容许
值 =″
AB(I) = InputBox(SA $, AB(I))
```

```
Next I
Do
For I = 1 To N
X(I) = AA(I) + Rnd(I) * (AB(I) - AA(I))
Next I
Loop Until FG(X, G, M) = 0
Text1. Text = ″计算的精度 E =″ + Str(E) +
vbCrLf
Text1. Text = Text1. Text + ″找到区域内的初
始点 X0 是：″ + vbCrLf
For I = 1 To N
AX0(I) = X(I)
Text1. Text = Text1. Text + ″X0(″ + Str(I) +
″) =″
Text1. Text = Text1. Text + Str(AX0(I)) +
vbCrLf
Next I
AF0 = F(AX0)
Text1. Text = Text1. Text + ″初始的 F0 =″ +
Str(AF0) + vbCrLf
H = 100 * E
Do
    K = 1：KS = 0：H = H / 2
    Do Until K > Kmax
        AAS = 0
        For I = 1 To N
            S(I) = Rnd(I) * 2 - 1
            AAS = AAS + S(I) * S(I)
        Next I
        For I = 1 To N
            S(I) = S(I) / AAS
```

202

```vb
        X(I) = AX0(I) + H * S(I)
    Next I

        Do Until FG(X, G, M) < 0 Or F(X)
>= AF0
        For I = 1 To N
        AX0(I) = X(I)
        Next I
        AF0 = F(X): KS = 1
        For I = 1 To N
            X(I) = AX0(I) + H * S(I)
        Next I
```

Rem 输出中间结果
```vb
Text3. Text = Text3. Text + "minF = " +
Str(F(AX0)) + vbCrLf
For I = 1 To N
Text3. Text = Text3. Text + "X * (" + Str(I) +
") = "
Text3. Text = Text3. Text + Str(X(I)) +
vbCrLf
Next I

Loop

        If KS = 1 Then K = 0: KS = 0
        K = K + 1

    Loop
```

```vb
Loop Until H <= E
```

Rem 输出最后结果
```vb
Text2. Text = Text2. Text + "minF = " +
Str(F(AX0)) + vbCrLf
For I = 1 To N
Text2. Text = Text2. Text + "X * (" + Str(I) +
") = "
Text2. Text = Text2. Text + Str(AX0(I)) +
vbCrLf
Next I

End Sub
```

Rem 目标函数
```vb
Function F(X)
F = (X(1) - 2) * (X(1) - 2) + (X(2) - 1)
* (X(2) - 1)
End Function
```

Rem 约束条件函数
```vb
Function FG(X, G, M)
G(1) = -X(1) * X(1) + X(2)
G(2) = -X(1) - X(2) + 2
FG = 0
For I = 1 To M
If G(I) < 0 Then FG = FG + G(I)
Next I
End Function
```

## (4) 内点惩罚函数法（VB 程序）

Rem 内点惩罚函数（内嵌鲍维尔）法
```vb
Option Base 1
Dim X(), AX0(), AY0(), AY(), AD(), S(),
AA(), AB(), G()

Private Sub Command1_Click()
```

Rem 定义与设置初值
```vb
Dim E As Double, AE As Double, N As Integer
Text1. Text = ""
```

```vb
Text2. Text = ""

Text3. Text = ""
```

Rem 初始值输入
```vb
E = InputBox("请输入要求的精度 E = ", E)
N = InputBox("请输入自变量的维数 N = ", N)
M = InputBox("请输入约束条件数 M = ", M)

N1 = N + 1
```

203

```
ReDim X(1 To N), AX0(1 To N), AY0(1 To
N), AY(1 To N)
ReDim AD(1 To N), S(1 To N1, 1 To N)
ReDim AA(N), AB(N), G(M)
For I = 1 To N
    SA$ = "请输入初始点 X(" + Str(I) +")
="
    AX0(I) = InputBox(SA$, AX0(I))
    AY0(I) = AX0(I):AY(I) = AX0(I)
Next I

If FG(AX0, G, M) = 0 Then
    Else
    For I = 1 To N
        SA$ = "请输入 X(" + Str(I) +")的
最小容许值 ="
        AA(I) = InputBox(SA$, AA(I))
        SA$ = "请输入 X(" + Str(I) +")的
最大容许值 ="
        AB(I) = InputBox(SA$, AB(I))
    Next I
    Do
        For I = 1 To N
            AX0(I) = AA(I) + Rnd(I) *
(AB(I) - AA(I))
        Next I
    Loop Until FG(AX0, G, M) = 0
End If
For I = 1 To N
    AY0(I) = AX0(I):AY(I) = AX0(I)
Next I
Rem AR = InputBox("请输入罚因子(一般可取
1)AR =", AR)
Rem AH = InputBox("请输入递减因子(一般可
取 0.001)AH =", AH)

Text1.Text = "计算的精度 E =" + Str(E) +
vbCrLf
```
204
```
Text1.Text = Text1.Text +"初始内点 X0 是:"
+ vbCrLf
For I = 1 To N
Text1.Text = Text1.Text +" X0(" + Str(I) +
") ="
Text1.Text = Text1.Text + Str(AX0(I)) +
vbCrLf
Next I
Text1.Text = Text1.Text +"初始的 F0 =" +
Str(F(AX0)) + vbCrLf
AF0 = F(AX0):AFT = AF0:F1 = AF0

Rem 内点惩罚函数(内嵌鲍维尔)法
For I = 1 To N
    For I1 = 1 To N
        S(I, I1) = 0
        If I = I1 Then S(I, I1) = 1
    Next I1
Next I
K = 0:AR = 1000:AH = 0.001
Call OPTFun(AX0, AX0, 0, af, 1, N, S, M,
G, AR)
F1 = af
AFT = af
AF0 = af

Do
K = K + 1:AR = AH * AR
For I = 1 To N
    AX0(I) = AY0(I)
Next I

For J = 1 To N
    Call OPTone(N, AY0, AY, E, ax, af, J,
S, M, G, AR)
    For I = 1 To N
        AY0(I) = AY0(I) + ax * S(J, I)
    Next I
```

Rem 输出中间结果

```
Text3. Text = Text3. Text + "K = " + Str(K)
Text3. Text = Text3. Text + " J = " + Str(J)
Text3. Text = Text3. Text + " F = " +
Str(F(AY0)) + vbCrLf
For I = 1 To N
Text3. Text = Text3. Text + " X * (" + Str(I) +
") = "
Text3. Text = Text3. Text + Str(AY0(I)) +
vbCrLf
Next I
Text3. Text = Text3. Text + "ax = " + Str(ax)
Text3. Text = Text3. Text + " AR = " +
Str(AR)
Text3. Text = Text3. Text + " AH = " +
Str(AH) + vbCrLf

    AD(J) = AFT - af
    AFT = af
Next J
F2 = af
For I = 1 To N
    X(I) = 2 * AY(I) - AY0(I)
Next I
Call OPTFun(X, X, 0, af, 1, N, S, M, G,
AR)
F3 = af

SM = AD(1): AJ = 1
For I = 2 To N
    If SM < AD(I) Then SM = AD(I): AJ =
I
Next I
AC1 = F1 - F2 - SM: AC2 = F1 - F3
AC1 = (F1 + F3 - 2 * F2) * AC1 * AC1:
AC2 = SM * AC2 * AC2 / 2

If F3 < F1 Or AC1 < AC2 Then
    For I = 1 To N
```

```
        S(N + 1, I) = AY0(I) - AX0(I)
    Next I
    J = N + 1
    Call OPTone(N, AY0, AY, E, ax, af, J,
S, M, G, AR)
    For I = 1 To N
        AY0(I) = AY0(I) + ax * S(J, I)
    Next I
```

Rem 输出中间结果

```
Text3. Text = Text3. Text + "K = " + Str(K)
Text3. Text = Text3. Text + " J = " + Str(J)
Text3. Text = Text3. Text + " F = " +
Str(F(AY0)) + vbCrLf
For I = 1 To N
Text3. Text = Text3. Text + " X * (" + Str(I) +
") = "
Text3. Text = Text3. Text + Str(AY0(I)) +
vbCrLf
Next I
Text3. Text = Text3. Text + "ax = " + Str(ax)
Text3. Text = Text3. Text + " AR = " +
Str(AR)
Text3. Text = Text3. Text + " AH = " +
Str(AH) + vbCrLf

    For I = AJ To N
        For I1 = 1 To N
            S(I, I1) = S(I + 1, I1)
        Next I1
    Next I
    F1 = af: AFT = af

Else
    F1 = F2: AFT = F2
    If F2 <= F3 Then
        Else
        For I = 1 To N
            AY(I) = X(I)
```

```
        Next I
            F1 = F3: AFT = F3
        End If
    End If

AE = 0
For I = 1 To N
    AE = AE + (AX0(I) − AY0(I)) *
(AX0(I) − AY0(I))
Next I
Loop Until AE <= E

Rem 输出最后结果
Text2. Text = Text2. Text + "minF = " +
Str(F(AY0)) + vbCrLf
For I = 1 To N
Text2. Text = Text2. Text + " X * (" + Str(I) +
") = "
Text2. Text = Text2. Text + Str(AY0(I)) +
vbCrLf
Next I

End Sub

Rem 一维寻优(0.618)程序
Sub OPTone(N, AX0, AY, E, ax, af, J, S, M,
G, AR)

Rem 搜索区间
H = 100 * E: ax = 0
ax1 = ax
Call OPTFun(AX0, AY, ax1, af1, J, N, S, M,
G, AR)
ax2 = ax + H
Call OPTFun(AX0, AY, ax2, af2, J, N, S, M,
G, AR)
If af1 < af2 Then
    H = − H
    ax3 = ax1: af3 = af1
    ax1 = ax2: af1 = af2
    ax2 = ax3: af2 = af3
```

206

```
End If
Do
    H = H + H
    ax3 = ax2 + H
    Call OPTFun(AX0, AY, ax3, af3, J, N,
S, M, G, AR)
Loop Until af2 <= af3

Rem 0.618 法
axa = ax1: axb = ax3
ax1 = axb − 0.618 * (axb − axa)
ax2 = axa + 0.618 * (axb − axa)
Call OPTFun(AX0, AY, ax1, af1, J, N, S, M,
G, AR)
Call OPTFun(AX0, AY, ax2, af2, J, N, S, M,
G, AR)
Do
    If af1 > af2 Then
        axa = ax1: ax1 = ax2: af1 = af2
        ax2 = axa + 0.618 * (axb − axa)
        Call OPTFun(AX0, AY, ax2, af2, J,
N, S, M, G, AR)
    Else
        axb = ax2: ax2 = ax1: af2 = af1
        ax1 = axb − 0.618 * (axb − axa)
        Call OPTFun(AX0, AY, ax1, af1, J,
N, S, M, G, AR)
    End If
Loop Until Abs(axb − axa) < E

ax = (axa + axb) / 2
Call OPTFun(AX0, AY, ax, af, J, N, S, M,
G, AR)

End Sub

Rem 内点惩罚函数(内嵌鲍维尔)法设定的目标
函数
Sub OPTFun(AY0, AY, ax, af, J, N, S, M,
G, AR)
```

```
For I = 1 To N                          End Sub
    AY(I) = AY0(I) + ax * S(J, I)       Rem 目标函数
Next I                                  Function F(X)
af = F(AY)                                  F = (X(1) − 2) * (X(1) − 2) + (X(2) −
If FG(AY, G, M) <> 0 Then               1) * (X(2) − 1)
    For I = 1 To M                      End Function
    If G(I) > E Then
        af = af + G(I) / AR             Rem 约束条件函数
    Else                                Function FG(X, G, M)
    If G(I) > 0 Then                    G(1) = − X(1) * X(1) + X(2)
            af = af + AR * 10000000000#  G(2) = − X(1) − X(2) + 2
        End If                          FG = 0
    End If                              For I = 1 To M
    af = af + 1E + 15                       If G(I) < 0 Then FG = FG + G(I)
    Next I                              Next I
End If                                  End Function
```

# 附录三　机构轨迹优化实例程序应用实践

```
Rem 轨迹机构优化(内嵌约束随机方向法)
Option Base 1
Dim Cmx(), Cmy(), Cmx0(), Cmy0(), Cst0(), X00() '新增数组
Dim x(), AX0(), G(), AA(), AB(), S()

Rem 轨迹机构优化(内嵌约束随机方向法)程序
Private Sub Command1_Click()

Rem 界面按钮控制
Command1. Enabled = False
Command2. Enabled = True

Dim PI As Double, CR As Double '新增变量
Dim Ax As Double, Ay As Double '新增变量
Dim Csti As Double, C14st As Double '新增变量
Dim c1 As Double, c2 As Double, c3 As Double '新增变量

Dim E As Double, AE As Double, N As Integer, M As Integer, Ns As Integer
Dim H As Double, AF0 As Double, Kmax As Integer
Dim sf As Double, Minf As Double
Dim AAS As Double, K As Integer, KS As Integer

Rem (清空后)输入初始值
Text1. Text = ""
Text2. Text = ""
Text3. Text = ""

N = 8: M = 10: Ns = 13 '新增数组大小

ReDim x(N), AX0(N), G(M), AA(N), AB(N), S(N)
ReDim Cmx(Ns), Cmy(Ns), Cmx0(Ns), Cmy0(Ns), Cst0(Ns), X00(Ns) '新增数组

Rem 机构轨迹已知条件
Ax = 67: Ay = 10

Cst0(1) = 0: Cmx0(1) = 50: Cmy0(1) = 91
Cst0(2) = 30: Cmx0(2) = 48.5: Cmy0(2) = 111
Cst0(3) = 60: Cmx0(3) = 42: Cmy0(3) = 107
Cst0(4) = 90: Cmx0(4) = 34: Cmy0(4) = 90
Cst0(5) = 120: Cmx0(5) = 29: Cmy0(5) = 67
Cst0(6) = 150: Cmx0(6) = 30: Cmy0(6) = 45
```

208

Cst0(7) = 180：Cmx0(7) = 34：Cmy0(7) = 28

Cst0(8) = 210：Cmx0(8) = 42：Cmy0(8) = 17

Cst0(9) = 240：Cmx0(9) = 48：Cmy0(9) = 12

Cst0(10) = 270：Cmx0(10) = 55：Cmy0(10) = 14

Cst0(11) = 300：Cmx0(11) = 56：Cmy0(11) = 24

Cst0(12) = 330：Cmx0(12) = 51：Cmy0(12) = 52

PI = 3.14159265358979：CR = PI / 180

Rem 机构变量取值范围设定

AA(1) = 40：AB(1) = 50

AA(2) = 60：AB(2) = 80

AA(3) = 100：AB(3) = 120

AA(4) = 100：AB(4) = 120

AA(5) = 50：AB(5) = 70

AA(6) = 10 * CR：AB(6) = 20 * CR

AA(7) = 20 * CR：AB(7) = 40 * CR

AA(8) = 20 * CR：AB(8) = 30 * CR

Rem 约束随机方向法

E = InputBox("请输入要求的精度 E(精度不能过高) =", "请输入", E)

Kmax = InputBox("请输入随机方向的最大个数 Kmax =", "请输入", Kmax)

Do

For I = 1 To N

x(I) = AA(I) + Rnd(I) * (AB(I) − AA(I))

Next I

Loop Until FG(x, G, M) = 0

Text1. Text = "计算的精度 E =" + Str(E) + " Kmax =" + Str(Kmax) + vbCrLf

For I = 1 To N

AX0(I) = x(I)：X00(I) = x(I)

Next I

AF0 = F(AX0, Cmx, Cmy, Cmx0, Cmy0, Cst0)：sf = AF0

Rem 输出初始点的有关数据

Text1. Text = Text1. Text + "初始的 F0 =" + Str(AF0) + vbCrLf

Text1. Text = Text1. Text + "找到区域内的初始点 X0：" + vbCrLf

For I = 1 To 5

Text1. Text = Text1. Text + " X0(" + Str(I) + ") =" + Str(AX0(I)) + vbCrLf

Next I

```
For I = 6 To N
Text1. Text = Text1. Text + "X0(" + Str(I) + ") = " + Str(AX0(I) / CR) + vbCrLf
Next I
```

Rem 输出有关计算结果的数据文件(务请根据实际情况修改输出文件的所在位置)

```
Open "E:\zwe\优化设计 0509\test\优化轨迹数据记录.dat" For Output As #1
'A$ = InputBox("存放计算数据文件的路径:(例如:E:\zwe\优化设计\test\)","请输入",
A$)
'A$ = A$ + "优化轨迹数据记录.dat"
'Open A$ For Output As #1

Print #1, "取计算的精度 E = "; E; "MaxKs = "; Kmax
Print #1, "程序已找到区域内的一点作为初始点 X0"
Print #1, "初始的 F0 = "; AF0
For I = 1 To 5
Print #1, "X0("; I; ") = "; AX0(I)
Next I
For I = 6 To N
Print #1, "X0("; I; ") = "; AX0(I) / CR
Next I
Print #1,
```

Rem 开始轨迹机构优化计算

```
H = 100 * E
Do
    K = 1: KS = 0: H = H / 2
    Do Until K > Kmax
        AAS = 0
        For I = 1 To N
            S(I) = Rnd(I) * 2 - 1
            AAS = AAS + S(I) * S(I)
        Next I
        For I = 1 To N
            S(I) = S(I) / AAS
            x(I) = AX0(I) + H * S(I)
        Next I
        Do Until FG(x, G, M) < 0 Or F(x, Cmx, Cmy, Cmx0, Cmy0, Cst0) >= AF0
            For I = 1 To N
                AX0(I) = x(I)
```

210

```
            Next I
            AF0 = F(x, Cmx, Cmy, Cmx0, Cmy0, Cst0): KS = 1
            For I = 1 To N
                x(I) = AX0(I) + H * S(I)
            Next I
Minf = F(AX0, Cmx, Cmy, Cmx0, Cmy0, Cst0)
If Abs(Minf) > 0.7 * Abs(sf) Then GoTo 10
    sf = Minf


Rem 输出中间结果
Text3.Text = Text3.Text + "minF = " + Str(Minf) + vbCrLf
For I = 1 To 5
    Text3.Text = Text3.Text + " X * (" + Str(I) + ") = " + Str(x(I)) + vbCrLf
Next I
For I = 6 To N
    Text3.Text = Text3.Text + " X * (" + Str(I) + ") = " + Str(x(I) / CR) + vbCrLf
Next I

Rem 追加有关计算结果到数据文件
Print #1, "当前的 F = "; AF0
For I = 1 To 5
Print #1, " X0("; I; ") = "; AX0(I)
Next I
For I = 6 To N
Print #1, " X0("; I; ") = "; AX0(I) / CR
Next I

Rem 动态输出中间结果
10 Print "minF = "; Str(Minf)
If Ni = 45 Then Ni = 0: Cls
Ni = Ni + 1

        Loop

        If KS = 1 Then K = 0: KS = 0
        K = K + 1
    Loop

Loop Until H <= E
```

211

Rem 输出最后结果

```
Text2. Text = Text2. Text + "minF = " + Str(F(AX0, Cmx, Cmy, Cmx0, Cmy0, Cst0)) + vbCrLf
For I = 1 To 5
    Text2. Text = Text2. Text + " X * (" + Str(I) + ") = " + Str(AX0(I)) + vbCrLf
Next I
For I = 6 To N
    Text2. Text = Text2. Text + " X * (" + Str(I) + ") = " + Str(AX0(I) / CR) + vbCrLf
Next I
```

Rem 输出最后计算结果到数据文件

```
Print #1,
Print #1, "minF = "; F(AX0, Cmx, Cmy, Cmx0, Cmy0, Cst0)
For I = 1 To 5
Print #1, " X0("; I; ") = "; AX0(I)
Next I
For I = 6 To N
Print #1, " X0("; I; ") = "; AX0(I) / CR
Next I
```

Rem 关闭输出有关计算结果的数据文件

```
Close #1
111 End Sub
```

Rem 目标函数

```
Function F(x, Cmx, Cmy, Cmx0, Cmy0, Cst0)
Ax = 67: Ay = 10
PI = 3. 14159265358979
F = 0
For I = 1 To 12
Csti = x(8) + Cst0(I) * PI / 180
C14st = x(1) * x(1) + x(4) * x(4) − 2 * x(1) * x(4) * Cos(Csti)
c1 = (x(2) * x(2) − x(3) * x(3) + C14st) / (2 * x(2) * Sqr(C14st))
c2 = (x(1) * Sin(Csti)) / (x(4) − x(1) * Cos(Csti))
Cpfi = x(7) + Atn(− c1 / Sqr(1 − c1 * c1)) + PI / 2
Cpfi = Cpfi − Atn(c2)
Cmx(I) = Ax + x(1) * Cos(x(7) + Csti) + x(5) * Cos(Cpfi + x(6))
Cmy(I) = Ay + x(1) * Sin(x(7) + Csti) + x(5) * Sin(Cpfi + x(6))
Next I
For I = 1 To 12
```

```vb
F = F + (Cmx(I) − Cmx0(I)) * (Cmx(I) − Cmx0(I)) + (Cmy(I) − Cmy0(I)) * (Cmy(I) −
Cmy0(I))
Next I
End Function

Rem 约束条件函数
Function FG(x, G, M)
G(1) = x(1)
G(2) = x(2)
G(3) = x(3)
G(4) = x(4)
G(5) = x(5)
G(6) = x(3) + x(4) − x(1) − x(2)
G(7) = x(2) + x(4) − x(1) − x(3)
G(8) = x(2) + x(3) − x(1) − x(4)
c1 = 2 * x(2) * x(3): c2 = Cos(PI / 4): c3 = x(2) * x(2) + x(3) * x(3)
G(9) = c2 − (c3 − (x(4) − x(1)) * (x(4) − x(1))) / c1
G(10) = c2 − ((x(4) + x(1)) * (x(4) + x(1)) − c3) / c1
FG = 0
For I = 1 To M
If G(I) < 0 Then FG = FG + G(I)
Next I
End Function

Rem 显示机构轨迹曲线程序
Private Sub Command2_Click()

Rem 界面按钮控制
Command2. Enabled = False
Command1. Enabled = True

Rem 打开显示轨迹曲线图板
Load 轨迹曲线输出
轨迹曲线输出. Show

轨迹曲线输出. Scale (− 20, 130) − (160, − 20)
轨迹曲线输出. DrawStyle = 6
轨迹曲线输出. Line (− 10, 0) − (100, 0)
轨迹曲线输出. Line (0, 120) − (0, − 10)
轨迹曲线输出. CurrentX = 0：轨迹曲线输出. CurrentY = − 1：轨迹曲线输出. Print 0
轨迹曲线输出. CurrentX = 95：轨迹曲线输出. CurrentY = 5：轨迹曲线输出. Print "X"
```

```
轨迹曲线输出.CurrentX = 5：轨迹曲线输出.CurrentY = 120：轨迹曲线输出.Print "Y"
For I = 1 To 18
轨迹曲线输出.CurrentX = 5 * I：轨迹曲线输出.CurrentY = 1：轨迹曲线输出.Line −(5 * I, 0)
轨迹曲线输出.CurrentY = −1：轨迹曲线输出.Print 5 * I
Next I
For I = 1 To 24
轨迹曲线输出.CurrentX = 1：轨迹曲线输出.CurrentY = 5 * I：轨迹曲线输出.Line −(0, 5 * I)
轨迹曲线输出.CurrentX = −8：轨迹曲线输出.Print 5 * I
Next I

Cmx0(13) = Cmx0(1)：Cmy0(13) = Cmy0(1)
轨迹曲线输出.DrawStyle = 0
轨迹曲线输出.ForeColor = QBColor(9)
For I = 1 To 12
轨迹曲线输出.Circle (Cmx0(I), Cmy0(I)), 1
轨迹曲线输出.Line (Cmx0(I), Cmy0(I)) −(Cmx0(I + 1), Cmy0(I + 1))
Next I

F0 = F(x, Cmx, Cmy, Cmx0, Cmy0, Cst0)
Cmx(13) = Cmx(1)：Cmy(13) = Cmy(1)
轨迹曲线输出.DrawStyle = 2
轨迹曲线输出.ForeColor = QBColor(12)
For I = 1 To 12
轨迹曲线输出.Circle (Cmx(I), Cmy(I)), 1
轨迹曲线输出.Line (Cmx(I), Cmy(I)) −(Cmx(I + 1), Cmy(I + 1))
Next I

F0 = F(X00, Cmx, Cmy, Cmx0, Cmy0, Cst0)
Cmx(13) = Cmx(1)：Cmy(13) = Cmy(1)
轨迹曲线输出.DrawStyle = 3
轨迹曲线输出.ForeColor = QBColor(10)
For I = 1 To 12
轨迹曲线输出.Circle (Cmx(I), Cmy(I)), 1
轨迹曲线输出.Line (Cmx(I), Cmy(I)) −(Cmx(I + 1), Cmy(I + 1))
Next I

End Sub
```

214

**《优化轨迹数据记录.DAT》文件保存的结果：**

取计算的精度 E = .001 MaxKs = 360
程序已找到区域内的一点作为初始点 X0
初始的 F0 = 1477.8761943598

    X0( 1 ) = 47.05547
    X0( 2 ) = 70.66848
    X0( 3 ) = 111.5904
    X0( 4 ) = 105.7913
    X0( 5 ) = 56.03896
    X0( 6 ) = 17.7474009990692
    X0( 7 ) = 20.2803528308868
    X0( 8 ) = 27.6072359085083

当前的 F = 1000.61263018033

    X0( 1 ) = 47.1613451608151
    X0( 2 ) = 70.7274587822585
    X0( 3 ) = 111.442189045473
    X0( 4 ) = 105.771076092238
    X0( 5 ) = 56.1484397241605
    X0( 6 ) = 22.658882296793
    X0( 7 ) = 18.9848984154289
    X0( 8 ) = 37.853823409832

当前的 F = 660.898550079703

    X0( 1 ) = 47.1295689944806
    X0( 2 ) = 70.6515501406857
    X0( 3 ) = 111.423125275907
    X0( 4 ) = 105.791585363019
    X0( 5 ) = 56.1003480894722
    X0( 6 ) = 22.3759129503588
    X0( 7 ) = 23.8846068712716
    X0( 8 ) = 39.1997767241436

当前的 F = 428.984244002807

    X0( 1 ) = 47.072424605934
    X0( 2 ) = 70.5155493293535
    X0( 3 ) = 111.284616436592
    X0( 4 ) = 105.865204132438
    X0( 5 ) = 56.0605515132813
    X0( 6 ) = 20.3776959159707

    X0( 7 ) = 27.3151123414759
    X0( 8 ) = 32.2373032349322

当前的 F = 295.701000887165

    X0( 1 ) = 47.0753887512332
    X0( 2 ) = 70.5288014559321
    X0( 3 ) = 111.268187209087
    X0( 4 ) = 105.860201053374
    X0( 5 ) = 56.0858625424839
    X0( 6 ) = 16.8694538105463
    X0( 7 ) = 27.4895284502759
    X0( 8 ) = 33.0442009533475

当前的 F = 205.707612616772

    X0( 1 ) = 47.1011320588176
    X0( 2 ) = 70.4882042750568
    X0( 3 ) = 111.258821193711
    X0( 4 ) = 105.851908105289
    X0( 5 ) = 56.1742915611753
    X0( 6 ) = 15.1028641755464
    X0( 7 ) = 29.814941294215
    X0( 8 ) = 31.4464959026575

.

.

.

.

.

当前的 F = 15.5449214293134

    X0( 1 ) = 45.6151055987246
    X0( 2 ) = 70.561860075187
    X0( 3 ) = 111.048098918739
    X0( 4 ) = 106.323108614271
    X0( 5 ) = 57.5804536891135
    X0( 6 ) = 12.0082497598093
    X0( 7 ) = 33.4285415332792
    X0( 8 ) = 27.1506659153136

当前的 F = 10.8664769773463

X0( 1 ) = 45.4257327851114
X0( 2 ) = 70.6232043963489
X0( 3 ) = 110.962405766253
X0( 4 ) = 106.398389975468
X0( 5 ) = 57.6997214589897
X0( 6 ) = 12.1233042132728
X0( 7 ) = 33.4569920384241
X0( 8 ) = 27.194888483173
当前的 F = 7.59493320098145
X0( 1 ) = 45.2316920098629
X0( 2 ) = 70.6170689108737
X0( 3 ) = 110.920190727638
X0( 4 ) = 106.420562632378
X0( 5 ) = 57.8806726089519

X0( 6 ) = 12.4631359928076
X0( 7 ) = 33.25012570125
X0( 8 ) = 27.3447677977064

minF = 5.61197436306158
X0( 1 ) = 44.9785687807723
X0( 2 ) = 70.9399578188338
X0( 3 ) = 110.815673092253
X0( 4 ) = 106.594276985136
X0( 5 ) = 57.9757697129745
X0( 6 ) = 12.8011626583657
X0( 7 ) = 33.2448343236802
X0( 8 ) = 27.2036676924148

# 主要参考文献

[1] 席少霖,赵凤治. 最优化计算方法. 上海:上海科学技术出版社,1981

[2] 中国科学院数学研究所. 最优化方法. 北京:科学出版社,1980

[3] 南京大学数学系. 最优化方法. 北京:科学出版社,1978

[4] 陈立周等. 机械优化设计. 上海:上海科学技术出版社,1982

[5] 范鸣玉,张莹. 最优化技术基础. 北京:清华大学出版社,1982

[6] D. M. 希梅尔布劳. 实用非线性规划. 北京:科学出版社,1983

[7] 王永乐. 机械工程师优化设计基础. 哈尔滨:黑龙江科学技术出版社,1983

[8] 刘唯信,孟嗣宗. 机械最优化设计. 北京:清华大学出版社,1986

[9] 吴兆汉等. 机械优化设计. 北京:机械工业出版社,1986

[10] 汪萍,侯慕英. 机械优化设计. 武汉:武汉地质学院出版社,1986

[11] 何献忠等. 优化技术及其应用. 北京:北京工业学院出版社,1986

[12] 孙靖民,米秋成. 机械结构优化设计. 哈尔滨:哈尔滨工业大学出版社,1985

[13] 陈立周等. 工程离散变量优化设计方法. 北京:机械工业出版社,1989

[14] 万耀青等. 最优化计算方法常用程序汇编. 北京:工人出版社,1983

[15] 柯尊忠,张广圣编译. 最优化文集. 北京:〈国外技术〉编辑部,1986

[16] 曾昭华,傅祥志. 优化设计. 北京:机械工业出版社,1992

[17] 杨荣柏等. 机械优化设计. 北京:机械工程师进修大学教材,1986

[18] 周济. 机械设计优化方法及应用. 北京:高等教育出版社,1989

[19] 陈秀宁. 机械设计基础(第三版). 杭州:浙江大学出版社,2007

[20] 陈秀宁. 机械优化设计. 杭州:浙江大学出版社,1991

[21] 陈立周. 机械优化设计方法(第二版). 北京:冶金工业出版社,2003

[22] 梁尚明,殷国富. 现代机械优化设计方法. 北京:化学工业出版社,2005

[23] 周廷美,蓝悦月. 机械零件与系统优化设计建模及应用. 北京:化学工业出版社,
2005

[24] M. J. D. Powell. An Efficient Method for Finding the Minimum of a Function of several Vartables without Calculating Derivatives. Computer J. 7, 1964

[25] R. L. Fox. Optimization Methods for Engineering Design. Addison. Wesleg Publishing,1972

[26] R. C. Johson. Mechanical Dessign Synthesis with Optimization Applications New-York,1971

[27] J. N. Siddall Optimal Engineering Design (Principles and Applications), MARCEL DEKKER,1982